Reziproke Strukturen valenter Substantive in der deutschen Sprache

SZEGEDINER SCHRIFTEN
ZUR GERMANISTISCHEN LINGUISTIK

Herausgegeben von
Ewa Drewnowska-Vargáné und Péter Bassola

BAND 6

PETER LANG
EDITION

Rozália Hum

Reziproke Strukturen valenter Substantive in der deutschen Sprache

PETER LANG
EDITION

Bibliografische Information der Deutschen Nationalbibliothek
Die Deutsche Nationalbibliothek verzeichnet diese Publikation in der Deutschen Nationalbibliografie; detaillierte bibliografische Daten sind im Internet über http://dnb.d-nb.de abrufbar.

ISSN 2192-6859
ISBN 978-3-631-67282-2 (Print)
E-ISBN 978-3-653-06895-5 (E-Book)
DOI 10.3726/ 978-3-653-05318-0

Peter Lang Edition ist ein Imprint der Peter Lang GmbH.

Peter Lang – Frankfurt am Main · Bern · Bruxelles · New York · Oxford · Warszawa · Wien

Diese Publikation wurde begutachtet.

www.peterlang.com

Reziprozität kann man mit dem Bindungsmodell des Wassers vergleichen.
Das Sauerstoffatom kann man mit dem Substantiv gleichsetzen,
die beiden Wasserstoffatome entsprechen den zwei Argumenten des Substantivs.

Inhaltsverzeichnis

Abkürzungsverzeichnis:

A	= Akkusativ
AAB-Konstruktion	= Konstruktion mit einer attributiven adverbialen Bestimmung (im Sinne von Schierholz 2001)
Abstr.	= abstrakt
+Anim/-Anim	= belebt/nicht belebt
ARG	= Argumenthaftigkeit
ASSOZ	= Assoziiertheit
(A1)	= Argument 1
(A2)	= Argument 2
bas1	= Bassola, Péter 2003 (Hrsg.): Deutsch-ungarisches Wörterbuch zur Substantivvalenz, 1. Band
bas2	= Bassola, Péter 2012 (Hrsg.): Deutsch-ungarisches Wörterbuch zur Substantivvalenz, 2. Band
bas1+2	= Deutsch-ungarisches Wörterbuch zur Substantivvalenz 1. Band 2003 und 2. Band 2012 von Bassola, Péter (Hrsg.)
BET	= Beteiligtheit = PART = Partizipanz
COSMAS II	= Die zweite Generation des Korpusrecherche- und -analysesystems COSMAS (Corpus Search, Management and Analysis System)
COSMAS II-Korpora	= Textsammlungen/Textdatenbank in elektronischer Form von IDS/ Mannheim, die von zahlreichen Textgebern zur Verfügung gestellt und in COSMAS II eingespeist wurden. Die 86 COSMAS II-Korpora sind in 9 Archiven organisiert, z.B. das Archiv W der geschriebenen Korpora, das Archiv TAGGED
DaF	= Deutsch als Fremdsprache
D(at)	= Dativ
DP-Theorie	= Abk. für engl. Deep-Theorie, Tiefenstrukturgrammatik
DU	= Deutschunterricht
DUfU	= Deutschunterricht für Ungarn
D-U-HWB	= Deutsch-ungarisches Handwörterbuch von Hessky, Regina 2000 (Hrsg.)
E1-E2-E3-E4-E5	= Ergänzungen von reziproken Substantiven

EXO	= Exozentrizität
FOSP	= formale Spezifizität
G(en)	= Genitiv(attribut)
GTG	= Generative Transformationsgrammatik von Chomsky 1965
hes	= Hessky, Regina 2000: Német-magyar kéziszótár (Deutsch-ungarisches Handwörterbuch)
+Hum/-Hum	= menschlich/menschliches Wesen ausgenommen
IDS	= Institut für Deutsche Sprache
INSP	= inhaltliche Spezifizität
NI	= nominalisierte Infinitive
NOT	= Notwendigkeit
NP	= Nominalphrase
PART	= Partizipanz = BET
PP	= Präpositionalphrase
PPA-Konstruktion	= Präpositionalattributkonstruktion
R	= Reziprozität
R-S-M	= Reziprok-Syntagma-Modus = Modus von reziproken Syntagmen
S	= Satz
S.	= Seite
sch	= mit-Tabelle von Schierholz 2001/2005
som	= Sommerfeldt/Schreiber 1977/1983: Wörterbuch zur Valenz und Distribution der Substantive
TAGGED-Archiv	= Kürzel für das Archiv der morphologisch annotierten Korpora; Es ist ein Archiv unter den 9 Archiven in der Textorganisation unter COSMAS II: die Texte wurden mit einem Programm (engl. Tagger) automatisch ohne manuelle Korrektur annotiert. (Auf der Grundlage des Minimal Tagsets, das im Rahmen des Projekts MECOLB (Multilingual Environment for Corpus-Based Lexicon Building) entwickelt wurde, wurden einige IDS-Korpora getaggt und morphosyntaktisch annotiert. Diese Korpora befinden sich im Archiv TAGGED.)
VP	= Verbalphrase

W-Archiv	=	Kürzel für den Archivnamen der geschriebenen Korpora unter COSMAS II; Das Archiv *W* der geschriebenen Korpora (das Hauptarchiv) ist das größte der 9 Archive, das Texte vom 18. Jahrhundert bis heute umfasst.
XML-Format	=	Die Extensible Markup Language (engl. für „erweiterbare Auszeichnungssprache“), abgekürzt XML, ist eine Auszeichnungssprache zur Darstellung hierarchisch strukturierter Daten in Form von Textdaten. XML wird u.a. für den Austausch von Daten zwischen Computersystemen eingesetzt, speziell über das Internet.

Zeichenerklärung:

+	=	Vorhandensein einer sprachlichen Erscheinung
-	=	Fehlen einer sprachlichen Erscheinung
+/-	=	eine Lesart
?	=	Die Akzeptabilität ist unsicher, oder es gibt kein Beispiel für eine sprachliche Erscheinung.
*	=	falsch
°	=	ersetzbar
(-)	=	nicht abgeleitete Substantive
!	=	eine Besonderheit (z.B. Kompositum)

Vorwort

> Reziproke Substantive bilden eine Gruppe mit ähnlichen Strukturen. Man sollte diese Substantive sammeln und untersuchen, wie das Verhältnis zwischen der Valenz dieser Substantive und der ihnen zugrundeliegenden Verben [...] aussieht. [...] Die Gruppierung sowie die Angabe der ungarischen Äquivalente dieser Substantive könnte das Einprägen dieser Strukturen bei DaF-Lernenden erleichtern (vgl. Bassola/Kubczak/László 2004: 190).

Diese Gedanken sowie meine Mitarbeit im Forschungsprojekt *Deutsch-ungarisches Wörterbuch zur Substantivvalenz Band 2* haben mich besonders motiviert, die reziproken Strukturen valenter Substantive auf der syntagmatischen Ebene zu studieren. Die Ergebnisse dieser Untersuchung manifestierten sich dann in Form meiner Dissertation 2010, die diesem Buch zugrunde liegt. Dieses Buch ist mit Hilfe und Unterstützung vieler Personen entstanden, bei denen ich mich dafür recht herzlich bedanken möchte. An erster Stelle gilt mein Dank Herrn Prof. em. Dr. Péter Bassola DSc (Szeged) für seine fachliche Unterstützung. Er hat von Anfang an das Interesse für die Substantivvalenzforschung in mir geweckt, mich über Jahre hinweg gefördert sowie meine wissenschaftliche Arbeit betreut und begleitet. Beim Erscheinen dieser Arbeit haben sein fachlicher Beistand, seine kontinuierliche Ermutigung und Motivierung eine enorme Rolle gespielt. Ich möchte meinen besonderen Dank den Reihenherausgebern Ewa Drewnowska Vargáné und Péter Bassola für die Aufnahme dieser Arbeit in die Reihe *Szegediner Schriften zur germanistischen Linguistik* sowie dem Peter Lang Verlag für die Ausgabe dieses Buches aussprechen. In Bezug auf unterschiedliche Aspekte der Arbeit danke ich Herrn Prof. Dr. Stefan J. Schierholz (Erlangen) für die Tabelle von reziproken Strukturen der *mit-Phrasen*, Herrn Prof. Dr. Vilmos Ágel (Kassel) für seine fachlichen Ratschläge, Frau Prof. Dr. Regina Hessky (Budapest) für die Genehmigung zum elektronischen Zugang vom Deutsch-ungarischen Handwörterbuch 2002, Herrn Prof. Dr. Gábor Prószéky (Budapest) für die elektronische Trennung der Substantive von den anderen Wortarten im Deutsch-ungarischen Handwörterbuch von Regina Hessky 2000, Herrn Dr. habil. Attila Péteri PhD (Budapest) und Herrn Dr. habil. Pál Uzonyi CSc (Budapest) für ihre Anregungen und konstruktiven Verbesserungsvorschläge. Bedanken möchte ich mich auch für die Hilfe bei der Schulleitung des Gymnasiums Budai Nagy Antal in Budapest, die meine wissenschaftliche Tätigkeit möglich gemacht hat. Abschließend richtet sich mein Dank an meine Familie und meine Freunde, vor allem aber an meinen Mann, der mir über den gesamten Zeitraum der Arbeit zur Seite gestanden hat.

Budapest/Szeged, im September 2015 Rozália Hum

1 Einleitung

1.1 Thema und Aktualität der Arbeit

Gegenstand der vorliegenden Arbeit ist die Bestimmung und Untersuchung von reziproken Strukturen valenter Substantive in der deutschen Sprache. Substantive mit sog. reziproker Struktur haben mindestens zwei Argumente, die umgetauscht werden können, z.B. *die Ähnlichkeit des Vaters mit dem Jungen* vs. *die Ähnlichkeit des Jungen mit dem Vater.*[1] Substantive mit reziproker Bedeutung können aber nicht nur deadjektivisch (z.B. *Ähnlichkeit*), sondern auch deverbal (z.B. *Unterschied, Vergleich, Zusammenhang*) und nicht-abgeleitet (z.B. *Grenze, Krieg, Vertrag*) sein.[2] Dieses Thema gehört zum Forschungsbereich der Dependenz- bzw. Valenzgrammatik innerhalb der strukturalistischen Linguistik und bildet ein Spezialgebiet der Substantivvalenz. Diese Untersuchung halte ich besonders aus den folgenden Gründen für notwendig und aktuell:

- Konkrete und tiefgreifende Analysen in Bezug auf die reziproken Strukturen valenter Substantive sind – meines Wissens – bis jetzt noch nicht durchgeführt worden. Mit dieser Arbeit kann die zur Zeit noch bestehende Lücke teils beseitigt, teils vermindert werden.
- Da die reziproken Strukturen bzw. deren Argumente teilweise im Zwischenbereich von nominalen Ergänzungen und Angaben liegen, ist ihre Untersuchung besonders interessant und relevant.
- Beim Unterricht und Lernen des Deutschen als Fremdsprache ist die genaue Beschreibung der Argumentstruktur nicht nur im verbalen, sondern auch im nominalen Bereich unentbehrlich, um die aus zwischensprachlichen Unterschieden entstehenden sog. Interferenzfehler vermeiden zu können. Beim Deutschlernen ist es nämlich m.E. vorteilhafter statt Vokabeln Syntagmen zu lernen.
- Die Untersuchung von reziproken Strukturen macht auf zahlreiche Forschungslücken aufmerksam, wie z.B. auf die inkonsequente oder mangelhafte Markierung der Valenz von Substantiven in Wörterbüchern und in Lexika oder auch auf das Fehlen von sprachgeschichtlichen Aspekten meines Themas.
- Da alle Valenzwörterbücher syntagmatische Wörterbücher sind, hat die Bestimmung der Argumente von reziproken Syntagmen auch in der Lexikographie eine große Bedeutung.

---

1 Vgl. Bassola/Kubczak/László 2004: 185.

2 Ebd.

Ich habe dieses Thema in der Hoffnung gewählt, dass ich mit der Bestimmung, Untersuchung und Beschreibung einer spezifischen Valenzstruktur von Nominalphrasen sowohl empirisch als auch theoretisch neue Thesen aufzeigen kann.

1.2 Zielsetzungen und Prinzipien der Untersuchung

Diese Arbeit setzt sich das vorläufige Ziel, einige Grundfragen, die den Rahmen dieser Untersuchung bilden bzw. die im Hinblick auf das Forschungsthema Substantivvalenz immer wieder in Frage gestellt werden, zu diskutieren. Diese Fragen aufzugreifen ist deshalb erforderlich, weil sie wichtige Eckpfeiler der späteren Hypothesen meiner Untersuchung sind. Diese Arbeit verfolgt ferner drei Ziele:

- Erstens: Bestimmung von reziproken Strukturen valenter Substantive mit zwei Argumenten anhand empirischer Untersuchungen;
- Zweitens: Beschreibung der Bestandteile von reziproken Strukturen auf der syntagmatischen Ebene;
- Drittens: Abgrenzung der reziproken Syntagmen von den anderen Nominalphrasen (NP).

Dabei stellt sich aber vor allem die Frage, was man unter Reziprozität überhaupt versteht. Des Weiteren werden folgende Fragen untersucht:

- Ist die Reziprozität als ein rein syntaktisches oder ein rein semantisches Phänomen oder als etwas Ganzheitliches zu definieren?
- Mit welchen syntaktischen Mitteln kann die Reziprozität bestimmt werden?
- Resultieren alle reziproken Strukturen auch in semantischer Reziprozität?

Diesen Fragen wird in der Vorstudie in Kapitel 3.1 nachgegangen, wobei auch weitere Forschungsfragen und Zielsetzungen exakt formuliert werden.

Während meiner Untersuchung befolge ich vor allem die folgenden Grundprinzipien:

- Die morphosyntaktische und semantische Beschreibung der Reziprozität soll in synchronischen Zusammenhängen begründet sein.
- Bei der Untersuchung der Reziprozität stütze ich mich auf die neuesten Forschungsergebnisse.
- Bei der Analyse der Reziprozität folge ich dem Prinzip der Systemhaftigkeit, d.h. die Zusammenhänge und die Alternativen zwischen den einzelnen Strukturen werden berücksichtigt.
- Um die empirische Validität von reziproken Strukturen nachweisen zu können, muss ein umfangreicher Substantivbestand zu den Untersuchungen evaluiert werden.

1.3 Struktur der Arbeit

Die vorliegende Arbeit gliedert sich in sieben Kapitel. In Kapitel 1 wird das Thema dieser Untersuchung und eine vorläufige Zielsetzung formuliert. Die Grammatiktheorie *Substantivvalenz*, die den theoretischen Rahmen meiner Untersuchung bildet, wirkt von außen oft genauso wie die Verbvalenz als eine in sich geschlossene Theorie. In der Wirklichkeit sind aber – außer den zentralen theoretischen Grundannahmen – immer noch wesentliche Fragen ungeklärt bzw. wieder neu zur Diskussion gestellt. Im Laufe meiner Auseinandersetzung mit dem konkreten Forschungsthema hat sich gezeigt, dass die Deutung einiger Grundfragen der Substantivvalenz auch für diese Arbeit unerlässlich ist. Dies hat dazu geführt, dass – bevor ich auf das eigentliche Thema in den nächsten Kapiteln zu sprechen komme – diese Fragen in Kapitel 2 aufgegriffen werden. Um mich jedoch nicht in der Fülle der Probleme zu verlieren, sind diesem Kapitel im Wesentlichen 10 Leitfragen zugrunde gelegt. In Kapitel 3 wird – von der *Vorstudie zur Untersuchung von reziproken Strukturen valenter Substantive* (vgl. Hum 2006a) ausgehend – das im Mittelpunkt dieser Arbeit stehende sprachliche Phänomen eingegrenzt. Da eine Beschreibung grammatischer Phänomene immer nur innerhalb eines bestimmten theoretischen Rahmens als erklärungsadäquat gelten kann, werden in diesem Kapitel die dieser Arbeit zugrundeliegenden theoretischen Grundlagen skizziert. Dabei wird u.a. die Valenz der Substantive auf der syntagmatischen Ebene mit zwei Argumenten gedeutet. Außer den theoretischen Grundlagen werden wichtige Grundbegriffe, wie Reziprozität, Syntagma, Modus von reziproken Syntagmen (R-S-M) und die holistische Methode der Untersuchung definiert und erläutert. Dann werden weitere Forschungsfragen formuliert und Hypothesen aufgestellt. In Kapitel 4 wird zuerst der Belegbestand für die empirischen Untersuchungen ermittelt. Dann werden die reziproken Strukturen valenter Substantive bestimmt. Der Schwerpunkt der Untersuchung liegt auf der Bestimmung (Kapitel 4), Beschreibung (Kapitel 5) und Abgrenzung (Kapitel 6) von reziproken Strukturen von den anderen NP. In Kapitel 5 werden die Bestandteile der reziproken Strukturen, wie die Kernsubstantive, die Präpositionen, die Genitiv- und Präpositionalattribute genau untersucht und morphosyntaktisch und semantisch beschrieben. Alternativen, Lesarten und Substitutionsmöglichkeiten werden weiter untersucht und verglichen. Kapitel 6 deutet die Reziprozität als Modus von NP valenter Substantive. Anhand der in Kapitel 5 bestimmten Form- und Funktionsmerkmale der Reziprozität wird versucht, den Modus von reziproken Syntagmen zu bestimmen. Es wird ferner diskutiert, ob die zur Verfügung stehenden Merkmale zur Abgrenzung von reziproken Strukturen von den anderen Syntagmen valenter Substantive ausreichen. Es werden Argumente dafür vorgebracht, dass die reziproken Strukturen valenter Substantive als eigenständige Konstruktionen aufgefasst werden sollen. Es werden gleichzeitig Argumente dafür dargelegt, die Nominalgruppen valenter Substantive in weitere funktionale Kategorien aufzuspalten. Kapitel 7 fasst die Ergebnisse zusammen und gibt einen Ausblick auf weitere Aufgaben. Zur Arbeit gehört ein *Abkürzungsverzeichnis,* das sich unmittelbar an das Inhaltverzeichnis anschließt. Im Anhang befinden sich Tabellen und verschiedene Auswertungen, auf die im Laufe der Arbeit mehrmals Bezug genommen wird. Die *empirische Grundlage* dieser Untersuchung bildet der Substantivbestand der folgenden Wörterbücher bzw. Quellen:

- Wörterbuch zur Valenz und Distribution der Substantive von Sommerfeldt/Schreiber 1977/1983,
- Deutsch-ungarisches Handwörterbuch von Hessky 2000,
- Deutsch-ungarisches Wörterbuch zur Substantivvalenz. 1. Band von Bassola 2003,
- Deutsch-ungarisches Wörterbuch zur Substantivvalenz. 2. Band von Bassola 2012.

Zur Untersuchung von reziproken Strukturen leistete außerdem noch eine Liste der *mit-Phrasen* aus dem Projekt *von Schierholz* (vgl. Schierholz 2001 bzw. die *mit-Liste* 2001/2005 im Anhang) einen sehr wichtigen Beitrag. Zur Überprüfung der Validität von reziproken Strukturen valenter Substantive und zur semantischen Beschreibung von Argumenten wurde *die COSMAS II-Datenbank* des IDS in Mannheim benutzt.

2 Forschungsstand der Substantivvalenz – Überblick

Da die Substantivvalenzforschung in den vergangenen Jahren immer wieder einen neuen Schwung bekommen hat, steht heutzutage schon anhand der neu erschienenen Arbeiten ein umfangreiches Repertoire zum Überblick der Substantivvalenz zur Verfügung. Von diesen möchte ich das Buch von Schierholz 2001 mit dem Titel *Präpositionalattribute* und das Buch *Substantivvalenz* von Hölzner 2007 besonders hervorheben.

Diese beiden Arbeiten fassen die Forschungsgeschichte und die wichtigsten Ergebnisse der bisherigen Untersuchungen zur Substantivvalenz sehr ausführlich und konstruktiv zusammen. Im Hinblick darauf, dass der heutige Forschungsstand in diesen beiden Werken umfangreich beschrieben ist, wird an dieser Stelle auf die Arbeiten chronologisch hingewiesen, die als Bausteine der bisherigen Untersuchungen dienten. Beide Autoren (Schierholz 2001 und Hölzner 2007) unterteilen die untersuchte Literatur zur Substantivvalenz in die folgenden drei Gruppen: Präpositionalattribute bzw. Substantivvalenz in Monographien, in Grammatiken und in syntaktischen Beschreibungen bzw. in Wörterbüchern. Um diese Fachliteratur besser überblicken zu können, habe ich sie tabellarisch zusammengestellt (siehe **Tabelle 1** im Anhang). Es gibt heutzutage viele Untersuchungen zur Substantivvalenz auch in der kontrastiven Linguistik. In diesem Bereich sind vor allem die folgenden Namen hervorzuheben: Kubczak/Costantino (Deutsch-Französisch, 1998), Zhu (Deutsch-Chinesisch, 1999), Golonka (Deutsch-Polnisch, 2002), Muzikant (Deutsch-Tschechisch, 2002), Bassola (Deutsch-Ungarisch, 2003), Kohvakka/Lenk (Deutsch-Finnisch, 2007) u.a.

Das Ziel dieses Abschnittes ist auf die wichtigsten valenztheoretischen Fragen der Substantivvalenzforschung der letzten Jahrzehnte, ohne Anspruch auf eine systematische Analyse und kritische Sichtung der gesamten Fachliteratur, zu reflektieren. Das Ziel ist aber vor allem, einige der wichtigsten Grundfragen der Substantivvalenz zu diskutieren, die dabei helfen, meine Untersuchungen und deren Ergebnisse in den nächsten Kapiteln besser zu verstehen. In dieser Arbeit wird vor allem die Literatur berücksichtigt, die sich mit der Substantivvalenz der deutschen Sprache beschäftigt. Ebenso interessant sind aber auch andere linguistische Theorien zum Thema Substantivvalenz, wie z.B. die der Generativen Grammatik (vgl. Grimshaw 1990/1992), die der Tiefenkasussysteme oder die sprachvergleichenden Arbeiten. Hierbei werden die folgenden Fragen diskutiert:

1. Gibt es Substantivvalenz überhaupt?
2. Was versteht man unter Substantivvalenz?
3. Wie lässt sich die Substantivvalenz beschreiben?
4. Welche Substantive verfügen über Valenz?
5. Wie lassen sich die valenten Substantive klassifizieren?
6. Wie trennt man Ergänzungen (E) und Angaben (A) bei valenten Substantiven?
7. Gibt es obligatorische Ergänzungen beim Substantiv?
8. Was bedeutet die quantitative und qualitative Valenz bei nominalen Ergänzungen?
9. Wie können die verschiedenen Argumente der valenten Substantive angeordnet werden?
10. Zusammenfassung: Was leistet die Substantivvalenz?

Zu 1. Gibt es Substantivvalenz überhaupt?

Einige Grammatiker haben dagegen, was diese Frage angeht, Vorbehalte, andere betrachten sie aber als ein selbstverständliches Phänomen. In der folgenden Diskussion werden diese Positionen kurz dargestellt. Die Anfänge der Substantivvalenz gehen eigentlich schon auf das 19. Jh. zurück. „Erstaunlicherweise finden sich schon weit vor der Etablierung der Valenztheorie Tendenzen, die Nominalphrase mit Hilfe von Abhängigkeitsverhältnissen zu beschreiben. So findet sich beispielweise schon in der *Deutschen Grammatik* von Grimm aus dem Jahr 1898 der Begriff *Nominalrektion*, auch wenn hierunter fast ausschließlich die Genitivattribute verstanden werden und Grimms Betrachtungsweise noch sehr weit von einer systematischen Erfassung entfernt ist.“ (vgl. Hölzner 2007: 17). Mit der Frage, ob es Substantivvalenz gibt, haben sich schon viele Autoren auseinandergesetzt, z.B. Teubert (1979: 13 ff., 2003: 822 ff.), Helbig (1976: 136 ff., 1986: 205, 1992), Grimshaw (1990/1992), Engel (1991: 603 ff.), Eisenberg (1998), Ágel (2000: 161 ff.), Zifonun u.a (1997: 2065 ff.), Schierholz (2001, 2004), Hölzner (2007: 17 ff.) oder in der kontrastiven Linguistik, z.B. Bassola (2003), Kohvakka/ Lenk (2007: 195 ff.) u.a. Grundsätzlich kann man aber zwischen zwei Positionen unterscheiden: Eine Gruppe der Forscher (vor allem die Gruppe der Grammatiker) vertritt die Richtung, dass die Substantive keine Valenz haben, weil sie ohne Ergänzungen vorkommen können. Substantive haben – im Gegensatz zu Verben – keine obligatorischen, sondern nur fakultative oder gar keine Ergänzungen. Die Vertreter dieser Richtung sind nach Teubert (2003: 820) vor allem die angelsächsischen Autoren und unter den deutschen Grammatikern Eisenberg (1999, 2001) und Heringer (1996). Eisenberg (1999: 261) schreibt Folgendes:

> Eine Komplementposition ist eine bestimmte Position innerhalb der Komplementstruktur eines Valenzträgers. Ein Verb hat eine festliegende Anzahl von bestimmten Komplementpositionen wie das Subjekt und das indirekte Objekt. Ein Substantiv hat nur Positionen für Attribute, d.h. Modifikatoren. Dabei liegt weder die Zahl der Modifikatoren fest, noch lässt sich von bestimmten Modifikatorpositionen sprechen.

Nach Eisenberg (1999: 262) haben die Substantive keine Valenz in dem Sinne wie die Verben. Er (ebd.) lehnt die Substantivvalenz aus den folgenden Gründen kategorisch ab:

- Substantive können nach der Stellenzahl syntaktisch nicht subkategorisiert werden, d.h. sie haben keine festgelegte Wertigkeit.
- Eine Nominalgruppe ist nicht wie der Satz durch Argumentposition des Kerns strukturiert und darüber hinaus führt Eisenberg die Tatsache an, dass eine Unterscheidung zwischen Komplementen und Adjunkten beim Substantiv nicht möglich ist.
- Ein Substantiv kann zwar mehrere Attribute haben, dies bedeutet aber nicht, dass für ein Substantiv eine bestimmte Stellenzahl mit einer bestimmten Form vorgeschrieben ist. So ist eine Unterscheidung zwischen fakultativen und obligatorischen Attributen auch nicht möglich.
- Anhand der Valenzeigenschaften können zwar die Substantive zwei Attributarten – das Genitivattribut und das Präpositionalattribut – zu sich nehmen, aber man kommt einerseits über das Genitivattribut nicht zu einer syntaktischen Subkategorisierung der Substantive, andererseits kommen die Präpositionalattribute vor allem bei solchen Substantiven vor, die von Verben und Adjektiven abgeleitet sind. In dem Fall geht es aber um eine Argumentvererbung, d.h. um eine vererbte Valenz[3] und damit um eine sekundäre Erscheinung.

Heringer (1996: 111) lehnt die Substantivvalenz aus ähnlichen Gründen ab. Er meint, man könne höchstens nur von Valenzvererbung sprechen, weil die Valenz bei nominalen Köpfen – die eigentlich Wortbildungen aus Verb oder Adjektiv sind – blockiert bleibt. Ein Nomen selbst hat bei ihm ebenso wie bei Eisenberg keine Valenz, weil die wenigen relationalen Nomina (N) die Annahme einer N-Valenz nicht rechtfertigen (vgl. Hölzner 2007: 92).

---

3 Von Valenzvererbung spricht man, wenn ein deverbales oder deadjektives Substantiv die semantisch und syntaktisch definierten Ergänzungen des Basisverbs oder Basisadjektivs ganz oder teilweise übernimmt.

Andere Sprachwissenschaftler (vor allem die Vertreter der logisch-semantischen Valenz und der Lexikographie) plädieren für die Existenz der Substantivvalenz, obwohl sie nicht in allen Fragen einer Meinung sind. Zu dieser Gruppe gehören vor allem Teubert (1979, 2003), Helbig (1976, 1986, 1992), Sommerfeldt/ Schreiber (1977/1983), Engel (1991), Wiegand (1996), Zifonun u.a. (1997), Schierholz (2001), Kubczak/Schumacher (1998), Bassola (2003), Hölzner (2007) u.a. Sommerfeldt/Schreiber (1977/1983: 13 f.) behaupten, dass alle Wortarten, die autosemantisch (andersrum Selbst-Bedeuter vs. synsemantisch/Mit-Bedeuter) sind, können Valenzträger sein. Sie argumentieren ferner (ebd.) für die Substantivvalenz folgendermaßen: Substantive als Teil eines Prädikativums sind Valenzträger des Satzes. Das Substantiv als Kern einer Wortgruppe ist ebenfalls Valenzträger. Substantive gehören zu den offenen Wortarten (in Anlehnung auf Behaghel (1923) und Brinkmann (1962)), sie öffnen – semantisch gesehen – auch Leerstellen. Eine detaillierte Diskussion zur Frage, ob es Substantivvalenz gibt, findet man bei Hölzner (2007: 17 ff.).

Fazit: Gibt es Substantivvalenz überhaupt?

Anhand der oben erwähnten Stellungnahmen stellt sich heraus, dass die Substantive als relationale Zeichen, genauso wie die Verben, über Valenzeigenschaften verfügen können. Die Valenz der beiden Wortarten darf aber keineswegs automatisch gleichgesetzt werden. Eine Valenzträgertypologie ist bei Ágel (2000: 161 ff.) zu lesen. Die Existenz der Substantivvalenz wirft aber gleichzeitig die Frage auf, auf welcher Sprachebene die Substantivvalenz lokalisiert werden kann/muss/soll? Auf diese Frage wird im nächsten Punkt eingegangen.

Zu 2. Was versteht man unter Substantivvalenz?

Die Grammatiker sehen mit Vorliebe die Substantivvalenz als eine sekundäre Erscheinung an, die sich regelhaft aus der Verbvalenz (und teilweise aus der Adjektivvalenz) herleiten lässt, während die Lexikographen die Substantivvalenz zu den individuellen, nicht prognostizierbaren morphosyntaktischen und semantischen Eigenschaften valenter Substantive rechnen.[4] Teubert gibt aber an verschiedenen Stellen mehrere Definitionen der Substantivvalenz an, z.B.:

> Substantivvalenz ist die Lehre von valenten Substantiven und ihren Ergänzungen.[5]

4 Vgl. Teubert 1999: 1.
5 Vgl. Teubert 2003: 820.

Unter Substantivvalenz wird hier der Forschungsbereich verstanden, der sich mit der Untersuchung von valenten Substantiven beschäftigt. In der Regel steht aber die Substantivvalenz nicht für die Bezeichnung einer linguistischen Forschungsrichtung, sondern für die Eigenschaft der Substantive, die Leerstellen um sich eröffnen. Substantivvalenz bedeutet dann, dass Valenzeigenschaften auch dem Substantiv zugeschrieben werden können. Dies bedeutet ferner, dass die Substantive nicht nur die Fähigkeit haben, Phrasen zu bilden, sondern auch ihre Partner aufgrund von verschiedenen grammatischen und semantischen Kriterien zu selegieren.[6]

Im Gegensatz zu dieser (traditionellen) Auffassung hat Hölzner (2007) ein multidimensionales Valenzmodell für Nomen entwickelt. In diesem multidimensionalen Substantivvalenzkonzept ist unter Substantivvalenz ein *cover term*, ein Überbegriff für inhaltlich verschiedene Valenzeigenschaften, im Sinne von Jacobs (1986/1994a) zu verstehen. Die Valenzdimensionen beim Substantiv basieren auf dem mehrdimensionalen Valenzkonzept von Jacobs. Diese Valenzeigenschaften der Substantive[7] sind:

- Notwendigkeit (NOT),
- formale Spezifizität (FOSP),
- Argumenthaftigkeit (ARG),
- Beteiligtheit = Partizipanz (BET = PART),
- inhaltliche Spezifizität (INSP),
- Assoziiertheit (ASSOZ) und
- Exozentrizität (EXO),

wobei die Dimensionen ASSOZ und EXO nicht einbezogen, ferner die ARG und PART unter ARG verbunden werden. Die beschriebenen Dimensionen können dann in die folgenden syntaktischen (kategorialen) und semantischen Valenzdimensionen eingeteilt werden:

Semantische Valenzdimensionen:	– Argumenthaftigkeit (ARG)
	– Inhaltspezifik (INSP)
Syntaktische Valenzdimensionen:	– Syntaktische Notwendigkeit (NOT)
	– Formspezifik (FOSP)

Diese Valenzeigenschaften werden im Folgenden nach Hölzner (2007: 113 ff.) erläutert:

6 Vgl. Teubert 1999: 1.

7 Vgl. Hölzner 2007: 111 ff., 333 ff.

Argumenthaftigkeit (ARG) liegt vor, wenn der Valenzkandidat und der Valenzträger zueinander in der Argumentbeziehung stehen, d.h. wenn der Valenzkandidat in eine vom Bezugssubstantiv ausgehende Prädikation als Argument einbezogen ist. Somit spezifiziert ein Argument eine Argumentstelle des vom Bezugssubstantiv vorgegebenen Argumentrahmens. Dieses Konzept der ARG knüpft an grundlegende Arbeiten zu einem logisch-semantischen Valenzbegriff an, wie es bei Frege (1980: 29 ff.) zu finden ist. Testverfahren wie z.B. Fragetest und Akkumulierbarkeitstest liefern kein brauchbares Ergebnis. Unter bestimmten Bedingungen ist aber Teuberts *Kriterium der eigenen Prädikation* (vgl. Teubert 1979: 37) gut brauchbar. Wenn ein Valenzkandidat zum Bezugssubstantiv in der Valenzrelation der ARG steht, wird ihm immer vom Bezugssubstantiv eine bestimmte semantische Rolle zugewiesen. Diese Rollen konstruieren sich über die Handlungen, Empfindungen, Einstellungen und andere Tätigkeiten einer beteiligten Größe, die durch die Substantivbedeutung impliziert sind. Problem der semantischen Rollen ist, dass es kein vollständiges Invertar gibt. Es gibt Rollen (Theta-Rollen/semantische Rollen) aus der Generativen Grammatik der 60er Jahre und bestimmte Kasusrollen von Fillmore (1968). Gängige Rollenbezeichnungen bei den Substantiven sind, z.B.[8]

- Agens, z.B. Pflicht *durch den Betreuer,*
- Patiens, z.B. Aufräumen *des Zimmers,*
- Instrument, z.B. das Schneiden *mit einem Messer,*
- Experiens, z.B. *Peters* Bedürfnis ein Gespräch zu führen,
- Thema, z.B. Lieferung *der Ware* nach Taivan,
- Benefactive, z.B. die Ohrfeige *für Peter,*
- Rezipient, z.B. Überreichung des Zeugnisses *an Peter,*
- Goal/Ziel, z.B. Lieferung der Ware *nach Ungarn,*
- Source/Ausgangspunkt, z.B. Lieferung *aus Deutschland.*

Inhaltsspezifik (INSP) liegt vor, wenn ein Valenzkanditat bestimmte kategoriale Inhaltsmerkmale besitzt, die von einem valenten Substantiv gefordert werden. In dem Fall stehen Substantiv und Valenzkandidat in der Valenzbeziehung der Inhaltsspezifik (INSP). Abstrakte Bedeutungsmerkmale zur Beschreibung dieser Valenzrelation sind vor allem:[+/-] belebt, [+/-] hum (Mensch, Menschliches), [+/-] mat (sinnlich Wahrnehmbares), [+/-] konkr. (Konkretes, Materielles).

Syntaktische Notwendigkeit (NOT) liegt vor, wenn ein Valenzkandidat und das Bezugssubstantiv in der Valenzbeziehung Notwendigkeit (NOT) stehen, d.h.

---

8 Vgl. Hölzner 2007: 123 (nach van Valin/laPolla 1997: 85 ff. Einige Beispiele sind leicht verändert.)

wenn der Valenzkandidat innerhalb eines gegebenen Satzes nicht weggelassen werden kann, ohne dass der Satz ungrammatisch wird oder das Substantiv seine Bedeutung ändert. NOT wird mit Eliminierungstest/Weglassprobe geprüft. Bei den nominalisierten Infinitiven (NI) weist Blume (vgl. 2004: 42) darauf hin, dass die Argumente der NI nur dann weglassbar sind, wenn die entsprechenden obligatorischen Argumente der Basisverben weggelassen werden können, z. B. *Häufiges Shampoonieren schadet dem Haar* (generische Verwendungsweise).

Formspezifik (FOSP) eines Valenzkandidaten liegt vor, wenn er bestimmte Formmerkmale (z. B. den Anschluss mit einer bestimmten Präposition) aufweist, die vom Bezugssubstantiv gefordert werden, z. B. Angst *vor dem Hund*. Das Formmerkmal muss unvorhersagbar sein. Bei der Valenzdimension FOSP ist es sinnvoll für den nominalen Bereich Abstufungen[9] vorzunehmen, um die Unterschiede zwischen +/- FOSP handhabbar zu machen.

Valenzgebundenheit liegt vor, wenn mindestens eine der erwähnten Valenzdimensionen zutrifft. Jede dieser Valenzdimensionen ist – wie bei den Verben – autonom, die können aber auch kookkurrent sein.

Fazit: Was versteht man unter Substantivvalenz?

Substantivvalenz ist die lexikalische Eigenschaft einzelner Wörter, die selbstverständlich auch ein morphosyntaktisches, semantisches, ... Phänomen ist. Substantivvalenz wird im Sinne von Jacobs (1986/1994a) und Hölzner (2007) als eine Art *cover term* für verschiedene Bindungsrelationen verstanden. Andersrum formuliert, wird die Substantivvalenz als ein *cover term* für die semantisch-morphosyntaktischen Eigenschaften valenter Substantive aufgefasst, die ein Bestandteil des Lexikoneintrags ist/sein soll. Im Lexikon sollen auf diese Weise sowohl die Zahl und die semantischen Eigenschaften von Ergänzungen (beim Substantiv meistens fakultativ) als auch deren syntaktische Realisierungsformen festgehalten werden. Es stellt sich dann die Frage, wie die Substantivvalenz erklärt werden kann?

Zu 3. Wie lässt sich die Substantivvalenz beschreiben?

Bis jetzt sind drei solche Beschreibungsansätze der Substantivvalenz bekannt, die auch in der Praxis Anwendung gefunden haben. Diese Ansätze sind anhand verschiedener Sprachen (z. B. Englisch, Deutsch und Französisch) und Deutungen

9 Abstufungen der FOSP für die Verbvalenz siehe bei Breindl (1989: 33 ff.) und Ágel (2004: 22). Ágel (ebd.) unterscheidet zwischen +/- FOSP 5 Stufen, wobei es sich zwischen den Abstufungen um fließende Übergänge handelt.

der Substantivvalenz entstanden. Diese Ansätze werden als Nominalisierungsansatz, als *sui generis*-Ansatz und als Stützverbgefüge-Ansatz bezeichnet. Jeder Ansatz hat viele Vorteile, keiner dieser Ansätze ist aber vollkommen. Der Grundgedanke, der Ursprung, die wichtigsten Vertreter sowie die Problemzonen dieser Ansätze werden mit Hilfe Teuberts[10] im Folgenden zusammengefasst.

(1) Der Nominalisierungsansatz oder Transformationalistischer Ansatz:

Dieser chronologisch erste Ansatz geht davon aus, dass die Substantivvalenz eine regelhafte Übertragung der Argumentstruktur des zugrunde liegenden Verbs bzw. Adjektivs auf die Nominalisierung ist. Dieser Ansatz besagt, dass sich die Substantivvalenz regelhaft transformationell aus der Verbvalenz und aus der Adjektivvalenz herleiten lässt. Dieser Ansatz ist im amerikanischen Strukturalismus anhand der englischen Sprache entstanden. Unter den Vertretern dieser Auffassung findet man, z.B. Sandberg (1979), Randow (1986), Ehrich (1991), Grimshaw (1990/1992), Ehrich/Rapp (2000). Dieser Grundgedanke wird in zahlreichen Arbeiten von X-bar- und DP-Theorie ebenfalls formuliert. Einen Überblick über verschiedene Ansätze, in denen die Valenzvererbung eine wichtige Rolle spielt, findet man bei Golonka (vgl. 2002: 35 ff.).

Teubert hat den Nominalisierungsansatz anhand der deutschen Sprache aus folgenden Gründen heftig kritisiert:[11]

- Es ist nicht möglich die substantivische Valenz im Ganzen durch Nominalisierung zugrundeliegender Verben zu erklären. Es gibt zahlreiche valente Substantive, die nicht als Ableitungen gelten können, z.B. *Straße nach Rom.*
- Das Ableitungsverhältnis ist auch oft problematisch. Es ist auch nicht leicht einzusehen, warum z.B. das Substantiv *Absicht* synchron gesehen nicht vom Verb *absehen,* sondern vom Verb *beabsichtigen* abgeleitet ist.
- Es gibt ferner Ergänzungsklassen, die nur bei Substantiven, nicht aber bei Verben oder bei Adjektiven vorkommen, z.B. Genitivus partitivus als Stoffergänzung, wie *ein Glas Wein/ein Glas kühlen Biers,* Personenergänzung, wie *Peters Vater/ihre Nachbarin,* Benennungsergänzung, wie *die Regierung Brandt.*
- Außerdem gibt es Probleme bei der Realisierbarkeit von Agentiv- und Objektergänzungen beim ambigen genitivischen Attribut, z.B. *Entdeckung von Kolumbus* vs. *Entdeckung von Amerika.*

---

10 Vgl. Teubert 1979: 13 f., 2003: 827 ff.

11 Vgl. Teubert 1979: 13, 2003: 829 f.

- Schließlich lassen sich verbale Ergänzungen nicht systematisch und durch generelle Regeln in substantivische Ergänzungen überführen, d.h. die Valenz der Substantive stimmt nicht in allen Fällen mit der Valenz des zugrunde liegenden Verbs bzw. Adjektivs überein, z.B. *jmdm helfen* vs. *Hilfe für jmdn*, oder: *jmdm danken* vs. *Dank an jmdn.*

Nach Teubert (ebd.) bedeutet die Nominalisierung für das Deutsche etwas anderes als für das Englische. Im Deutschen gehört die Nominalisierung eindeutig in den Bereich der Wortbildung (mit den produktiven Ableitungsmustern auf-*ung* für deverbale und auf-*heit/keit* für deadjektivische Substantive), während die Gerundien im Englischen in den Bereich der Morphologie fallen. Die Morphologie ist grundsätzlich regelbasiert, während die Wortbildung zwischen Regel- und Listenbasiertheit steht. Die Anwendung des Nominalisierungsansatzes im Deutschen ist deswegen laut Teubert nur bei den substantivierten Infinitiven und nicht-lexikalisierten ad-hoc-Bildungen berechtigt. In der Suche nach weiterer Regelhaftigkeit liegt der Reiz des Nominalisierungsansatzes. Über die dargestellten Kritikpunkte hinaus ist es aber nach Teubert (ebd.) notwendig, die Substantivvalenz als ein *System sui generis* zu beschreiben.

(2) Der sui generis- oder Lexikalistische Ansatz:

Solange es valente Substantive gibt, die nicht als Ableitungen gedeutet werden können, solange die Valenz der Ableitungen nicht regelmäßig anhand der zugrundeliegenden Verben oder Adjektive bestimmt werden kann, kann die Substantivvalenz als *System sui generis* aufgefasst werden.[12] Über die Problemzonen des Nominalisierungsansatzes hinaus, die gleichzeitig auch die Argumente für den *sui generis*-Ansatz sind, entscheidet sich Teubert die Substantivvalenz im Deutschen als ein von der Verb- und Adjektivvalenz losgelöstes, eingeständiges und autonomes Phänomen zu beschreiben. Dieser Ansatz geht davon aus, dass die Substantivvalenz eine idiosynkratische, nicht prognostizierbare Eigenschaft der Substantive ist. Die Lexikographie ist diesem Ansatz verpflichtet und beschreibt die Ergänzungen der Substantive genauso wie bei den Verben und Adjektiven als eigenständiges System. Diese Deutung des Valenzverhaltens von Substantiven wird auch *Lexikalistischer Ansatz* genannt. Zu den Vertretern dieser Auffassung gehören u.a. Teubert (1979, 2003), Sommerfeldt/Schreiber (1977/1983), Kubczak/Schumacher (1998), Schierholz (2001), Bassola (2003). Helbig (1976: 136 ff.) schreibt, dass nicht nur Ableitungen, sondern auch originäre/genuine Substanti-

---

12 Vgl. Teubert 2003: 827.

ve über syntaktische Valenz verfügen, z.B. Angst vor+Dativ. Er formuliert später (1986: 205) folgendermaßen: Es gibt auch nicht abgeleitete valente Substantive, d.h. die Substantivvalenz ist weder auf die Nominalisierungen von Verben oder Adjektiven zu reduzieren noch als *System sui generis* von der Verb- bzw. Adjektivvalenz völlig zu isolieren. Aus didaktischer Sicht schlagen Kubczak/Schumacher (vgl. 1998: 285) vor, die Valenz der Verben und Adjektive und die der entsprechenden Nomina im Zusammenhang darzustellen, damit der Lerner die Valenzverhältnisse des einen nicht unreflektiert auf das andere überträgt.

(3) Der Stützverbgefüge-Ansatz oder verbe support-Ansatz:

In Frankreich wurde ein dritter Ansatz von Gross (1989) und Bresson (1991) entwickelt, der die Valenz der Substantive mit Hilfe von Stützverbkonstruktionen herleitet. Dieser Ansatz wurde ferner im Deutschen, im Spanischen und im Ungarischen angewendet. Bei der Bestimmung der Substantivvalenz wird hier von den zugrundeliegenden Stützverbgefügen und nicht von den Verben ausgegangen. Es stellt sich die Frage, ob dieser Ansatz nicht vor allem für die nichtabgeleiteten valenten Substantive, wie z.B. Absicht (seine Absicht zu kommen oder: die Absicht haben zu kommen), gilt. Es ist nämlich auffällig, dass fast immer, wenn die Valenz eines Substantivs nicht aus dem zugrundeliegenden Verb abgeleitet werden kann, es ein Stützverb oder ein Stützverbgefüge gibt, das dieselben Valenzeigenschaften zeigt wie das Substantiv. Diese Erscheinung kann man nicht nur im Deutschen sondern auch im Französischen und im Spanischen beobachten. Stein (1996: 200) glaubt:

> Bei den Substantiven hat sich gezeigt, dass es nicht ausreicht, diejenigen Rollen zu beschreiben, die bei isolierter Verwendung des Substantivs syntaktisch realisierbar sind, da auch latente Argumente aus dem zugrunde liegenden Verb in Verb-Substantiv-Verbindung relevant werden können.

Im Französischen werden Stützverben[13] *verbes supports* genannt, was ins Deutsche auch als Funktionsverben übersetzt wird. Im Englischen wird von *light*

---

13 An dieser Stelle möchte ich darauf hinweisen, dass für diese Fachausdrücke – Stützverb – verbe support – Funktionsverb – in der Fachliteratur keine einheitliche Definition vorliegt. Vgl. dazu Heidolph/Flämig/Motsch (1984: 431 ff.): Als Funktionsverb wird ein Vollverb bezeichnet, das in einem spezifischen Kontext semantisch reduziert ist. Dagegen ist einzuwenden, dass das Funktionsverb sehr oft ein Hilfsverb ist und dass viele Substantive, die eine Präpositionalgruppe regieren, mit verschiedenen Verben vorkommen können, wobei gerade deren Bedeutung die Semantik der Streckform verändert: *Einblick in etw. haben, Einblick in etw. erteilen, Einblick in etw. nehmen, Einblick*

verbs[14] gesprochen. Die Problemzonen dieses Ansatzes liegen einerseits bei der Bestimmung von Stützverben und andererseits bei der Ermittlung des relevanten Stützverbgefüges, d.h. beim Fehlen der parallelen Stützverbgefüge. Wie weit und mit welchem Ergebnis dieser Ansatz, d.h. die Parallelen zwischen der Valenz von Stützverbgefügen und Substantiven zur Beschreibung der Substantivvalenz anzuwenden sind, müssen noch weitere Korpusanalysen durchgeführt werden. Bis jetzt gibt es aber schon eine Vorarbeit und ein Substantivvalenz-Wörterbuch, die Valenzstrukturen der Substantive mit Hilfe des Stützverbgefüge-Ansatzes erfolgreich beschrieben haben. Diese sind in deutsch-französischer bzw. in deutsch-ungarischer Relation erschienen, und zwar im Rahmen des PROCOPE-Projekts (1998) mit dem Titel *Syntagmatisches Wörterbuch Deutsch-Französisch* (Vorarbeit) und von Bassola (2003, 2012) mit dem Titel *Deutsch-ungarisches Wörterbuch zur Substantivvalenz* (Band 1. und 2.).

Fazit: Mit welchen Ansätzen lässt sich die Substantivvalenz beschreiben?

Unter Substantivvalenz wird in der Syntax gerne eine sekundäre Erscheinung verstanden, die sich regelhaft aus der Verb- bzw. Adjektivvalenz abgeleitet wird. Diese Ansicht basiert auf der Idee der Valenzvererbung (Generative Grammatik), die z.T. heute noch herrscht. Die Vertreter dieser Auffassung versuchen die Substantivvalenz mit Hilfe des Nominalisierungsansatzes zu erklären. Teubert (2003: 820) meint, im Englischen sei diese Auffassung völlig gerechtfertigt, weil mit der Gerundivkonstruktion *(-ing)* ein regelhaftes Nominalisierungsmuster

in etw. bekommen. Vgl. dazu ferner Bassola 2009: Stützverb (verbe support) ist ein Teil einer *construction à verbe support*. In einer Konstruktion mit *verbe support* ist die Bedeutung des Verbs abgeschwächt, und der eigentliche Bedeutungsträger ist das Substantiv. [...] Die Nominalverben (die Bezeichnung stammt von Polenz 1988: 82 ff.) bezeichnet Bassola (ebd.: 82) in Anlehnung an PROCOPE-Projekt (Das PROCOPE-Projekt war eine Kooperationsarbeit des Instituts für Deutsche Sprache Mannheim (IDS) und des Laboratoire d'Automatique Documentaire et Linguistique Paris (LADL) als Stützverben. „Die Stützverben haben im Grammatikalisierungsprozess in unterschiedlichem Maße ihre Bedeutung aufgegeben, und manche von ihnen erfüllen nur mehr eine grammatische Funktion, indem sie die Nomina in den Satz einführen. Je nach Stützverb ist diese Semantiklosigkeit unterschiedlich."(Bassola 2009: 88). Stützverben, wie: *haben, machen, stellen, geben, erteilen, bilden, führen, schließen, setzen, stehen, sprechen, üben, richten, empfinden* usw. bilden mit den Nomina die sog. Stützverbgefüge.

14 Die Verwendung des Fachausdrucks *light verbs* ist aber nicht einheitlich. Während Jaspersen (1965) nur bei Verbindung von Nomen mit Verb von *light verbs* spricht, benutzt Butt (2003) diesen Terminus technicus auch bei der Verbindung von zwei Verben. Außerdem kommt der Ausdruck *verb support* auch im Englischen vor.

vorliegt, das seine systematische Behandlung im Wörterbuch überflüssig macht. Im Deutschen ist es aber nicht der Fall. Deswegen schlägt Teubert (1979: 79) vor, die Substantivvalenz lexikographisch als ein eigenständiges Phänomen, als *System sui generis* zu behandeln. Der Stützverbgefüge-Ansatz oder *verbe support*-Ansatz beschreibt die Substantivvalenz aus einem anderen Blickwinkel, d.h. von der syntagmatischen Ebene aus. Alle drei Ansätze tragen im großen Maße dazu bei, die Zusammenhänge zwischen den sprachlichen Zeichen zu entdecken und besser kennen zu lernen. Eine große Bedeutung dieser – anhand verschiedener Sprachen entstandenen – Ansätze liegt darin, dass sie sprachübergreifend und komplementär anzuwenden sind.

Zu 4. Welche Substantive verfügen über Valenz?

Die Befürworter der Substantivvalenz behaupten, dass alle relationalen Substantive (d.h. nicht nur die deverbalen und die deadjektivischen) über eine logisch-semantische Valenz verfügen. Im Rückgriff auf Behaghel (1923) gehören zu dieser Auffassung vor allem Brinkmann (1962), Bondzio (1976/1977/1978), Viehweger (1977), Teubert (1979, 2003), Heidolph et. al. (1981), Helbig (1986, 1992), Schierholz (2001) u.a. Die Fragestellung, welche Klassen von Substantiven über Valenz verfügen, setzt voraus, dass die Substantivvalenz ein syntaktisches Phänomen ist, das aber auf einer semantischen Basis beruht. Die Entwicklungsstufen dieser Position werden im Folgenden erläutert.

Hinweise auf eine semantische Basis der valenten Substantive findet man schon bei Behaghel (1923: 22 ff.), der zwischen absoluten und relativen Begriffen unterscheidet. Absolute Begriffe werden für Lebewesen, Sachen, Naturerscheinungen und allgemeine abstrakte Begriffe eingeführt. Die relativen Begriffe sind die Kandidaten für valente Substantive, wobei Behaghel zwischen Teilbegriffen (darunter: Bezeichnungen von Teilstücken und Mengen, z.B.: *Anfang, Mitte*, von Eigenschaften, z.B. *Alter, Stärke*, und nomina actionis, z.B. *Fahrt, Trauer*) und verknüpfenden Begriffen (darunter: Bezeichnungen von Personen, die zu anderen in einem bestimmten Verhältnis stehen, z.B. *Vater, Jünger*, von Besitzverhältnissen, z.B. *Besitz, Heimat,* von körperlichen und geistigen Verhältnissen, z.B. *Treue, Ähnlichkeit*, nomina actionis, z.B. *Liebe, Versöhnung* und nomina agentis, z.B. *Überbringer, Verehrer*) unterscheidet. Dies ist der Kerngedanke der späteren logisch-semantischen Valenz von Helbig. Zu den relativen Begriffen bemerkt Behaghel (1923: 23):

> Sie können nur vollzogen werden, wenn gleichzeitig andere Vorstellungen ins Bewußtsein treten.

Brinkmann knüpft an Behaghel an, ändert aber die Termini. Er unterteilt die Substantive in offene und geschlossene Subklassen (1962: 41 f.):

> Geschlossen sind sie, wenn sie in sich voll bestimmt sind; offen, wenn zu ihnen die Stelle angegeben werden muss, zu der der von ihnen benannte Vorgang gehört. So ist *Sänger* geschlossen, wenn damit der Beruf gemeint ist (*er ist Sänger, ein Sänger trat auf*); offen, wenn von einem einzelnen Vorgang die Rede ist (*der Sänger dieses Liedes*).

Brinkmann legte damit den Grundstein für die semantischen Analysen der Substantive.

Laut Heidolph et. al. (1981: 266 f.) können absolute und relative Substantive unterschieden werden. Absolute Substantive enthalten nur einstellige semantische Prädikate und beschreiben den jeweiligen Gegenstand unabhängig von dessen Beziehung zu anderen Gegenständen. Relative Substantive enthalten mehrstellige semantische Prädikate und beschreiben den jeweiligen Gegenstand in dessen Abhängigkeit von anderen Gegenständen.

Dies ist aber nicht identisch mit der Grenze zwischen Konkreta und Abstrakta, auch nicht mit der Grenze zwischen Nicht-Nominalisierungen und Nominalisierungen. Während die Mehrzahl der Abstrakta und der Nominalisierungen relative Substantive sind, gibt es auch absolute Abstrakta, z.B. *Flut, Jahr, Stunde*. Es gibt aber auch unter den Konkreta absolute Substantive, z.B. *Haus, Baum, Junge*, nicht nur relative, z.B. *Vater, Onkel, Kopf*. Relative Substantive verfügen, unabhängig davon, ob sie Nominalisierungen und/oder Abstrakta sind, über eine offene semantische Valenz, die sich aber nicht immer in syntaktischer Valenz realisiert wird. Absolute Substantive haben weder semantische noch syntaktische Valenz. Relative Substantive, die Nominalisierungen von Verben oder Adjektiven sind (Abstrakta), haben sowohl semantische als auch syntaktische.

Eine weitere Stufe auf dem Weg der semantischen Untersuchung von Substantiven bildet die Deutung der Stelligkeit von Prädikaten. Anhand der Stellenzahl sind die Prädikate einstellig und mehrstellig (vgl. Helbig 1992: 121), die in den Bedeutungen der Substantive enthalten sind. Einstellige Prädikate, die Eigenschaften von Gegenständen bezeichnen, z.B. die Substantive wie *Hand, Stein, Tisch* haben keine offene semantische Valenz, weil ihre Argumentstelle in der Substantivbedeutung selbst enthalten ist. Mehrstellige semantische Prädikate, die Beziehungen zwischen den Gegenständen abbilden, wie z.B. die Substantive *Bruder, Kopf, Dach*, haben eine offene, nicht gesättigte semantische Valenz. Sie haben freie Valenzen für Argumentstellen, die in den Bedeutungen anderer Wörter enthalten sind, z.B. *der Bruder des Jungen, der Kopf des Pferdes*.

Anhand der auf Behaghel zurückgehenden Differenzierung der Substantive in absolute und relative Substantive beschreibt Helbig (1992: 122) die Semantik der Substantive folgendermaßen:

> Absolute Substantive enthalten nur einstellige Prädikate und beschreiben den jeweiligen Gegenstand unabhängig von dessen Beziehungen zu den anderen Gegenständen, relative Substantive enthalten mehrstellige semantische Prädikate und beschreiben den jeweiligen Gegenstand in dessen Abhängigkeit von anderen Gegenständen.

Für die Substantivvalenz bedeutet dies: Substantive, denen ein einstelliges semantisches Prädikat zugrunde liegt, sind nicht ergänzungsbedürftig, d.h. avalent. Liegt einem Substantiv aber ein mehrstelliges semantisches Prädikat zugrunde, so verfügt es über eine offene semantische Valenz. Relative Substantive sind so ergänzungsbedürftig in der Valenzrelation der Argumenthaftigkeit (ARG). Die relativen Substantive (abgeleitete und nicht abgeleitete), die Argumentstellen eröffnen, sind Valenzträger.

Untersucht man die Frage – *Welche Substantive verfügen über Valenz?* – in der Komplexität des multidimensionalen Valenzmodells für Nomen (vgl. Hölzner 2007), wobei alle möglichen Valenzeigenschaften auf der syntaktischen und semantischen Ebene einbezogen werden, kommt man nach Ágel (2000: 64), wie folgt auf eine differenzierte Stellungnahme zu dieser Problematik der Substantivvalenz:

- Kein Substantiv verfügt über Valenzrelation *Notwendigkeit.*
- Genuine wie abgeleitete Substantive, die einen Präpositionalstatus regieren, verfügen (mindestens) über die Valenzrelation *formale Spezifizität.*
- Relative Substantive des Brutschmarotzer-Typs *Schwester* verfügen (mindestens) über die Valenzrelation *inhaltliche Spezifizität.*
- Absolute Substantive wie *Haus* verfügen über keine Valenz.

Schierholz (2001) meint, valente Substantive sind Rektionssubstantive, die eine oder mehrere Präposition/en regieren können. Sie bilden eine Subklasse der Substantive, unter denen nicht nur Nominalisierungen, sondern auch genuine Substantive aufzufinden sind.

Fazit: Welche Substantive verfügen über Valenz?

Im Gegensatz zu Verben sind grundsätzlich nicht alle Substantive Valenzträger. Die Substantive aber, die Attribute lexikalisch regieren können, verfügen über Valenz.

> Unter valenten Substantiven werden die Substantive verstanden, die über (eine) nicht prognostizierbare morphosyntaktische und semantische Eigenschaft(en) verfügen (vgl. Teubert 2003: 820 f.).

In der Formulierung von Hölzner (2007: 152 f.) kann die Menge der valenten Substantive mit Hilfe der auf Behaghel (1923) zurückgehenden Differenzierung von absoluten und relativen Substantiven genauer bestimmt werden. Absolute Substantive verfügen über keine Valenz, während die relativen Substantive zumindest über semantische Valenz verfügen. Es ist aber nicht ausgeschlossen, dass ein und dasselbe Substantiv durchaus über eine absolute und eine relative Verwendungsweise verfügen kann. Relative Substantive sind Valenzträger in dem Sinne, dass sie eine oder mehrere Argumentstellen eröffnen. Da die Valenzrelation ARG grundlegend für die anderen Valenzrelationen wie FOSP, INSP und NOT[15] ist, kann man sagen, dass genau diejenigen Substantive, die Argumentstellen eröffnen, Valenzträger sind. Die Grenze zwischen absoluten und relativen Substantiven ist aber keineswegs identisch mit der Grenze zwischen Nominalisierungen und Nicht-Nominalisierungen, d.h. es ist durchaus möglich, dass nicht-abgeleitete Substantive als Valenzträger fungieren können.

Zu 5. Wie lassen sich die valenten Substantive klassifizieren

Es gibt zahlreiche Klassifikationen von Substantiven, von denen Ergänzungen abhängen können. Um die Vielfalt und Komplexität von Klassifikationen überblicken zu können, stelle ich die Einteilung von Teubert (1979), Sandberg (1982), Helbig (1992), Eisenberg (1998) und Hölzner (2007) in einer abgekürzten Form mit Beispielen dar.

Teubert (1979: 86 f.) ordnet die Menge der valenten Substantive 12 Substantivklassen zu:

	Substantivklasse	**Beispiel**
1.	Handlungsbezeichnung	der *Kampf* mit dem Gegner
2.	Vorgangsbezeichnung	die *Begegnung* mit ihm
3.	Ergebnisbezeichnung	mein *Komplott* mit Petra
4.	Zustandsbezeichnung	seine *Ehe* mit ihr
5.	Eigenschaftsbezeichnung	die *Härte* des Metalls
6.	relationale Personenbezeichnung	Peters *Vater*
7.	Täterbezeichnung	der *Teilnehmer* an der Feier
8.	Kategorialbezeichnung	das *Problem* der Kriminalität

15 Anders ist es bei den Verben (vgl. Jacobs 1986/1994a: 19): Wenn eine Eins zu Eins Zuordnung von semantischen Rollen und syntaktischen Funktionen wirklich kriterial für Argumenthaftigkeit wäre, gölte also in *Luise wohnt in Passau* nicht ARG (*in Passau*, wohnt).

	Substantivklasse	Beispiel
9.	Maßbezeichnung	ein *Glas* Wein
10.	Qualifizierende Mengenbezeichnung	der *Vorrat* an Erdöl
11.	Motionsmittelbezeichnung	die *Straße* nach Texas
12.	Benennbarer Begriff	die *Regierung* Brandt

Sandberg (1982: 275) kommt anhand seiner Untersuchungen zur folgenden Einteilung der deutschen Substantive: *reverbalisierbare* und *nicht-rever-balisierbare* (lexikalisierte) Nominalisierungen, die ferner in Abstrakta und Konkreta unterteilt werden:

Deutsche Substantive		
reverbalisierbar[16]	**nicht-reverbalisierbar (lexikalisiert)**	
Nominalisierungen, die keine Abstraktkonstruktionen[17] zulassen, z. B. *Abstellen.*	**Abstrakta**	**Konkreta**
	Nominalisierungen und originäre Substantive, die mit Abstraktkonstruktionen verbindbar sind und keine Autosemantika sind, z. B. *Vorschlag.*	Verbalsubstantive und originäre Substantive, die sich nicht mit Abstraktkonstruktionen verbinden lassen, z. B. *Vertreter.*

Nach Helbig (vgl. 1992: 123) gehören vor allem die folgenden Sachgruppen zu den relativen Substantiven:

	relative Substantive	Beispiel
1.	Bezeichnungen von verwandtschaftlichen Zuordnungen	*Vater, Onkel, Bruder*
2.	Teil-von-Beziehungen	*Kopf, Ecke, Dach*
3.	Gesamtheitsbeziehungen	*eine Herde (Vieh), ein Glas (Bier)*
4.	nomina actionis und nomina agentis	*Versöhnung, Besuch/er*

Nach Eisenberg u. a. (1998: 865 f.) sind viele der relativen Substantive abgeleitet. Diese abgeleiteten deverbalen und deadjektivischen Nominalisierungen sind danach zu differenzieren, was sie genauer bezeichnen. Dementsprechend unterteilt Eisenberg die Nominalisierungen in sieben Gruppen, wie folgt:

16 Reverbalisierbare Nominalisierung bedeutet bei Sandberg die Möglichkeit, die verbale Nominalisierung im Satzzusammenhang ohne Bedeutungsveränderung in einen Verbalsatz zurück transformieren zu können.

17 Unter Abstraktkonstruktionen werden vor allem Infinitivsätze und Konjunktionalsätze verstanden, z. B. *Der Vorschlag, ins Stadion zu gehen.* Oder: *der Vorschlag, dass wir noch ins Stadion gehen.*

Bezeichnung	Beschreibung	Beispiel
1. Nomen acti	Substantiv, das das Ergebnis eines Geschehens bezeichnet.	*Gewinn*
2. Nomen actionis	Substantiv, das ein Geschehen bezeichnet.	*Schlaf*
3. Nomen agentis	Substantiv, das den Träger eines Geschehens bezeichnet.	*Maler*
4. Nomen instrumentalis	Substantiv, das das Mittel eines Geschehens bezeichnet.	*Leuchter*
5. Nomen loci	Substantiv, das den Ort eines Geschehens nennt.	*Wäscherei*
6. Nomen patientis	Substantiv, das denjenigen bezeichnet, an dem eine Handlung vollzogen wird.	*Prüfling*
7. Nomen qualitatis	Substantiv, das einen Zustand oder Eigenschaft bezeichnet.	*Stärke*

Die relativen Substantive können nach der Art der ihnen zugrundeliegenden semantischen Prädikate subdifferenziert werden. Daraus ergeben sich Submengen der relativen Substantive, die Hölzner (2007: 125 ff.) in drei große Klassen einteilt:

- Eventualitäten:[18] deverbale Substantive, die sog. „Situationsargumente" als referenzielles Argument haben, z.B. *Herstellung, Besuch.*
- Rollendenotierende Substantive:[19] Ereignis-Täter-Betroffener und Instrument-Substantive oft auf -ung und -er, z.B. *Lieferung, Teilnehmer.*
- Relationsdenotierende Substantive:[20] Bezeichnungen für Personen und Objekte, die eine Relation denotieren, z.B. *Bruder, Tiefpunkt.*

18 Der Begriff Eventualität ist bei Bach (1986) und Ehrich/Rapp (2000) verwendet. Substantive dieser Klasse besitzen als referentielles Argument sog. *Situationsargumente*, die Vendler (1957) als *aspektuelle Klassen* für die Verbbeschreibung einführt. Bei diesem Typ valenter Substantive sind verstärkt, aber nicht ausschließlich deverbale Substantive zu erwarten.

19 Die Substantive der Klasse der *rollendenotierenden Substantive* besitzen eines der thematischen Argumente als referentielles Argument, z.B. das Substantiv *Regierung* bezieht sich auf das Agens-Argument des beschriebenen Sachverhaltes, dadurch wird zum referentiellen Argument. Unter diesen Täter-Substantiven finden sich zwar auch *ung*-Nominalisierungen, in der Regel handelt es sich um sog. Er-Substantive. Es gibt unter diesen Substantiven auch Substantive mit Instrument-, Ergebnis-, selten auch mit Patient-Lesart.

20 Relationsdenotierende Substantive: Valente Substantive diesen Typs denotieren Personen oder Objekte, die sich in einer fest definierten Relation zu anderen Personen, Institutionen oder Objekten befinden. Hierzu gehören Bezeichnungen für Verwandtschaftsbeziehungen, für soziale Ordnung, für Teil-von-Beziehungen, aber auch zeit- oder räumliche Situierungen.

Fazit: Wie lassen sich die valenten Substantive klassifizieren?

Ohne für oder gegen eine der gezeigten Klassifikationen zu argumentieren und deren Stärke oder Schwäche hervorzuheben, kann man Folgendes feststellen. Es gibt viele verschiedene Klassifikationen, um zu der Subklasse der valenten Substantive zu gelangen. Darunter findet man syntaktisch und semantisch orientierte, einfache und komplexe, übersichtliche und schwer nachvollziehbare Klassifikationen. Obwohl es zwischen den Klassen bzw. Untergruppen der Klassifikationen Überlappungen gibt, die eine Einordnung der valenten Substantive erschwert, tragen diese Klassifikationen dazu bei, die richtige Umgebung von valenten Substantiven mit Hilfe von Valenzeigenschaften besser rekonstruieren zu können.

Zu 6. Wie trennt man Ergänzungen (E) und Angaben (A) bei valenten Substantiven?

In den 70er Jahren wurde das Valenz-Instrumentarium des Verbs und des Adjektivs mehr oder weniger unreflektiert auf das Substantiv übertragen. Dazu gehörte auch die Unterscheidung zwischen E und A. Die Kriterien und Methoden der Unterscheidung haben sich aber im Laufe der Zeit mit der Veränderung der Valenzauffassung sehr geändert.

Zuerst betrachten wir, anhand welcher Kriterien Teubert, der Vorreiter der Substantivvalenz zwischen adnominalen Ergänzungen und Angaben unterscheidet. Teubert (vgl. 1979: 37) geht grundsätzlich von der Fakultativität der nominalen Ergänzungen aus, deshalb schließt er die grammatische Notwendigkeit (NOT) als Kriterium aus. Er wendet grundsätzlich zwei Kriterien bei der Trennung von Ergänzungen und Angaben an:

Das *Kriterium der Subklassenspezifik* betrachtet Teubert als zentrales Kriterium bei der Unterscheidung zwischen Ergänzungen und Angaben. Er überträgt Engels (1974) Dependenzkonzept auf den attributiven Bereich und definiert die nominalen Ergänzungen und Angaben folgendermaßen:

- Ergänzungen (E) sind Wörter oder Wortgruppen, die nach Anzahl und Art für eine Wortsubklasse spezifisch sind, und damit die Wertigkeit oder Valenz des Wortes ausmachen. Ergänzungen sind wortsubklassenspezifisch abhängige Wörter bzw. Wortgruppen.
- Angaben (A) sind im Gegensatz dazu solche Wörter bzw. Wortgruppen, die von allen Elementen einer Wortklasse in gleicher Weise abhängen.

Das *Kriterium der eigenen Prädikation* bedeutet, dass geprüft wird, ob das Bezugssubstantiv ein Prädikatsausdruck ist, und ob das von ihm abhängige Attribut die Funktion einer Argumentstelle der Nominalphrase (NP) hat.

Teubert (ebd.) geht davon aus, dass die grundlegende satzsemantische Einheit die Prädikation ist. Sie besteht nach der Prädikatenlogik aus einem Prädikat und einer oder mehreren Argumentstellen. In einer Verb-Dependenzgrammatik entspricht das Prädikat dem Verbalkomplex, das grundsätzlich aus dem Hauptverb gebildet wird. Die Argumentstellen entsprechen den deverbalen Ergänzungen. Prädikate (im logischen Sinn) können aber nicht nur durch Verben, sondern auch durch zahlreiche Substantive ausgedrückt werden. In diesem Fall ist das durch das Substantiv ausgedrückte Prädikat in eine Prädikation eingebettet. Solche Substantive, die als Prädikate verwendet werden können, sind häufig *deverbale Substantive*. Prädikatklassen von nominalen Prädikatausdrücken werden oft als *Substantivklassen einer bestimmten Art* bezeichnet, z.B. eine *Substantivklasse mit Handlungsbezeichnung* fasst die Substantive zusammen, die zur Prädikatklasse Handlung gehören. Dementsprechend gibt es verschiedene substantivische Prädikatklassen wie z.B. Vorgangsprädikate, Zustandsprädikate, Eigenschaftsprädikate.

Helbig (1995: 72 ff.) unterscheidet zwischen Ergänzungen (E) und Angaben (A) auf der Satzebene mit Hilfe der *Notwendigkeit* (nicht Weglassbarkeit) und der *Subklassenspezifik* (Abhängigkeit nicht von allen Vertretern einer Wortklasse). Subklassenspezifik bedeutet bei Helbig (ebd.), dass E vs. A nicht frei auftreten können, weil sie die Leerstellen eines übergeordneten Wortes besetzen. Auch wenn man bei Substantiven das Kriterium der Notwendigkeit ablehnt, bleibt das Kriterium der Subklassenspezifik, da es subkategorisierende und nicht subkategorisierende Attribute gibt.

Neben der dichotomischen Abgrenzung, bei der die Differenzierungskriterien zwischen Ergänzungen und Angaben die *Subklassenspezifik* und das *Kriterium der eigenen Prädikation* sind, gibt es noch weitere Abgrenzungsverfahren. Darunter sind die Folgenden besonders hervorzuheben:

(a) Die gestufte Abgrenzung von Ergänzungen und Angaben (vgl. Grammatik von Zifonun u.a. 1997: 1027 ff.)
(b) Die Abgrenzung von Ergänzungen und Angaben anhand der Prototypentheorie mit graduellen Abstufungen im Zwischenbereich (vgl. Schierholz 2001)
(c) Die graduelle Abgrenzung von Ergänzungen und Angaben (vgl. Hölzner 2007 in Anlehnung an Jacobs 1986/1994a)

Zu (a) Die gestufte Abgrenzung von Ergänzungen und Angaben

Diese Abgrenzung findet man in Kapitel *Nominalphrasen* der Grammatik von Zifonun u.a. (1997). Die Autoren differenzieren die Erweiterungen von valenten

Substantiven in Komplemente und Supplemente, wobei die Komplemente dann in *periphere-halbzentrale-zentrale* Gruppen weiter subdifferenziert werden.

Zur Differenzierung von Komplementen und Supplementen wird von Zifonun u.a. in Anlehnung an Jacobs (1986/1994a: 53 ff.) ein mehrdimensionales Konzept für Substantive entwickelt, wobei sie vier formale Relationen (Fixiertheit, entspricht NOT, Rektion, entspricht FOSP, Konstanz und Kasustransfer, entspricht der regierten Präposition und ihrer Kasusforderung) und zwei semantische Relationen (Argumentselektion, entspricht ARG und Sortenselektion, entspricht INSP) einführen. Diese Relationen werden in der folgenden Tabelle zusammengefasst:[21]

Syntaktische und semantische Relationen der Substantivvalenz		**Deutung der Relationen**	**Bezug auf Jacobs (1986/ 1994a: 33 ff.)**
Formrelationen:	Fixiertheit	Der Komplementkandidat ist nicht weglassbar (obligatorisch).	NOT
	Rektion	Die Form (v.a. Kasus) des Komplementkandidaten ist durch den Valenzträger festgelegt.	FOSP
	Konstanz	Die Präposition des Valenzkandidaten ist durch den Valenzträger unabänderlich festgelegt.	-
	Kasustransfer	Die Kasusauswahl bei einer Präposition des Komplementkandidaten ist durch den Valenzträger festgelegt.	-
Bedeutungs-relationen:	Argument-selektion	Der Valenzkandidat ist an der Bedeutungsstruktur/ Ereignisstruktur des Valenzträgers beteiligt.	ARG
	Sortenselektion	Der Valenzträger legt sortale Eigenschaften der Valenzkandidaten fest.	INSP

Bei der Anwendung verschiedener Tests, wie Reduktionstest, Folgerungstest[22] und Anschlusstest[23], die bei der Verbvalenz sehr hilfreich sind, stellte sich heraus, dass der Reduktionstest (bestimmt die obligatorischen Komplemente) für die Substantivvalenz (außer Zahlattribute in Maß- und Behälterkonstruktionen) nicht sinnvoll ist, weil die Reduktion in NP grundsätzlich nicht zur Ungrammati-

21 Vgl. Zifonun u.a. 1997: 1030 ff., 1969 f.

22 Vgl. Zifonun u.a. (1997: 1970): Der Folgerungstest liefert mindestens *periphere* fakultative Komplemente.

23 Ebd.: Der Anschlusstest liefert *zentrale* fakultative Komplemente.

kalität führt. Somit fällt die Relation Fixiertheit im nominalen Bereich eigentlich weg. Es handelt sich bei Zifonun u.a. (1997: 1971) um eine *schwache* rektionale Formselektion, wenn die Präposition in einer Präpositionalphrase ohne Bedeutungsveränderung oder bei gleicher Sortenselektion austauschbar ist. Wenn die Änderung des Kasus oder der Präposition innerhalb der Präpositionalphrase zu einer ungrammatischen Konstruktion führt, liegt eine *starke* rektionale Formselektion vor. Als wichtigstes Unterscheidungskriterium für Komplemente und Supplemente, wie es der folgenden Tabelle zu entnehmen ist, geben Zifonun u.a. (1997: 1976 f.) die Grenze zwischen starker und schwacher Argumentselektion an.

Komplemente			**Supplemente**
zentrale	**halbzentrale**	**periphere**	z.B. *Bild von Picasso* *Skandal wegen der Affäre*
z.B. *Befehl zum Antreten*	z.B. *Reise in die Mongolei*	z.B. *Einladung an den Beirat*	
– starke Argumentselektion – starke Formselektion	– starke Argumentselektion – abgeschwächte Formselektion	– starke Argumentselektion – (keine Formselektion)	– Elemente mit schwacher Argumentselektion – keine Argumentselektion

Zu (b) Abgrenzung von Ergänzungen und Angaben anhand der Prototypentheorie mit graduellen Abstufungen im Zwischenbereich

Schierholz (2001: 124 ff.) versteht unter valenten Substantiven die Rektionssubstantive. Ein Substantiv wird bei ihm Rektionssubstantiv genannt, wenn es eine Präposition regiert. Schierholz entwickelte eine eigene Terminologie, wobei er zwischen Präpositionalattributkonstruktionen (PPA-Konstruktionen) und Konstruktionen mit einer attributiven adverbialen Bestimmung (AAB-Konstruktionen) unterscheidet. So nimmt er an, dass Präpositionen sowohl als lexikalische (in AAB-Konstruktionen) als auch als regierte sprachliche Zeichen (in PPA-Konstruktionen) auftreten können. Den Unterschied zwischen PPA-Konstruktionen (z.B. *die Diskussion unter den Teilnehmern*) und AAB-Konstruktionen (z.B. *die Diskussion unter der Brücke*) veranschaulicht Schierholz (2001: 129) – wie es in der Dependenzgrammatik üblich ist – mit Hilfe eines Stemmas. Ob eine PPA-Konstruktion oder eine AAB-Konstruktion vorliegt, entscheidet dabei immer die jeweilige Funktion. Um präpositionale Ergänzungen von präpositionalen Angaben zu trennen, benutzt Schierholz verschiedene Testverfahren, z.B. Ableitungstest, Pronominaladverbtest, (abstrakte) Bedeutung der Präposition, Kasusmarkierung bei Wechselpräposition. Da die Testverfahren immer wieder versagen und eine scharfe Trennung von PPA-Konstruktionen und AAB-Konstruktionen vermitteln, entscheidet sich Schierholz (2001: 279) für ein *mehr-oder-weniger-Zugehörigkeit-Prinzip*. So wird auf die Verbvalenz Bezug genommen, und es werden mehrere Valenzbindungen in Anlehnung an Breindl (1989) und Jacobs (1986/1994a) auf die Substantivvalenz angewendet. Da eine klare Trennung von Präpositionalobjekten und adverbialen Präpositionalphrasen nicht durchgeführt werden kann, wird festgestellt, dass zwischen prototypischen Ergänzungen und prototypischen Angaben graduelle Abstufungen vorliegen. So strukturiert auch Schierholz die Elemente nach Ähnlichkeitsmerkmalen um etwas Prototypisches herum. Als prototypisches Rektionssubstantiv betrachtet Schierholz ein deverbales Substantiv, das den präpositionalen Anschluss des Basisverbs übernimmt, z.B. *Antwort auf.* Im Zwischenbereich zwischen PPA- und AAB-Konstruktionen stehen die problematischen Fälle, wie z.B. *Einschränkung.* Bei diesem Substantiv ist die Einstufung als Rektionssubstantiv problematisch, da es einerseits zu den PPA-Konstruktionen (z.B. *Einschränkung im Energieverbrauch*), und andererseits aber auch zu den AAB-Konstruktionen gezählt werden kann (z.B. *Einschränkung im Jugendbereich*). Eine prototypische AAB-Konstruktion ist z.B. *der Ärger am Sonntag.* Die Abgrenzung von Ergänzungen und Angaben bei Rektionssubstantiven veranschaulicht die folgende Tabelle:

Abgrenzung von E und A beim Substantiv nach Schierholz (vgl. 2001: 155 ff.)

	Prototypische PPA-Konstruktion	**Übergangsbereich zwischen PPA- und AAB-Konstruktionen**	**Prototypische AAB-Konstruktion**
Beispiel	*eine Antwort auf meine Fragen*	*Einschränkung im Energieverbrauch/ im Jugendbereich*	*der Ärger am Sonntag*
Tests	Ableitungstest[24]		Negation der Eigenschaften
	Pronominaladverbtest[25]	↔	Erfragbarkeitstest[26]
	Bedeutung der Präposition[27]		-

24 Vgl. Schierholz (2001: 155), Hölzner (2007: 73): Ableitungstest wird benutzt, wenn das Rektionssubstantiv als Ableitungsbasis ein Verb oder Adjektiv besitzt, das die gleiche Präposition regiert.

25 Ebd. Pronominaladverbtest: Das PPA kann durch ein Pronominaladverb substituiert werden, das mit der in der jeweiligen PPA- Konstruktion verwendeten Präposition gebildet wird.

26 Erfragbarkeitstest: Prototypische AAB-Konstruktionen können mit W-Fragen oder Fragepronomen (z.B. *der Ärger am Sonntag*/Wann?) erfragt werden.

27 Die PPA-Präposition hat eine abstrakte Bedeutung.

	Prototypische PPA-Konstruktion	Übergangsbereich zwischen PPA- und AAB-Konstruktionen	Prototypische AAB-Konstruktion
	Kasusmarkierung[28]		-
	Kommunikativitätstest[29]		-
	Überführung in einen Nebensatz (NS) mit Korrelat[30]	↔	-
	Modifizierbarkeitstest[31]		-
	Kopulaverbtest[32]		-

Zu (c) Die graduelle Abgrenzung von Ergänzungen und Angaben

Hölzner (2007) hat in Anlehnung an Jacobs (1986/1994a) ein mehrdimensionales Valenzkonzept für Substantive ausgearbeitet. Eine Zusammenfassung dieses Konzepts findet man unter Frage 2. In diesem Konzept sind je zwei Valenzdimensionen auf der syntaktischen Ebene (NOT und FOSP) und der semantischen Ebene (INSP und ARG) spezifiziert. Diese Valenzeigenschaften sind gleichwertig und unabhängig, sie können aber auch gemeinsam vorkommen. Anhand dieser Valenzeigenschaften wird die Substantivvalenz als *graduelles Phänomen* aufgefasst. Ein Valenzkandidat gilt genau dann als valenzgebunden, wenn mindestens eine der Valenzeigenschaften zutrifft.

---

28 Ebd.: Kasusmarkierung/Präpositionen, die zwei Kasus regieren, können in der Nachfolger-PPA- Konstruktion immer nur in einem Kasus vorkommen. Solche Wechselpräpositionen sind, z. B. *vor, auf, über, zwischen*. Wenn dieser Fall vorkommt, liegt eine Kasusmarkierung vor.

29 Ebd.: Kommunikativitätstest besagt, dass das PPA in der Verwendung kommunikativ notwendig ist. Es ist keine konkurrierende PPA-Konstruktion mit einer alternativen PPA- Präposition bildbar.

30 Vgl. Schierholz (2001: 168), Hölzner (2007: 73): Dies bedeutet, dass die Überführung der PPA-Konstruktion in einen Nebensatz mit Korrelat möglich ist, z.B. *Hinweis auf die Veranstaltung → der Hinweis darauf, dass etwas veranstaltet wird.*

31 Ebd.: Modifizierbarkeitstest besagt, dass zwischen das Rektionssubstantiv und die PPA-Konstruktion kein Adverb eingefügt werden kann, z. B. *das Gespräch über die Prüfungsordnung ist beendet → * das Gespräch genau über die Prüfungsordnung ist beendet.*

32 Vgl. Schierholz (2001: 177): Kopulaverbtest besagt, dass zwischen die Vorgänger-NP und die angeschlossene PPA-Konstruktion das Kopulaverb *sein* oder ein anderes Verb „mit allgemeiner Bedeutung" nicht eingefügt werden kann, z. B. *der Ärger über die Nachbarn → *der Ärger ist über die Nachbarn; * der Ärger findet über die Nachbarn statt.*

Zu 7. Gibt es obligatorische Ergänzungen beim Substantiv?

Die Untersuchung dieser Frage ist für die Lexikographie und den DaF-Unterricht keineswegs zu vernachlässigen. Es gibt divergente Auffassungen über die Existenz der obligatorischen Ergänzungen in der Nominalphrase. Diese Auseinandersetzungen betreffen vor allem die verschiedenen Sprachebenen und sind meistens sprachtypologischer Art.

Bei der Entscheidung dieser Frage wurde die syntaktische Notwendigkeit (NOT) mit der Eliminierungstestprobe, wie bei Verben, benutzt. Anhand dieses Tests stellte sich heraus, dass die Attribute bei den Substantiven weggelassen werden können. Dementsprechend gingen die meisten Darstellungen bis Ende der 70er Jahre von der Annahme aus, dass die Substantive nur über fakultative Ergänzungen und freie Angaben verfügen. Im Folgenden werden die wichtigsten Untersuchungsergebnisse zu dieser Frage chronologisch aufgeführt.

Sommerfeldt (1973: 97) erläutert die Frage der obligatorischen Ergänzungen bei Substantiven folgendermaßen:

> Die Valenzpartner des Substantivs sind auf Grund der Benennungsfunktion dieser Wortart fast ausschließlich fakultativ, während wir bei dem satzgründenden Verb und dem auch in prädikativer Funktion auftretenden Adjektiv überwiegend obligatorische Aktanten finden.

Helbig/Schenkel (1973: 23) schließen sich dieser Meinung an. Sie sind davon überzeugt, dass Substantive nur über fakultative, nicht aber über obligatorische Valenz verfügen (1973: 23 f.):

> Es handelt sich dabei um solche deverbativen Substantive, die von Verben abgeleitet sind und – etwa als Verbalabstrakta – die Valenz des zugrunde liegenden Verbs beibehalten haben. [...] Allerdings geht dabei der obligatorische Charakter der verbalen Valenz verloren.

Teubert (1979) geht ebenfalls davon aus, dass die Substantive keine obligatorischen Aktanten haben. Er spricht sich gegen eine Übertragung des Unterscheidungsverfahrens Notwendigkeit auf das Substantiv aus. Bei Teubert (1979: 37) entfällt dieses Kriterium folgendermaßen:

> Die Valenz der Substantive kennt obligatorische Ergänzungen nicht, und folglich dürfte es keine von Substantiven abhängigen Situativergänzungen geben, da Situativangaben zu jedem Substantiv außer zu Eigenschafts- und Kategorialbezeichnungen hinzugefügt werden können.

Einige Autoren haben inzwischen versucht zu beweisen, dass es auch Substantive gibt, bei denen die Ergänzungen nicht weglassbar sind.

Sommerfeldt (1973: 97) geht z.B. davon aus, dass obligatorische Aktanten im isolierten Satz nicht weglassbar sind. Eine Eliminierung ist nämlich nur dann möglich, wenn das fehlende Element aus dem syntaktischen Kontext oder aus dem Situationskontext hervorgeht.

Sandberg (1979: 16) will ebenfalls beweisen, dass Substantive keineswegs nur über fakultative Ergänzungen verfügen:

> Man wird hier leicht geblendet von der großen Masse der Substantive, die ohne besetzte Leerstellen stehen können. Um Gegenbeweise zu finden, braucht man nur zu einigen konkreten Fällen zu gehen, wo das Verbalsubstantiv im isolierten Satz [...] nicht ohne den Patientenspieler auskommen kann.

Als Beispiel führt Sandberg den vielzitierten Satz auf (1979: 18), wo die Besetzung der Leerstelle des Genitivattributs unentbehrlich ist:

> Beim Verlassen des Zimmers stolperte er.
> * Beim Verlassen stolperte er.

> «Meine Hypothese bedeutet, dass das nicht-lexikalisierte Verbalsubstantiv genau dieselben Leerstellen aufweist wie das Basisverb [...].» (vgl. Sandberg 1979: 24).

Sandberg hat auch weitere Beispiele (Verben) aus Helbig/Schenkel 1991 gesammelt, die sich in substantivischer Form ähnlich wie *sich verlassen* verhalten, z.B. *das Meiden (des Alkohols), die Berücksichtigung (des Tatbestandes), das Erblicken (des Mädchens).*

In diesen Fällen (bei reverbalisierbaren Verbalsubstantiven) ist der Aktant auch dann nicht eliminierbar, wenn „das jeweilige Patient schon aus dem Kontext klar hervorgeht“ (vgl. Sandberg 1979: 50).

Welke (1988: 132) begründete diese Erscheinung wie Sandberg damit, dass es sich bei diesen Substantiven um nicht lexikalisierte deverbale Infinitivnominalisierungen handelt. Die Nomina actionis *Meiden* und *Erblicken* sind also noch nicht lexikalisiert, und ihre verbale Struktur ist noch nicht verblasst. Deshalb verlangen solche Substantive auch in der nominalen Struktur die obligatorische Ergänzung des Verbs.

Sandbergs Erkenntnissen hat Helbig (1995: 116) zum Teil zugestimmt:

> Es gibt also (und dies ist der eigentliche Erkenntniszuwachs bei Sandberg) auch beim Substantiv – wenngleich in relativ wenigen Fällen – obligatorische Valenz, in der das Attribut im gleichen Satz nicht eliminierbar ist.

Obwohl diese Beweisführung von Sandberg überzeugend ist, meint Helbig (ebd.), es wäre günstiger, statt des Wortes obligatorisch das Wort satzobligatorisch bzw. textobligatorisch zu benutzen.

Ágel (2000: 57 ff.) stellt zuerst die absoluten und relativen Substantive einander gegenüber, dann analysiert er, woher die Leerstelle von Substantiven kommt. Zuletzt kommt er zu der Schlussfolgerung, dass kein Substantiv über die Valenzeigenschaft NOT verfügt, was der weit verbreiteten Auffassung entspricht, dass Substantive keine obligatorischen Ergänzungen fordern.

Im Laufe der Zeit sind auch in der kontrastiven Linguistik zahlreiche Studien zum Thema Obligatorik in der Nominalphrase erschienen, von denen ich nur eine hervorheben möchte.

Tamássy-Bíró (1998b) macht – in Bezug auf László (1988) – auf ein interessantes Phänomen aufmerksam, und zwar auf das Zwei-Ebenen-Modell anhand der ungarischen Nomina. Es gibt im Ungarischen Aktanten, die nicht nur syntaktisch (auf der Makroebene), sondern auch morphologisch (auf der Mikroebene) erscheinen. Das Possessivum wird im Ungarischen auf der morphologischen Ebene realisiert. Dies zeigen die folgenden Beispiele: *fia (sein/ihr Sohn), bátyja (sein/ihr Bruder) széle (der Rand von etwas)*. Typologisch gesehen gibt es solche Sprachen, in denen auch Substantive über morphologisch markierte, nicht weglassbare Ergänzungen verfügen.

Schierholz (2001: 278 ff.) bringt anhand einiger Rektionssubstantive mit dem *PPA mit auf* eine sogenannte *Quasiobligatorik* ins Spiel. „Dabei liegt die Dependenzrelation nicht nur auf der semantischen Ebene vor und ist syntaktisch variabel oder im Kontext realisierbar, sondern muss durch eine PPA-Konstruktion umgesetzt werden. Diese besonderen Verhältnisse innerhalb der PPA-Konstruktion lassen sich jedoch nur erkennen, wenn eine intensive Interpretation der extrahierten Korpusbelege vorgenommen wird (ebd.)."

Zifonun (2003a: 352 f.) versucht zuerst – in Bezug auf verschiedene Autoren – die unterschiedlichen Auffassungen der Notwendigkeit zu systematisieren, und dann geht sie auf die Mehrdeutigkeit des Begriffs ein. Dementsprechend wird zwischen *Sinn-Notwendigkeit*, kommunikativer Notwendigkeit (gegebenenfalls Textnotwendigkeit) und *syntaktischer Notwendigkeit* unterschieden. Sinn-Notwendigkeit ist bei Welke (1988: 22 ff.) aufzufinden und mit dem semantischen Kriterium *Beteiligtheit* identifizierbar. Eine kommunikative Notwendigkeit liegt vor, wenn das informationelle Defizit im Kontext nicht ausgeglichen wird, z.B. *Diese Tat geschah* vs. *Diese Tat geschah aus Leidenschaft/in Frankfurt/am 12.Juli.* Die kommunikativ notwendigen Begleiter sind nicht als Ergänzungen einzuordnen. Kommunikative NOT ist kein hinreichendes Kriterium für Valenzbindung (vgl. Welke 1988: 68, Zifonun u.a. 1997: 1100). Ähnliches gilt bei *Textnotwendigkeit* bei Textkohärenz (vgl. Storrer 1996: 226). Syntaktische Notwendigkeit bedeutet Nicht-Weglassbarkeit eines Begleiters (vgl. Blume 1993, Jacobs 1994b) ohne die die Struktur ungrammatisch wird. Weglassbare Begleiter können in diesem Fall valenzgebunden (fakultative Ergänzungen) oder nicht valenzgebunden (Angaben) sein (vgl. Zifonun 2003a: 353).

Eroms (2004: 251 ff.) untersucht die Obligatorik von nominalen Ergänzungen von einem ganz anderen Blickwinkel aus. Er fasst die NP als Determinatorphrase auf und stellt die Frage, ob der bestimmte Artikel, der Determinator oder das Substantiv der Kopf einer NP ist? Nach einer interessanten Diskussion weitet er die Dependenzzone aus und schlägt vor, den Artikel und das Substantiv als interdependent anzunehmen.

Fazit: Gibt es obligatorische Ergänzungen beim Substantiv?

Nach dem heutigen Forschungsstand vertreten die meisten Autoren wie z. B. Sommerfedt (1973), Sommerfeldt/Schreiber (1977/1983), Teubert (1979), Engel (1991), Helbig (1992), Ágel (2000) u.a. die Meinung, dass die Substantive nur über fakultative Valenz verfügen. Sandberg (1979) und Welke (1988) weisen aber nach, dass die nicht lexikalisierten deverbalen Substantive über obligatorische Aktanten verfügen können. Wenn man sich mit dieser Frage tief auseinandersetzen will, bedarf der Begriff obligatorische Valenz bei Substantiven einer genaueren Definition. Dabei müssen einerseits alle möglichen Valenzebenen (auch die Mikroebene) einbezogen und andererseits auch die sprachspezifischen Unterschiede berücksichtigt werden.

Zu 8. Was bedeutet die quantitative und qualitative Valenz bei nominalen Ergänzungen?

Quantitative Valenz bedeutet die Stelligkeit der Substantive, d. h. die Bestimmung der Zahl von Ergänzungen. Zur Stelligkeit gibt es nur wenige und uneinheitliche Untersuchungen. Bekannt sind z. B. die Untersuchungen von Sommerfeldt/Schreiber (1977/1983) und im kontrastiven Bereich die von Bassola/Bernáth (1998) oder Bassola (2003).

Sommerfeldt/Schreiber (1977/1983: 24 ff.) unterscheiden, wie folgt:

- Substantive ohne Aktanten, z. B. *das Donnern, Blitzen.*
- Substantive mit einem Aktanten, der immer den Träger des Merkmals bezeichnet. Er wird in der Grundform durch einen Genitiv ausgedrückt, z. B. *der Schlaf des Jungen.* Varianten ergeben sich dazu durch den Einsatz des Possessivpronomens, z. B. *seine Krankheit,* durch den Einsatz des relativen Adjektivs, z. B. *die väterliche Arbeit* und in einigen Fällen als Umschreibung des Genitivs mit *von*, z. B. *die Größe von Giraffen.*
- Substantive mit zwei Aktanten, als Ausdruck einer zielgerichteten Tätigkeit, z. B. *das Vertrauen der Schüler zum Lehrer,* oder als Ausdruck eines Zustandes, z. B. *der Stolz des Sportlers auf den Sieg.*

- Substantive mit drei Aktanten, die Tätigkeiten bezeichnen *(Übergabe, Mitteilung, ...)*, z.B. *Bericht der Polizei an die Behörde über den Unfall.*

Bassola/Bernáth (1998: 173 ff.) haben Substantive untersucht, die mit Verben verwandt sind, unabhängig davon, ob sie selbst aus Verben gebildet sind, oder ob Verben aus diesen Substantiven gebildet werden können. Bei dieser Korpusanalyse, wobei die Wertigkeit der deverbalen Substantive analysiert wurde, gab es ein-, zwei- und dreiwertige Substantive (aber keine nullwertigen).

- Bei einwertigen Substantiven erscheint die Ergänzung im Genitiv.
- Bei zweiwertigen Substantiven bilden die untersuchten Substantive zwei Gruppen: Substantive mit Agentiv- und Objektergänzung bzw. Substantive mit einer Agentiv- und einer weiteren Ergänzung, wobei die andere Ergänzung vor allem als Präpositionalergänzung, Kompositum oder Inf.-Satz realisiert wird.
- Bei dreiwertigen Substantiven ist eine der Ergänzungen immer das Agens, wobei die genitivischen Realisierungen der Agentivergänzung überwiegen. Dann tritt oft das Objekt in Form von PPA-Konstruktionen auf. Die dritte Ergänzung bleibt überwiegend verborgen. Sofern sie dennoch auftritt, dann ist es meistens eine präpositionale Realisierung. Beispiele für ein- und zweiwertige Realisierungen sind z.B. *Gefecht, Schlägerei* sowie für zwei und dreiwertige Realisierungen z.B. *Kampf, Gespräch, Diskussion.*

Da die Ermittlung der Substantivvalenz (vor allem die Bestimmung der Zahl von Valenzstellen) problematisch und sehr zeitaufwändig ist, gibt es nur wenige und mangelhafte Wörterbucheinträge.

Unter qualitativer Valenz versteht man die Art von nominalen Aktanten, die von den valenten Substantiven lexikalisch regiert sind. Dazu gehören vor allem einige Genitivattribute, Präpositionalattribute, Appositionen, Attributsätze als Konjunktionalsatz, Infinitivsatz und einige Komposita.

Anhand der bisherigen Untersuchungen ist feststellbar, dass die Einteilungen der nominalen Ergänzungen teils wegen der verschiedenen theoretischen Grundlagen, teils wegen der terminologischen Vielfalt längst nicht einheitlich sind. Im Folgenden wird dargestellt, welche Klassifikationsvorschläge für die nominalen Ergänzungen in der deutschen Fachliteratur vorliegen. In diesem Bereich sind vor allem die Klassifikation von Teubert (1979: 88 ff.), Engel (1994: 118) und Eroms (2000: 6) hervorzuheben.

Teubert (1979), der bei der Beschreibung der NP zwei komplementäre Methoden, die der Konstituentenstrukturgrammatik und der Dependenzgrammatik benutzt, ordnet den 12 valenten Substantivklassen 17 denominale Ergänzungsklassen (subklassenspezifisch) und 9 denominale Angabenklassen zu. Als denominale Ergänzungsklassen erscheinen nach Teubert (1979: 88 ff.) vereinfacht:

	Ergänzungsklasse	***Beispiel***
1.	Agentivergänzung	die Angriffe *der Engländer*
2.	Objektivergänzung	die Errichtung *des Hauses*
3.	Experientivergänzung	der Hunger *vieler Kinder*
4.	Explikativergänzung	das Problem *der Arbeitslosigkeit*
5.	Personenergänzung	Peters Vater
6.	Stoffergänzung	ein Glas *Wein*
7.	Themaergänzung	die Debatte *über den Frieden*
8.	Zielergänzung	Anstrengungen *zum Frieden*
9.	Beteiligtenergänzung	der Kampf *mit dem Gegner*
10.	Instrumentalergänzung	die Eroberung *durch unsere Truppen*
11.	Sachergänzung	Vorrat *an Erdöl*
12.	Benefaktivergänzung	die Rede *an die Mitglieder*
13.	Situativergänzung	der Besuch *beim Papst*
14.	Direktivergänzung	die Fahrt *nach Straßburg*
15.	Maßergänzung	eine Dauer *von 20 bis 30 Jahren*
16.	Benennungsergänzung	die Regierung *Brandt*
17.	Gleichsetzungsergänzung	seine Verwendung *als Klebstoff*

Engel (1994: 118) rechnet zu den nominalen Ergänzungen, wie folgt:

- den Genitivus subiectivus, z.B. der Vortrag *der Kandidatin,*
- den Genitivus obiectivus, z.B. die Speisung *der Fünftausend,*
- präpositive Attribute, z.B. die Hoffnung *auf Frieden,*
- Herkunftsbestimmungen, z.B. ein Anruf *aus Göttingen,*
- Richtungsbestimmungen, z.B. der Marsch *durch die Wüste.*

Als Sonderkategorien erscheinen bei Engel (1994: 738) die Verbativergänzungen in Form von abhängigen Hauptsätzen, Nebensätzen oder Infinitivkonstruktionen, z.B. die Annahme, *man habe es mit einem Betrüger zu tun,* ... , die Überzeugung *helfen zu müssen.* Als nominale Ergänzungen können bei Engel noch der Pertinenzdativ, die Relativsätze und die Expansivattribute und die Appositionen gelten.

Eroms (2000: 6) verbindet das Dependenzmodell mit der Generativen Grammatik und der Pragmatik bei der Analyse der NP. Diese Theoriekonvergenz führt nach Eroms zu wichtigen Erkenntnissen auch bei der Beschreibung der NP. Er ergänzt seinen valenzgrammatischen Beschreibungsansatz dann auch mit dem X-bar-Prinzip von Jackendoff (1977). Dieses Prinzip besagt, dass Wörter allein oder in Begleitung anderer vorkommen können, deren Struktur sie bestimmen, indem sie als Kopf der Phrase die maximale Ausdehnung der Phrase angeben. Eroms gibt die folgenden fünf nominalen Ergänzungsklassen an: Präpositionalattribute, Direktivattribute, Expansivattribute, Gleichsetzungsattribute und die Situativattribute, die aber sowohl Ergänzungen als auch Angaben sein können.

Welche Substantivergänzungsklassen in der Lexikographie unterschieden werden, kann man vor allem im *Wörterbuch zur Valenz und Distribution der Substantive* von Sommerfeldt/Schreiber (1977/1983), im *Wörterbuch der Valenz etymologisch verwandter Wörter* von Sommerfeldt/Schreiber (1996), im Übungsbuch *Deutsche Substantive. Wortfelder für den Sprachunterricht* von Schreiber/Sommerfeldt/ Starke (1993) oder auch im *Deutsch-ungarischen Wörterbuch zur Substantivvalenz* von Bassola (2003, 2012) studieren.

Zu 9. Wie können die verschiedenen Argumente der valenten Substantive angeordnet werden?

Da die Realisierung der Argumente im Deutschen auch topologisch determiniert ist, werden diese beiden Fragen – die Art und die topologische Realisierung von Aktanten – miteinander verbunden vereinfacht nach Hölzner (2007: 26 ff.) wie folgt skizziert.

<table>
<tr><th colspan="3">Transphrastische Argumentrealisierung (TA) = außerhalb der NP, im Kontext</th></tr>
<tr><td colspan="3">Nominalphrase (NP)</td></tr>
<tr><td colspan="3">Intraphrastische Argumentrealisierung (IA) = innerhalb der NP</td></tr>
<tr><td></td><td>im Wortintern
Kompositum,
z.B. Kanzlersprache</td><td></td></tr>
<tr><td>im Vorfeld</td><td rowspan="2">valentes
Bezugssubstantiv</td><td>im Nachfeld</td></tr>
<tr><td>- Determinativ
- Adjektivattribut
- Partizipialattribut
- Adverbialattribut
- enge Apposition
- sächsisches Genitivattribut</td><td>- Genitivattribut
- PPA
- Attributsätze:
• Relativsatz
• Konj.- Satz
• Infinitivsatz
• Apposition
...</td></tr>
<tr><td colspan="3">Transphrastische Argumentrealisierung (TA) = außerhalb der NP, im Kontext</td></tr>
</table>

Zu 10. Zusammenfassung

Wenn man an Valenz denkt, denkt man in erster Linie ohne Zweifel an das Verb. In zweiter Linie beschäftigt man sich mit der Valenz des Adjektivs. Die Substantivvalenz hatte lange einen Sonderstatus. Nach dem Erscheinen des *Wörterbuchs zur Valenz und Distribution der Substantive* von Sommerfeldt/Schreiber (1977) konnte eindeutig bewiesen werden, dass nicht nur abgeleitete, sondern auch originäre Substantive über Valenz verfügen.

Unter Substantivvalenz versteht man traditionell (nach Teubert 1979) aus der Sicht des Fremdsprachenunterrichts die Lehre von den valenten Substantiven und ihren Ergänzungen, oder genauer formuliert, eine nicht prognostizierbare morphosyntaktische und semantische Eigenschaft valenter Substantive, die zwischen Syntax und Lexikon angesiedelt ist und ins Lexikon gehört.

Als kurzes *Fazit* der bisherigen Substantivvalenzforschungen ist die folgende Grundannahme zu formulieren: Die meisten Substantive sind avalent, d.h. sie haben keine Ergänzungen (E) nur Angaben (A). Die E sind normalerweise fakultativ. Für den Unterricht Deutsch als Fremdsprache ist aber diese Unterscheidung von Ergänzungen und Angaben essentiell.

Die wichtigsten Ergebnisse einer multidimensionalen Auffassung der Substantivvalenz können mit Hilfe von Hölzner (2007: 336) im Folgenden zusammengefasst werden:

<table>
<tr><th colspan="5">Zusammenfassung der Substantivvalenz im Deutschen (nach Hölzner 2007: 336)</th></tr>
<tr><td></td><td colspan="3">Argumentrealisierung</td><td></td></tr>
<tr><td rowspan="6">möglicherweise Einflüsse regelhafter Transformationen</td><td colspan="2">intraphrastische Realisierung</td><td>transphrastische Realisierung</td><td rowspan="4">Zusammenhang zwischen Textkohärenz und Substantivvalenz</td></tr>
<tr><td rowspan="5">• Genitivattribut
- sächsischer G.
- analytischer G
- postnom. G.
• PPA
• Kompositum
• Pronomen
• Adj.-Attr.
• Attributsatz</td><td>syntaktische Valenzrelationen: NOT und FOSP</td><td rowspan="3">analeptische/ kataleptische Prozeduren
- Partnerwort im Satz
- Kontextnennung</td></tr>
<tr><td>valentes Bezugssubstantiv</td></tr>
<tr><td>ARG und INSP semantische Valenzrelationen:</td></tr>
<tr><td rowspan="2"></td><td>Indefinite Auslassungen</td><td></td></tr>
<tr><td>Argumentstelle bleibt unspezifiziert</td><td></td></tr>
<tr><td colspan="5">Valenz des korrespondierenden Verbs bzw. Stützverbgefüges bzw. Adjektivs</td></tr>
</table>

Was leistet die Substantivvalenz?

Trotz der verschiedenen theoretischen Diskussionen in den Grammatiken gibt es schon in diesem Bereich auch greifbare Ergebnisse, die besonders im Fremdsprachenunterricht (FU) eine wichtige Rolle spielen. Folgende Ergebnisse möchte ich besonders hervorheben:

- Die Substantivvalenz trennt zwischen den allgemeinen Attribuierungsmöglichkeiten, die für alle Substantive gelten und der besonderen arbiträren Eigenschaft valenter Substantive (Teubert 2003). Sie leistet damit einen wichtigen Beitrag zum richtigen Sprachhandeln.
- Die Untersuchung der Substantivvalenz ermöglicht die Ausweitung der theoretischen Diskussionen auf weitere Syntagmen.
- Die Beschreibung der Substantivvalenz ermöglicht, die Gemeinsamkeiten und die Unterschiede zwischen Wortbildung und Valenzregularitäten verschiedener Wortarten einer Sprache genauer zu bestimmen.
- Die kontrastiven Substantivvalenz-Forschungen tragen dazu bei, die Zusammenhänge zwischen sprachübergreifenden Dimensionen zu entdecken.
- Zweisprachige Wörterbücher zur Substantivvalenz (z.B. Bassola 2003, 2012), die die Gemeinsamkeiten und die Unterschiede innerhalb der Nominalphrase bis zu den kleinsten Einzelheiten kontrastiv berücksichtigen, tragen beim Fremdsprachenlernen zur Herausbildung einer muttersprachähnlichen Sprachkompetenz im hohen Maße bei.

Trotz der noch bestehenden Problemfälle und Schwierigkeiten in Forschung und Praxis der Substantivvalenz überwiegen die positiven Ergebnisse, die besonders für den Unterricht Deutsch als Fremdsprache nutzbar gemacht werden können.

Im Hinblick auf die in Kapitel 2. gestellten Grundfragen darf die Substantivvalenzforschung nicht von der Tagesordnung abgesetzt werden. Außerdem wirft die Substantivvalenz zahlreiche andere Fragen der nominalen Syntagmen auf, z.B. die Untersuchung von reziproken Strukturen valenter Substantive, die in den nächsten Kapiteln analysiert wird.

3 Vorarbeiten zur Untersuchung von reziproken Strukturen

3.1 Vorstudie

In der *Vorstudie zur Untersuchung von reziproken Strukturen valenter Substantive* (vgl. Hum 2006a) habe ich mich mit den Grundfragen auseinandergesetzt, was unter Reziprozität und valenten Substantiven mit reziproken Strukturen zu verstehen ist. Im Anschluss daran habe ich die sogenannten Rektionssubstantive[33] mit reziproken Strukturen im *Deutsch-ungarischen Wörterbuch zur Substantivvalenz* (vgl. Bassola 2003) bestimmt und sie im Hinblick auf ihre Ableitungsbeziehung und ihre strukturellen Gemeinsamkeiten empirisch untersucht. Die hier gewonnenen Ergebnisse werden zunächst kurz zusammengefasst, da sie als Ausgangspunkt der weiteren Analyse dienen.

Bei der Untersuchung der *Reziprozität*[34] konnte ich feststellen, dass die Definitionen syntaktisch und semantisch fundiert sind. Reziproke Substantive oder Substantive mit reziproken Strukturen oder Substantive mit reziproker Bedeutung habe ich aber in den untersuchten Lexika nicht gefunden. Bei Schierholz, der sich mit den Rektionssubstantiven in mehreren seiner Arbeiten (vgl. Schierholz 2001, 2004) tiefgreifend beschäftigt, wird dieser Begriff auch nur am Rande erwähnt. Deshalb bin ich ursprünglich von der rein syntaktischen Definition[35] von Bassola/Kubczak/László (2004: 185) ausgegangen. Aufgrund dieser Definition müssen die valenten Substantive mit reziproken Strukturen zwei Kriterien erfüllen, und zwar müssen sie mindestens zwei Argumente haben, die umgetauscht werden können. Im *Deutsch-ungarischen Wörterbuch zur Substantivvalenz*[36] habe ich zehn solche

33 Rektionssubstantiv ist ein von Schierholz (2001) eingeführter Terminus für Substantive, die eine oder mehrere Präpositionen regieren.

34 Vgl. z.B. Wahrig (2006: 1232): (1) reziprok (Adj.): wechselseitig, gegenseitig (2) reziprokes Verb (Gramm.), das die Gegenseitigkeit der Handlung zweier Subjekte ausdrückt (3) Reziprokpronomen, [...] Pronomen, das der Konstruktion von reziproken Verben dient, z.B. einander (4) Reziprozität: Wechselseitigkeit, Gegenseitigkeit, Wechselbeziehung.

35 Vgl. Bassola/Kubczak/László (2004: 185): Unter valenten Substantiven mit reziproken Strukturen sind die Substantive zu verstehen, die mindestens zwei Argumente (A1 und A2) haben, die umgetauscht werden können.

36 *Das Deutsch-ungarische Wörterbuch zur Substantivvalenz* (Hrsg. von Bassola 2003) ist ein Lernerwörterbuch für Fortgeschrittene, das 50 valente Substantive mit ihren Valenzstrukturen enthält.

Substantive gefunden *(Schwierigkeit, Angst, Aufmerksamkeit, Auftrag, Auskunft, Bitte, Dank, Frage, Gedanke, Schuld,)*, die die beiden syntaktischen Kriterien der Reziprozität erfüllen (siehe **Tabelle 2** im Anhang), z.B.

die Schwierigkeit der **Studenten** (A1) mit den **Dozenten** (A2) bzw.
die Schwierigkeit der **Dozenten** (A1) mit den **Studenten** (A2).

Es stellte sich aber die Frage, ob die Reziprozität bei den Substantiven nur eine rein syntaktische Frage ist, wie sie in der Definition von Bassola/Kubczak/László (2004: 185) formuliert ist. Oder spielt auch die Semantik eine Rolle dabei? Wird die *Wechselseitigkeit* zwischen A1 und A2 valenter Substantive genauso, wie bei den reziproken Verben, vorausgesetzt oder nicht? Im gezeigten Beispiel (aber auch in den Argumentstrukturen der oben genannten zehn Substantive) können die Argumente nämlich ohne weiteres umgetauscht werden, aber nicht ohne Konsequenz auf die Bedeutung der Nominalphrase. Darüber hinaus ergab sich hier die Problematik der reziproken Struktur und die der reziproken Bedeutung, die bei den erwähnten Substantiven nicht übereinstimmen. Die semantische Bedingung *Wechselseitigkeit* ist zwischen den Argumenten A1 und A2 nicht erfüllt, d.h. A1 und A2 fungieren in diesen Fällen nur als syntaktische Argumente. Anhand dieser Strukturen ist aber klar geworden, dass die ursprünglich rein syntaktische Definition allein nicht ausreicht, um das Phänomen Reziprozität bei den Substantiven exakt zu beschreiben. Im *Deutsch-ungarischen Wörterbuch zur Substantivvalenz* (vgl. Bassola 2003) habe ich acht solche Substantive gefunden (fünf deverbale: *Unterschied, Vergleich, Verhältnis, Vertrauen* und *Zusammenhang* und drei nicht-abgeleitete: *Grenze, Krieg* und *Vertrag*), die sowohl die syntaktische als auch die semantische Bedingung der Reziprozität erfüllen. Anhand der empirischen Analyse von reziproken Strukturen dieser acht Substantive konnten die folgenden Schlüsse gezogen werden:

(1) Unter den valenten Substantiven mit reziproken Strukturen gibt es abgeleitete (deverbale und deadjektivische) und nicht-abgeleitete Substantive und auch Komposita, z.B.
  - *Verhältnis* des Direktors mit der Sekretärin – *(sich verhalten),*
  - *Ähnlichkeit* des Vaters mit dem Sohn[37] – *(ähnlich)*
  - *Grenze* Deutschland*s mit* Frankreich – *(nicht abgeleitet)* vs. *(grenzen an+ Akkusativ)*
  - *Zusammenhang* der Missbildungen mit der Höhe der Strahlenbelastung.

37 Dieses Beispiel ist aus dem Artikel von Bassola (2005: 306), während die anderen dem Deutsch-ungarischen Wörterbuch zur Substantivvalenz von Bassola (2003) entnommen sind.

(2) Die Valenzstruktur der Substantive deverbaler Herkunft ist meistens nicht unmittelbar auf das Verb *reciproca tantum*, sondern auf die Valenz der *reziproken Verbvarianten* (transitiv – reflexiv – reziprok) zurückzuführen, z.B.
   - unterscheiden+A/von+D bzw. zwischen+D (transitives Verb): *Er kann die Zwillinge voneinander nicht unterscheiden.*
   - sich unterscheiden von+D (reflexives Verb): *Sie unterscheidet sich von ihrer Schwester in etw.*
   - sich unterscheiden voneinander (reziprokes Verb): *Peter und Eva unterscheiden sich*, d.h. *Peter unterscheidet sich von Eva* und *Eva unterscheidet sich von Peter.*

(3) In typischen Fällen kommen die folgenden reziproken Strukturen[38] vor:
   - die [*zwischen+Dativ*]-Strukturen, z.B. Unterschied *zwischen Verhütung und Eingriff*,
   - die [*Gen+(mit+Dativ)*]-Strukturen, z.B. *Vergleich des Sportklubs mit der Gemeinde,*
   - die Gen-Strukturen bzw. die [*von+Dativ*]-Strukturen, z.B. Unterschied *der Weißen und der Schwarzen* oder: Unterschied *von Zielen und Aufgaben*;

(4) In Pluralkonstruktionen – wie [*Genitiv im Plural*], [*von+Dativ im Pl.*] und [*zwischen+Dativ* im Pl.] – erscheinen die gebundenen Pluralmorpheme *[-en, Nullmorphem, -er]* als morphologische Aktanten, z.B.
   - der Unterschied *der Ansicht***en,**
   - der Unterschied *von Käfern,*
   - der Unterschied *zwischen den Bild***ern**.

(5) Die Valenzstruktur der nominalisierten Infinitive ist im Hinblick auf die Reziprozität sehr spezifisch, sie kommt grundsätzlich nur in [*zwischen+Dativ*]-Strukturen vor, z.B. *Vertrauen zwischen den Völkern.*

(6) Die Wechselseitigkeit bei den Genitiv-Strukturen ist auf der Wortgruppenebene nicht immer eindeutig zu identifizieren, z.B.
   - der Vertrag *der damaligen CDU- und FDP* und
   - der Vertrag *von Moskau und von Warschau.*

Die Frage, ob reziproke Strukturen hier vorliegen oder ob es hier nur um eine Reihung von Attributen mit parallelem Anschluss geht, ist weiter zu untersuchen.

Fazit: *Vorstudie*

Anhand der *Vorstudie* stellte sich heraus, dass die Reziprozität bei den Strukturen valenter Substantive weder als rein syntaktisches noch als rein semantisches Phä-

---

38 Die folgenden Beispiele stammen aus dem Deutsch-ungarischen Wörterbuch zur Substantivvalenz von Bassola (2003).

nomen zu beschreiben ist. Reziprozität soll traditionell als ein morphosyntaktisches und semantisches Phänomen aufgefasst werden. Die vorläufigen Ergebnisse haben gezeigt, mit welchen syntaktischen Mitteln die Reziprozität in typischen Fällen bestimmt werden kann. Es muss aber nach weiteren Strukturen gesucht werden. Es ist auch klar geworden, dass nicht alle syntaktisch reziproken Strukturen in semantischer Reziprozität resultieren bzw. umgekehrt. Es gibt solche Strukturen, bei denen Form und Inhalt im Hinblick auf die *Reziprozität* übereinstimmen, es gibt aber auch welche, die entweder nur syntaktisch oder nur semantisch als reziprok bezeichnet werden können. Anhand der *Vorstudie* konnte festgestellt werden, dass die Reziprozität valenter Substantive grundsätzlich von allen an der Struktur beteiligten Elementen abhängt. Beim Ausdruck der Reziprozität spielt also nicht nur die Form und Grundbedeutung des Substantivs bzw. die des ihm zugrundeliegenden Verbs oder Adjektivs, sondern auch das syntaktische Mittel Präposition sowie auch die Form und Semantik von Argumenten eine wichtige Rolle. Alle beteiligten Elemente müssen bestimmte morphosyntaktische und semantische Bedingungen erfüllen, damit eine *Reziprozität* entsteht. Wie weit aber all diese Elemente die Reziprozität mit bestimmen, soll noch theoretisch und empirisch untersucht werden. Wegen der geringen Zahl der untersuchten Substantive wäre es ein methodischer Fehler, über die hier gewonnenen Ergebnisse hinaus weitreichende Aussagen zu machen. Diese *Vorstudie* dient als Bestandsaufnahme für die weiteren Analysen.

3.2 Definitionen und Methoden zur Untersuchung

Die wichtigsten Fragen der Substantivvalenzforschung als theoretische Grundlagen dieser Arbeit sind schon in Kapitel 2 ausführlich diskutiert worden. Deshalb werde ich hier nur auf die neuen theoretischen Elemente meiner Untersuchung eingehen. Dies betrifft die folgenden Fragen:

1. Was bedeutet Substantivvalenz auf der syntagmatischen Ebene?
2. Was bedeutet die holistische Untersuchungsmethode?
3. Was bedeutet Reziprozität in den verschiedenen Theorien bzw. in dieser Arbeit?

3.2.1 Was bedeutet Substantivvalenz auf der syntagmatischen Ebene?

Bei der Bestimmung und Analyse von reziproken Strukturen valenter Substantive gehe ich von einem reziproken Syntagma als eine syntagmatische Einheit innerhalb des Satzes aus. Syntagma bedeutet eine Gruppe von syntaktisch zusammengehörenden Wörtern. Reziproke Syntagmen sollen als eine klassifizierte

Subklasse von nominalen Syntagmen valenter Substantive aufgefasst werden. Ein Reziprok-Syntagma unterscheidet sich von den anderen Syntagmen valenter Substantive dadurch, dass die syntaktisch zusammengehörenden Elemente unter der Bedeutung bzw. Funktion *Reziprozität* eine Einheit bilden.

Was unter Substantivvalenz oder valenten Substantiven in der Forschungsgeschichte verstanden wird, ist in Kapitel 2 ausführlich zu lesen. Kurz gefasst: Valenz wird traditionell als Fähigkeit bestimmter Lexeme bzw. neuerdings als *cover term* (siehe Jacobs 1986/1994a und Hölzner 2007) für verschiedene Phänomene definiert. In dieser Arbeit wird die Valenz von Substantiven auf der syntagmatischen Ebene mit zwei Argumenten behandelt. Dabei sind aber Valenzpotenz und Valenzrealisierung nicht gleichzusetzen.

Die Wichtigkeit der Wortgruppenebene, auf die schon in Kapitel 1.1 hingewiesen wurde, soll aus den folgenden Gründen besonders hervorgehoben werden:

- Syntagmen dienen für Sprachenlerner als Konstruktionshilfen. Syntagmen lösen die Übersetzungsprobleme vor allem bei der Übersetzung aus der Muttersprache in die Fremdsprache. Sie tragen zum authentischen Spracherwerb und zur Herausbildung einer der Muttersprache ähnlichen Sprachkompetenz im großen Maße bei.
- Mit einer syntagmatischen Unterrichtsmethode (Syntagmen statt Vokabeln zu lernen) und Denkweise kann man den Interferenzfehlern erfolgreicher vorbeugen. Ein Beweis dafür liegt bereits in meiner Erhebung mit dem Titel: *Interferenzfehler bei der Bildung von Präpositionalattributen valenter Substantive in deutsch-ungarischer Relation* vor (vgl. Hum 2006b).
- Die Syntagmen ermöglichen für Muttersprachler das bessere Aneignen einer rhetorischen Redeweise. Auf diese Weise leisten die Syntagmen Hilfe auch für professionelle Redner.
- Die syntagmatische Annäherungsweise ist in der Lexikographie unentbehrlich: In allen Valenzwörterbüchern sind die Valenzträger mit ihren Argumenten dargestellt. Man kann die konkreten Argumente erst dann eruieren, wenn man mindestens die syntagmatische Ebene der Regentien herstellt. Ein Beispiel dafür ist die Anwendung der Stützverbmethode im *Deutsch-ungarischen Wörterbuch zur Substantivvalenz* (vgl. Bassola 2003, 2012).
- Die Wichtigkeit dieser Ebene betont auch Eisenberg (1994: 57), indem er meint: „Der eigentliche Grund einer Bestimmung der syntagmatischen Beziehungen bleibt aber, dass sie häufig entscheidende Hinweise auf die hierarchische Strukturierung syntaktischer Einheiten geben."

Über diese Gründe hinaus sollte man den Syntagmen und den syntagmatischen Relationen insgesamt eine größere Aufmerksamkeit schenken, und sie sollten vor allem ein fester Untersuchungsgegenstand der kontrastiven Linguistik sein.

3.2.2 Was bedeutet die holistische Methode in dieser Arbeit?

Ich verwende den Holismus hier nicht im Sinne einer konkreten Grammatiktheorie, sondern prätheoretisch, um die reziproken Syntagmen valenter Substantive als Einheit beschreiben zu können. Die reziproken Strukturen valenter Substantive werden dementsprechend nach holistischer Ansicht bestimmt, beschrieben und abgegrenzt. Bei der Bestimmung von reziproken Strukturen (Kapitel 4) verwende ich die Art der holistischen Untersuchungsmethode, die vom Ganzen zu den Teilen geht, bei der Beschreibung der Elemente (Kapitel 5) die Art des holistischen Analyseverfahrens, die von den Teilen zum Ganzen geht. Die Abgrenzung von reziproken Syntagmen von den anderen NP valenter Substantive (Kapitel 6) ist erst dann möglich, wenn die Reziprozität als ein ganzheitliches Phänomen hinreichend definiert wird. Als nächstes gehe ich auf die Frage ein, wie die Reziprozität gedeutet wird.

3.2.3 Was bedeutet Reziprozität?

Es ist nicht zu vermeiden, sich mit dem konkreten linguistischen Phänomen *Reziprozität* aus semantischer Perspektive unter Berücksichtigung syntaktischer Aspekte theoretisch auseinander zu setzen. Diese Darstellung soll aber vorher dazu beitragen, dieses Phänomen sprachübergreifend besser zu verstehen und komplexe Zusammenhänge zu entdecken.

Da konkrete Studien zur Reziprozität im nominalen Bereich nicht vorliegen, werden zunächst typologische Deutungen aus dem verbalen Bereich dargestellt, die bei der Analyse von reziproken Strukturen deverbaler Substantive unmittelbar nützlich gemacht werden können. Zuletzt findet man meine Analyse über die Reziprozität, wie sie in dieser Untersuchung aufgefasst werden soll.

3.2.3.1 Reziprozität in verschiedenen Theorien

Das Phänomen *Reziprozität* kommt eigentlich nicht nur im Alltag, sondern auch in vielen Forschungsbereichen vor. Was ist das Wesen der Reziprozität? Was steckt hinter den folgenden Redensarten: *Eine Hand wäschst die andere. Oder: Wie du mir, so ich dir.*

Die meisten Menschen haben das Bedürfnis, sich für einen Gefallen erkenntlich zu zeigen. Menschen sind also motiviert, für eine Leistung eine Gegenleistung zu erbringen. Einer hilft dem anderen und umgekehrt. Das ist das Reziprozitätsprinzip bzw. das Prinzip der Gegenseitigkeit. Schauen wir mit Hilfe der nächsten Auflistung, was Reziprozität in den verschiedenen Theorien bedeutet. Reziprozität[39] steht für:

- Quadratisches Reziprozitätsgesetz, Artinsches Reziprozitätsgesetz und Antiproportionalität in der Mathematik,
- die gegenseitige Abhängigkeit der Menschen in der Soziologie (siehe unten *Reziprozität in der Soziologie*),
- Motivation des Menschen in der Psychologie,[40] für Leistung eine Gegenleistung zu erbringen,
- eine Gegenseitigkeit wirtschaftlicher Prozesse in der Ethnologie,
- die Forderung der Welthandelsorganisation im Handel, dass Handelspräferenzen, die Land A dem Land B einräumt, umgekehrt auch von Land B dem Land A gewährt werden müssen,
- Reziprozität im Speziellen steht für eine Verbalvalenz in der Linguistik. Es ist eine Art der Diathese, die Mitglieder eines pluralischen Subjektes führen Handlungen an jeweils anderen aus, z. B. *Liebet einander!*

Reziprozität in der Soziologie:

In der Soziologie wird die Reziprozität als ein universelles soziales Prinzip angesehen. Menschen sind voneinander gegenseitig abhängig, Reziprozität gehört sogar zu einer Bedingung des Menschwerdens selbst. Durch Gegenseitigkeit entstehen Beziehungen und gegenseitiges Vertrauen. Abgeleitet wird dies aus dem Lateinischen (reciprocere bzw. reciprocus) und kann folgende Bedeutungen haben:

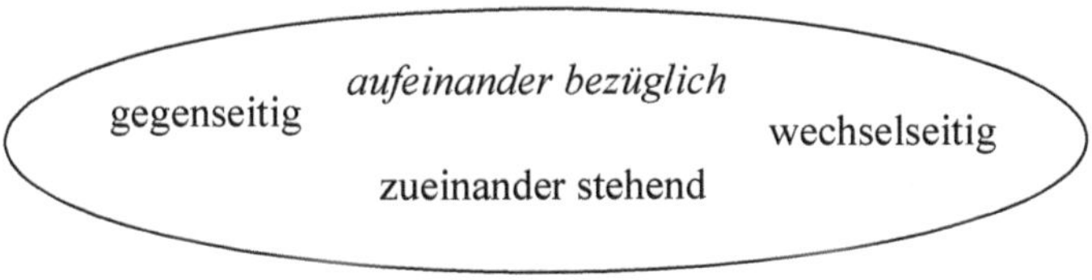

39 Vgl. http://www.fremdwort.de (Stand 20.08.2009).

40 Reziprozität in der Sozialpsychologie: Reziprozität bedeutet Wechselhaftigkeit. Tief in uns ist die soziale Grundregel des „Gebens und Nehmens" verankert. Die Norm der Reziprozität besagt, dass wir jemandem, der uns einen Gefallen erwiesen hat, unsererseits auch etwas Gutes tun müssen. Laut der Norm der Reziprozität müssen wir also – sozialpsychologisch betrachtet – den Gefallen ausgleichen, um nicht länger „in seiner Schuld zu stehen".

Das ursprüngliche lateinische Wort *reciprocus*[41] steht für:

- zurückfließen, hin- und herfließen,
- in Wechselwirkung stehen,
- zurücksteuern,
- rückwärts bewegen, hin- und herbewegen,
- (auf demselben Weg) zurückkehrend,
- auf Gegenseitigkeit beruhend.

Es lassen sich in der Soziologie (vgl. Stegbauer 2002) mindestens vier Formen der Reziprozität unterscheiden:

- Direkte *echte* Reziprozität: Einfachste Regel ist das „Tit for tat", *wie du mir, so ich dir.* Aus dieser Form der Reziprozität wird aber auch der Tauschhandel abgeleitet, aus dem der moderne Markt entstanden sein soll.
- Generalisierte Reziprozität: Man unterscheidet Generalisierungen über einen längeren Zeitraum und Generalisierung über ein bestimmtes Merkmal. Ein Beispiel für die Generalisierung über die Zeit sind Generationenbeziehungen. Eltern erbringen für ihre Kinder Pflegeleistungen und materielle Unterstützung. Vielfach wird daher von den Kindern im Falle einer Pflegebedürftigkeit der Eltern erwartet, dass sie die ihnen entgegengebrachten Leistungen *erwidern.*
- Reziprozität von Positionen (reziproke Rollenbeziehungen): Damit ist gemeint, dass im Rollensystem bestimmte Positionen gleichzeitig einen Gegenpart besitzen, ohne den sie nicht bestehen würden. Ein Beispiel hierfür ist *der Vater mit seinem Kind.* Ohne Kind hätte der Mann nicht die Position des Vaters inne.
- Reziprozität der Perspektive: Dies bedeutet die Fähigkeit, den Standpunkt eines anderen einzunehmen. Sie kann wissenssoziologisch als eine Bedingung des gegenseitigen Verstehens angesehen werden.

3.2.3.2 Reziprozität in der Sprachwissenschaft

Die Frage der Reziprozität wird in der Sprachwissenschaft natürlich anders gestellt: *Was ist Reziprozität? Wie wird sie sprachlich kodiert?*

In der deutschen, aber auch in der internationalen Fachliteratur findet man Analysen und Studien zur Frage der Reziprozität fast ausschließlich in Bezug auf die Verben auf der Satzebene. Da aber viele valente Substantive (darunter auch die mit reziproken Strukturen) deverbal sind, muss man die Zusammenhänge

41 Vgl. Langenscheidts Schulwörterbuch 1996: 334.

zwischen ihnen studieren. Im Folgenden werden deshalb die Eckpunkte zweier Analysen typologischer Art hervorgehoben, deren Hypothesen nach der empirischen Bestimmung von reziproken Strukturen valenter Substantive im nominalen Bereich überprüft werden.

Reziprozität bei Kulikov (2003):

Kulikov (vgl. 2003: 14 ff.) definiert Reziproke als syntaktische Veränderung mit Beibehaltung von semantischen Rollen aber mit bestimmten Rollenoperationen. Die reziproke Derivation ist eine logische Operation, wobei die zwei semantischen Rollen vertauscht werden. Wie bei den Reflexiven ist auch hier die häufigste kanonische Reziproke die Subjekt-Objekt-Relation z.B. *John liebt Mary*. Und: *Mary liebt John*. → *John und Mary lieben einander/sich*. Auch hier wird, wie bei dem kanonischen Reflexiv, das direkte Objekt (DO) entweder mit einem Reziprokpronomen ersetzt oder eliminiert. In diesem letzten Fall muss die Valenzveränderung morphologisch markiert werden. Der letzte Fall, die Valenzreduktion, wird hier an einem Beispiel veranschaulicht:

Sem.	X (Actor)	Y (Undergoer)
Synt.	S (Subjekt)	DO (direktes Objekt)

↓ und

Sem.	Y	X
Synt.	S	DO

↓ =

Sem.	X+Y	---
Synt.	S	Rez. pron/ --

Reziprozität ist hier ein valenzreduzierendes Verfahren, wobei das Agens, der kontrollierende Partizipiant, und das Patiens, der affizierte Partizipiant (= von der Situation betroffen), zusammengefasst werden.

Diskussion und Hypothesen von Haspelmath (2007):

Einen interessanten Beitrag mit dem Titel *Weitere Marker von reziproken Konstruktionen* leistete Haspelmath (2007). Er hat eine Reziprozität-Typologie anhand der 26 sprachlichen Universalien von Greenberg (1966) aufgestellt. Da diese Studie ebenfalls den verbalen Bereich und die Satzebene unter die Lupe nimmt, versuche ich vor allem die Diskussion und die Hypothesen hervorzuheben, die anhand der Terminologie Valenzvererbung und Reziprozität-Typologie von wechselseitigen Situationen unmittelbar auch im nominalen Bereich relevant sein können.

In zahlreichen Studien (z.B. Nedjalkov 2007) wird laut Haspelmath der Begriff *Reziprozität* gleichzeitig für die Beschreibung der Bedeutungen (wie reziproke Situation und reziproke Ereignisse) und für die grammatischen Formen (wie reziproke Konstruktion, reziproke Marker, reziprokes Prädikat) verwendet. In den meisten Fällen drückt der Kontext eindeutig aus, ob es um die Bedeutung oder um die grammatischen Formen geht, aber es wäre doch sinnvoll zwei verschiedene Wörter dafür zu benutzen. Dementsprechend gibt es Vorschläge für die Benennung der Bedeutungs- bzw. Formseite, wie z.B. *Wechselseitigkeit* und *Symmetrie* für die Bedeutung und *Reziproke* für die grammatischen Formen. Es gibt mehrere Probleme mit der Anwendung des Wortes *Symmetrie*, deshalb ist es vorteilhafter das Wort *Wechselseitigkeit* zu benutzen. Der Begriff *symmetrisches Prädikat* steht schon für die lexikalische Reziprozität (z.B. *Peter und Marie sind ähnlich.*). Außerdem stammt der Terminus *Symmetrie* aus der Logik und Mathematik, d.h. aus dem Bereich der formalen Sprachen, was im natürlichen Sprachgebrauch nicht angenommen ist. Man muss in diesem Fall zur Kenntnis nehmen, dass die wechselseitigen Situationen nicht immer symmetrisch sind. Es wird ferner vorgeschlagen, solche reziproken Konstruktionen, in denen zwischen mehr als zwei Beteiligten eine Wechselseitigkeit besteht, wechselseitige Konfigurationen zu nennen. Haspelmath (ebd.) schlägt vor, für die Teilnehmer, die in wechselseitiger Beziehung zueinander stehen, „mutuant" (semantisch definierte Teilnehmer) vs. *Reziprokant* (syntaktisch definierte Teilnehmer) einzuführen.

Die wechselseitigen Situationen können explizit und implizit ausgedrückt werden. Normalerweise werden die semantisch definierten Teilnehmer in den reziproken Konstruktionen als Argumente ausgedrückt, aber in den meisten Sprachen gibt es auch solche Situationen, in denen nur ein Teilnehmer verwendet wird, z.B. *Dein Vorschlag ist ganz anders (als mein Vorschlag)*[42]. In solchen Fällen liegen implizite Argumente vor. Es gibt auch Fälle, in denen sie nicht immer eindeutig interpretiert werden können z.B. *Peter und Jonas haben erbittert gekämpft*. Diese Relation kann sowohl wechselseitig als auch nicht wechselseitig interpretiert werden. Die folgende Abbildung zeigt die Vorkommensmöglichkeiten von wechselseitigen Situationen in den verschiedenen Sprachen (vgl. Haspelmath 2007: 4):

42 (*als mein Vorschlag*) wird nicht gesetzt

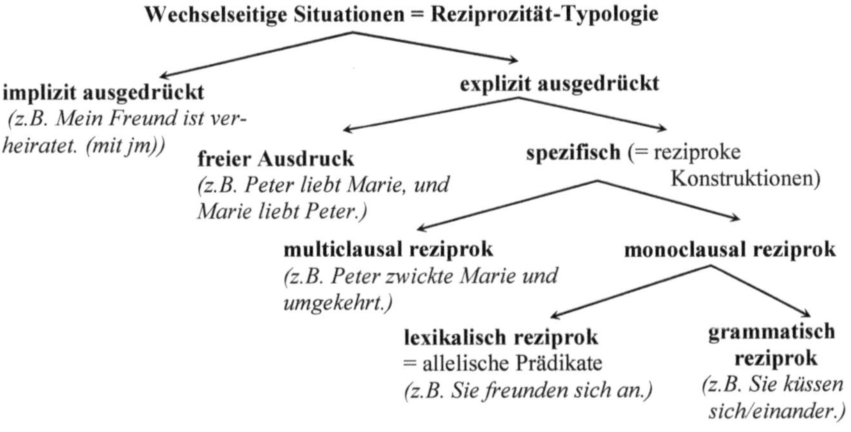

Die reziproken Konstruktionen sind grundsätzlich monoclausal. Die grammatische Reziprozität steht vor allem im Mittelpunkt der Analyse von Syntaktikern. Wenn man sich aber mit der Bedeutung beschäftigt, muss man auch die lexikalischen Reziproken beachten. Die lexikalisch reziproken Prädikate, auch allelische Reziproken genannt, sind Prädikate, die ohne grammatische Marker eine wechselseitige Konfiguration ausdrücken, z.B. *heiraten.* Im Folgenden werden wichtige Grundmerkmale als hypothetische Universalien zusammengefasst:

- Die Sprachen streben danach, die Wechselseitigkeit durch ein Argument auszudrücken.
- In allen Sprachen, die über reziproke Konstruktionen verfügen, gibt es auch Konstruktionen, in denen die Teilnehmer der Wechselseitigkeit in einem Argument im Plural ausgedrückt werden. Diese Konstruktionen nennt Nedjalkov (vgl. 2007) einfache reziproke Konstruktionen.
- Die häufigsten Konstruktionen für Wechselseitigkeit sind Folgende:
  - freier Ausdruck, z.B. *Hans schlägt Paul und Paul schlägt Hans.*
  - reziproke Konstruktion, z.B. *Hans und Paul schlagen sich.*
  - diskontinuierlich reziproke Konstruktion, z.B. *Hans schlägt sich mit Paul.*
- In keiner Sprache finden sich in der Regel reziproke Konstruktionen, in denen von den zwei Argumenten das eine Agens und das andere Patiens ist. Es gibt aber wenige Ausnahmen, z.B. im Falle von lexikalisch reziproken und transitiven Verben, wie *heiraten, ähneln.*
- In allen Sprachen gibt es lexikalisch reziproke Prädikate. Dazu gehören Verben, die zwischenmenschliche Aktionen und Relationen (z.B. *heiraten, streiten*), Wettbewerb und Konkurrenzkampf (z.B. *sich streiten, zanken, diskutieren*),

gemeinsame Aktionen (z.*B. kommunizieren, Schach spielen, konsultieren),* Beziehungen (z.B. *zusammenführen, vereinigen, vergleichen*) und Trennung (z.B. *separieren, unterscheiden*) sowie Prädikate, die Ähnlichkeit und Nicht-Ähnlichkeit (z.B. *gleich, ähnlich, verschieden*) ausdrücken.

Es muss aber noch geprüft werden, ob diese Hypothesen, die meine Untersuchungen weiter inspirieren, anhand der deverbalen Substantive in der deutschen Sprache beweisbar sind.

Fazit zu reziproken Konstruktionen:

Der Begriff *reziprok* ist aus dem lateinischen *reciprocus* für *auf dem selben Wege zurückkehrend* entstanden. Allgemein lässt sich die Bedeutung des Begriffes mit *wechsel-, gegenseitig, aufeinander bezüglich* beschreiben. Reziproke Konstruktionen sind definiert durch ihre Bedeutung. Reziprozität ist eine Eigenschaft von Relationen zwischen zwei oder mehr Partizipianten. In einer prototypischen Reziprok-Konstruktion agieren zwei (oder mehrere) Partizipanten gleichermaßen miteinander, sie sind beide gleichzeitig Agens und Patiens, sie stehen in einer wechselseitigen Relation. Man unterscheidet verschiedene Arten von reziproken Konstruktionen nach ihrer Bildung. Diese können ganz unterschiedlicher Natur sein, z.B. *lexikalisch, syntaktisch* oder *morphologisch.*

Für die Terminologie von Form- und Inhaltsseite der Reziprozität findet man bei Haspelmath (2007) einerseits wichtige Anhaltspunkte, andererseits sind sie aber weiterhin umstritten. Es muss im Laufe der konkreten Untersuchungen noch geprüft werden, ob es unter den vorhandenen Hypothesen auch solche gibt, die im nominalen Bereich beweisbar sind. Die theoretischen Hintergründe der Reziprozität wurden bis jetzt im Hinblick auf den verbalen Bereich dargestellt. Im Folgenden wird die Reziprozität auf den nominalen Bereich ausgeweitet.

3.2.3.3 Reziprozität in dieser Arbeit

Reziprozität[43] wird grundsätzlich als relationale Bedeutung der komplexen Nominalphrase (NP) aufgefasst. Nach Engel (1996: 643) lautet dies folgendermaßen:

---

43 Eine morphosyntaktisch und semantisch fundierte Definition liegt bereits anhand der *Vorstudie* Punkt 3.1 vor: Vgl. Bassola/Kubczak/László (2004: 185): Unter valenten Substantiven mit reziproken Strukturen sind die Substantive zu verstehen, die mindestens zwei Argumente (A1 und A2) haben, die umgetauscht werden können. Semantische Bedingung der Reziprozität: Wechselseitigkeit.

Bei der Verbindung von Nukleus und Ergänzung gehen die einzelnen Valenzmerkmale verloren, es bleibt nur die relationale Bedeutung, und die komplexe NP als Ganzes besitzt eine Bedeutung, die jedoch der Summe der Teilbedeutungen von Nukleus und Ergänzungen entspricht. Aus diesem Grund spielt die relationale Bedeutung bei der Bedeutungsbeschreibung eine wichtige Rolle.

Die Reziprozität der NP basiert auf der engen Zusammengehörigkeit ihrer Elemente, d.h. auf der Rektion eines valenten Substantivs mit seinen Argumenten. Schematisch dargestellt:[44]

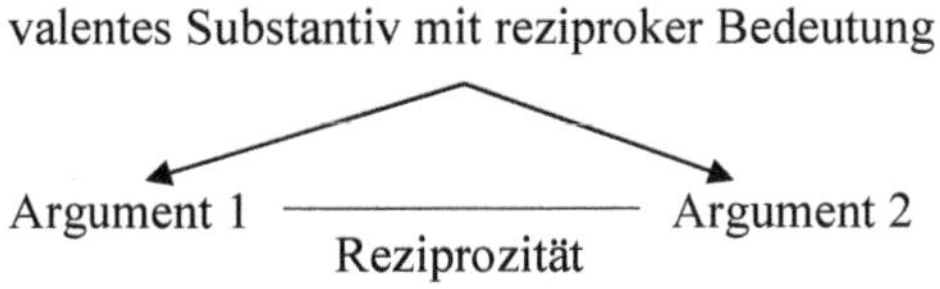

Reziprozität ist eine semantische *Beziehung* zwischen den zwei Argumenten eines valenten Substantivs mit reziproker Bedeutung. Über welche Eigenschaften die einzelnen Elemente verfügen müssen, wird in Kapitel 5 beschrieben. Wenn ein Element der Konstruktion fehlt, dann werden die Bedingungen der Reziprozität nicht erfüllt. Die Elemente der reziproken Strukturen sind nicht trennbar, ohne die Funktion der NP zu verändern. Deshalb soll die Reziprozität ferner als ein ganzheitliches Phänomen, als eine relationale Bedeutung zwischen den sprachlichen Zeichen aufgefasst werden, die auf der syntagmatischen Ebene im Rahmen eines funktionalen Modells[45] zu beschreiben ist.

Ein funktionales Modell für *Reziprozität*, Reziprok-Syntagma-Modus (R-S-M)[46] genannt, wird mit Hilfe einer Grundeinstellung entwickelt, wobei der Formtyp und Funktionstyp *Reziprozität* aufeinanderbezogen untersucht und beschrieben werden. Das erlaubt dann die reziproken Syntagmen als eine Subklasse der Nomi-

---

44 Die Abbildung und deren Grundgedanke stammen von Dr. Attila Péteri (unveröffentlichtes Manuskript).

45 Vgl. Lehmann (2004): Ein funktionales Modell zu entwickeln bedeutet, Ausdruck und Inhalt (Funktion) miteinander zu verbinden. Da es keine eindeutige Zuordnung von Ausdruckseinheiten zu Inhaltseinheiten gibt, ist die Zuordnungsoperation verschieden, je nachdem ob man vom Inhalt (Funktion) oder vom Ausdruck ausgeht. Zu einer gegebenen Inhaltseinheit die Ausdruckseinheit zu suchen heißt, die onomasiologische Perspektive einzunehmen. Zu einer gegebenen Ausdruckseinheit die Inhaltseinheiten zu suchen heißt, die semasiologische/semantische Perspektive einzunehmen. Dies ist ein altes Prinzip der Lexikographie des europäischen Strukturalismus.

46 R-S-M = Abkürzung für Reziprok-Syntagma-Modus bzw. für Modus von reziproken Syntagmen

nalphrasen (NP) valenter Substantive zu qualifizieren und sie von den anderen NP abzugrenzen. Dieses Modell soll synchron als offenes Modell gelten und ermöglichen, die neuen Ergebnisse – wenn sie zur weiteren Spezifikation der *Reziprozität* beitragen – auf den verschiedenen Sprachebenen kontinuierlich einzubauen.

Reziprozität wird innerhalb des Reziprok-Syntagma-Modus (R-S-M)[47] als eine abstrakte Grundeinstellung funktional aufgefasst. Der Modus von reziproken Syntagmen (R-S-M) bildet eine Verbindung des Formtyps *(Reziproke)* und des Funktionstyps *(Wechselseitigkeit)*, wobei die beiden Aspekte nur aufeinanderbezogen untersucht werden können. Der R-S-M erscheint dann als ein komplexes sprachliches Zeichen, das einen Formtyp mit einem Funktionstyp anhand der Grundeinstellung *aufeinander bezüglich* verbindet. Der Formtyp der reziproken Struktur ist morphosyntaktisch, während der Funktionstyp semantisch-(pragmatisch) definiert ist. Der Formtyp *Reziproke* umfasst die Bündelung von Strukturvarianten, der Funktionstyp *Wechselseitigkeit* bestimmt die Bündelung von festen strukturellen Bedeutungselementen. Wie der Formtyp *Reziproke* und der Funktionstyp *Wechselseitigkeit* im Einzelnen beschrieben werden können, wird in Kapitel 6 behandelt.

3.3 Forschungsfragen und Hypothesen

Um Forschungsfragen und Hypothesen formulieren zu können, fassen wir die Zielsetzungen dieser Untersuchung noch einmal ins Auge. Die vorliegende Untersuchung verfolgt drei Ziele:

1. Sie hat eine empirische Zielsetzung, d.h. die reziproken Strukturen valenter Substantive sollen auf empirischer Grundlage ermittelt werden.
2. Sie hat eine beschreibende Zielsetzung, die darin besteht, die Elemente von reziproken Strukturen valenter Substantive anhand einer relationalen Bedeutung auf der syntagmatischen Ebene darzustellen.
3. Die Untersuchung hat ferner das Ziel, ein funktionales Modell für Reziprozität als Modus von reziproken Syntagmen (R-S-M) zu entwickeln, und mit Hilfe dessen die reziproken Syntagmen von den anderen Syntagmen valenter Substantive abzugrenzen.

Betrachtet man diese Zielsetzungen und die Schlüsse der *Vorstudie* als Hypothesen, die überprüft werden müssen, dann lassen sich die folgenden Forschungsfragen formulieren:

47 An dieser Stelle möchte ich aber den R-S-M wegen der partiellen Gleichnamigkeit vom Satzmodus und Verbmodus scharf abgrenzen, weil sie in beiden Fällen einen ganz anderen Inhalt einschließen.

Zur Zielsetzung 1. *Bestimmung von reziproken Strukturen auf empirischer Grundlage*

Forschungsfragen:	**Hypothesen** (teils aufgrund der Ergebnisse der *Vorstudie* (siehe Kapitel 3.1)):
(1) Wie können die reziproken Strukturen empirisch bestimmt werden?	(1) Elektronisch, mit der *Methode der Rektionssubstantive* (vgl. Schierholz 2001) und mit Hilfe von COSMAS II-Korpora im IDS (Mannheim)
(2) Wie viele reziproke Strukturen gibt es im Deutschen, und welche sind es?	(2) In typischen Fällen kommen drei reziproke Strukturen vor: – die *(zwischen+D)*-Strukturen – die *(mit+D)*-Strukturen und – die Genitiv-Strukturen

Zur Zielsetzung 2. *Beschreibung der Elemente von reziproken Strukturen*

Forschungsfragen:	**Hypothesen** (teils aufgrund der Ergebnisse der *Vorstudie* (siehe Kapitel 3.1)):
Zu morphosyntaktischen und semantischen Merkmalen der **Substantive**:	
(1) Wie sind die reziproken Substantive morphologisch aufgebaut?	(1) Unter den Substantiven mit reziproken Strukturen gibt es abgeleitete (d.h. deverbal und deadjektivisch), nicht-abgeleitete und zusammengesetzte Substantive. Ihr Verhältnis zueinander kann aber nur empirisch bestimmt werden.
(2) Wie beeinflusst der morphologische Aufbau der valenten Substantive ihre reziproken Argumentstrukturen?	(2) Anhand der Vorstudie habe ich keine richtige Hypothese dafür. Ich möchte diese Frage anhand der Argumentstrukturanalyse von abgeleiteten und nicht-abgeleiteten Substantiven lösen.
(3) Welche Rolle spielt die Valenzvererbung in den reziproken Strukturen der deverbalen Nomina?	
(3a) Soll die reziproke Struktur von nominalisierten Infinitiven als Sonderfall betrachtet werden?	(3a) Ja, denn die nominalisierten Infinitive kommen nur in [*zwischen+D*]-Strukturen vor.

(3b) Erben die deverbalen Nomina ihre reziproken Argumentstrukturen von ihren transitiven, reflexiven und reziproken Verbvarianten?	(3b) Ja, denn reziproke Strukturen deverbaler Substantive sind oft auf die Valenz der reziproken Verbvarianten (transitiv – reflexiv – reziprok) zurückzuführen.
(3c) Wie beeinflussen die *ung-Nominalisierungen* ihre reziproken Strukturen?	(3c) Sie haben keinen Einfluss auf ihre reziproken Argumentstrukturen.
(3d) Welche Rolle spielt die Valenzvererbung in den reziproken Strukturen der Komposita mit deverbalem Kopf?	(3d) Die Valenzeigenschaften in Komposita mit deverbalem Kopf gehen durch die Wortbildung verloren.
(4) Über welche Bedeutungsstruktur verfügen die Substantive in den reziproken Strukturen?	(4) Ihre Bedeutungsstruktur muss komplex und relational sein.
(5) Wie kann man die reziproken Substantive den verschiedenen Bedeutungsfeldern zuordnen?	(5) Ich meine, die gemeinsam regierten Präpositionen und die gemeinsamen Bedeutungskomponenten der Substantive spielen eine wichtige Rolle dabei.

Zu morphosyntaktischen und semantischen Merkmalen der **Präpositionen**:

Über welche morphosyntaktischen und semantischen Merkmale müssen die Präpositionen in den reziproken Strukturen verfügen?	Diese Präpositionen müssen primäre und regierte Präpositionen sein, die Wechselseitigkeit ausdrücken können. Die weiteren Merkmale müssen noch bestimmt werden.

Zu morphosyntaktischen und semantischen Merkmalen der **Argumente**:

Über welche morphosyntaktischen und semantischen Merkmale müssen die an den reziproken Strukturen beteiligten Argumente verfügen?	Die Argumente müssen im Hinblick auf die Reziprozität über gemeimsame Eigenschaften verfügen. Diese Eigenschaften untersuche ich vor allem: – anhand der Genitivattribute und – anhand der PPA

Zu den **pragmatischen Elementen**:

Welche Lesarten und Substitutionsmöglichkeiten sind für reziproke Syntagmen prinzipiell möglich?	Es gibt mehrere Fälle, z.B.: – Gen-Strukturen können als wechselseitig und nicht-wechselseitig interpretiert werden. – Statt symmetrischer Relation kann eine Agens-Partner-Relation interpretiert werden.

Zur Zielsetzung 3. *Abgrenzung der reziproken Strukturen von den anderen Syntagmen*

Forschungsfragen:	**Hypothesen** (teils aufgrund der Ergebnisse der „*Vorstudie*" (siehe Kapitel 3.1)):
(1) Wie ermittelt man den Formtyp *Reziproke* und Funktionstyp *Wechselseitigkeit* von Reziprok-Syntagma-Modus (R-S-M)?	(1) Der Formtyp *Reziproke* umfasst verschiedene Strukturvarianten unter der Grundeinstellung *aufeinander bezüglich.* Der Funktionstyp *Wechselseitigkeit* umfasst die strukturale Grundbedeutung und ihre Lesarten ebenfalls unter der Grundeinstellung *aufeinander bezüglich.*
(2) Wie können die reziproken Strukturen von den anderen Syntagmen valenter Substantive abgegrenzt werden?	(2) Durch den Modus von reziproken Syntagmen, d.h. durch die Merkmale des Formtyps *Reziproke* und Funktionstyps *Wechselseitigkeit* unter der Grundeinstellung *aufeinander bezüglich.*

4 Empirische Untersuchungen zur Bestimmung von reziproken Strukturen

4.1 Ziel, Methode und Grundlagen der empirischen Untersuchungen

Wie im Fazit der *Vorstudie* (Kapitel 3.1) bereits festgestellt wurde, sind die reziproken Strukturen valenter Substantive überhaupt nicht, oder nicht ausreichend erforscht. Es mangelt vor allem an gezielten empirischen Untersuchungen. Deshalb hat dieses Kapitel vor allem das Ziel, die Untersuchungsbasis zur Bestimmung und Untersuchung von reziproken Strukturen valenter Substantive auf empirischer Grundlage zu ermitteln und die Validität der in der *Vorstudie* aufgestellten Strukturen zu überprüfen. Es wird ferner zum Ziel gesetzt, nach weiteren reziproken Strukturen in den unter Punkt 4.2 angegebenen Quellen zu suchen und die morphosyntaktischen Realisierungsmöglichkeiten der Argumente in zweistelligen Prädikaten zu bestimmen. Bei der Bestimmung der reziproken Strukturen wird von der Reziprozität als funktionale Einheit auf der syntagmatischen Ebene ausgegangen und unter der Grundeinstellung *aufeinander bezüglich* nach solchen sprachlichen Mitteln gesucht, mit denen die *Reziprozität* ausgedrückt werden kann. Die Semantik (Inhalt/Funktion) ist eine notwendige, aber nicht hinreichende Bedingung die Reziprozität auszudrücken und abzugrenzen. Methodisch wird die Art der Konzeptualisierung des Holismus angewendet, indem man vom Ganzen zu den Teilen geht. Um die Validität der reziproken Strukturen von untersuchten Substantiven im Kontext zu überprüfen, benutzte ich die Textkorpora des IDS unter COSMAS II.

Zunächst nehmen wir eine kleine Kostprobe zur Reziprozität. Stellen wir die Aufgabe auf den Kopf und überlegen uns zuerst einige Fälle! Welche Strukturen sind reziprok? Oder: Sind alle Strukturen reziprok? Wie könnte man die folgenden Syntagmen interpretieren? Hier werden diese Fragen offen gelassen, im nächsten Kapitel kehren wir noch auf sie zurück. Eine mögliche Auflösung dieser Fälle befindet sich unter anderen Beispielen *kursiv markiert* im Anhang (siehe **Tabelle 3**).

- *Ähnlichkeit des Vaters mit dem Sohn*
- *Gemisch aus Sand und Kies*
- *Bündnis von SPD und CDU*
- *Streit des Vaters mit dem Sohn*
- *Beziehung zwischen dem Vater und dem Sohn*
- *Abschied des Vaters von dem Sohn*
- *Abschied des Vaters von dem toten Sohn*
- *Abstand zwischen den beiden Häusern*

- *Angst der Hunde voreinander*
- *Wirkung des Lehrers auf die Schüler*
- *Diskrepanz von X zu Y*
- *Diskrepanz der beiden Ergebnisse*
- *Pech des Lehrers mit dem Regen*
- *Beziehung des Vaters mit Frau Müller*
- *Beziehung des Vaters zu seinem Sohn*
- *Beziehung der Kinder*
- *Beziehung unter den Kindern*
- *Zusammenfluss von Rhein und Neckar*
- *Der Mann mit dem Hut und mit dem Stock*
- *Landstraße von München nach Nürnberg*
- *Ehe des Vaters*
- *Harmonie in Farbe und Form*

An dieser Stelle möchte ich darauf hinweisen, dass auf eine ausführliche Beschreibung von morphosyntaktischen und semantischen Merkmalen der Argumente anhand der bestimmten reziproken Strukturen unter Punkt 5.3 eingegangen wird.

4.2 Ablauf und Ergebnisse der empirischen Untersuchungen

Um die reziproken Strukturen valenter Substantive auf empirischer Grundlage zu bestimmen und dann analysieren zu können, braucht man vor allem eine umfangreiche Liste von valenten Substantiven.[48] Da mein Untersuchungskonzept grundsätzlich durch den DaF-Unterricht motiviert ist, sind insgesamt die folgenden Quellen in der angegebenen Reihenfolge einbezogen worden:[49]

(1) Péter Bassola 2003, 2012:[50] Deutsch-ungarisches Wörterbuch zur Substantivvalenz Teil 1–2. (ferner: **bas1+2**): [(2x50=) *100 valente Substantive* → (2x8=) **16** *valente Substantive mit reziproken Strukturen*].

(2) Regina Hessky 2000: Deutsch-ungarisches Handwörterbuch (ferner: D-U-HWB bzw. **hes**): [23.719 Substantive → *521 Substantive mit <ValenzD>-Markierung* → **40** *valente Substantive mit reziproken Strukturen*].

48 Laut Schierholz (2001) werden valente Substantive Rektionssubstantive genannt. Dieser Begriff wird in dieser Arbeit im gleichen Sinn verwendet.

49 Die Angaben hinter den Quellen weisen schon im Voraus auf die zahlenmäßigen Ergebnisse der einzelnen Untersuchungen hin, die im Text noch erläutert werden.

50 Die Quelle 1 umfasst die beiden Teile des Wörterbuches, die wegen der Vorstudie (vgl. Hum 2006a) und bestimmter Untersuchungen manchmal auch getrennt vorkommen. Dann ist die Abkürzung dafür bas1 und bas2.

(3) Karl-Ernst Sommerfeldt/Herbert Schreiber 1977, 1983: Wörterbuch zur Valenz und Distribution der Substantive (ferner: **som**): [*ca. 750/genau 717 valente Substantive* → **60** *valente Substantive mit reziproken Strukturen*].
(4) Stefan Schierholz 2005, 2001: mit-Tabelle für Hum (ferner: **sch**): [*ca. 230 valente Substantive = genau 228 Rektionssubstantive* → **160** *Rektionssubstantive mit reziproken (mit+D)-Strukturen*].

Weil die Suche nach valenten Substantiven bzw. nach den reziproken Strukturen valenter Substantive in allen oben genannten Quellen unterschiedlich erfolgte, stelle ich zunächst den Ablauf der Untersuchungen und deren Ergebnisse dar:

Zu (1):

Den Ausgangspunkt meiner empirischen Untersuchungen bildete *Das Deutsch-ungarische Wörterbuch zur Substantivvalenz Teil 1 (2003)* und später *Teil 2 (2012)* von Bassola (Hrsg.). Diese Wörterbücher enthalten insgesamt 100 valente Substantive mit ihren Argumentstrukturen. Die ausgewählten Substantive gehören zu den häufig vorkommenden Substantiven auf der *Wortliste DaF vom Goethe Institut (1972/1991).* In diesen Wörterbüchern werden die Argumentstrukturen nach der *sui-generis-Auffassung* mit Hilfe der Stützverb-Methode ausgearbeitet. Anhand der systematischen Analyse von Argumentstrukturen stellte sich heraus, dass insgesamt 16 von 100 Substantiven über reziproke Strukturen verfügen. Die Bestimmung der Strukturen erfolgte mit Hilfe der Bedeutung *Wechselseitigkeit* bzw. unter der Berücksichtigung von morphosyntaktischen Bedingungen der Reziprozität.[51] Die bei diesen Analysen gewonnenen Ergebnisse (siehe **Tabelle 4** im Anhang) und Hypothesen[52] sollten dann mit Hilfe valenter Substantive aus dem *Deutsch-ungarischen Handwörterbuch* von Hessky (2000) überprüft werden. Außerdem sollten weitere reziproke Strukturen gesucht werden.

Zu (2):

Mein ursprüngliches Konzept war die Bestimmung (und Untersuchung) von reziproken Strukturen anhand des Deutsch-ungarischen Handwörterbuches

---

51 Vgl. Bassola/Kubczak/László (2004: 185): Unter valenten Substantiven mit reziproken Strukturen sind die Substantive zu verstehen, die mindestens zwei Argumente (A1 und A2) haben, die umgetauscht werden können. Diese Definition ist schon erwähnt, siehe Kapitel 1.1 und Kapitel 3.1. Semantische Bedingung der Reziprozität bedeutet Wechselseitigkeit/ aufeinander bezüglich.

52 Siehe: Schlüsse der Untersuchungen in der *Vorstudie* (vgl. Hum 2006a) in Kapitel 3.1 bzw. **Tabelle 4** im Anhang.

(D-U-HWB) von Hessky (2000) durchzuführen. Zur Durchführung dieser Untersuchungen waren die folgenden Schritte notwendig:

- Herausfiltern von substantivischen Wortartikeln aus dem Wörterbuch mit Hilfe eines Computerprogramms;
- Abtrennen der valenten Substantive von den avalenten mit Hilfe der *<ValenzD>*-Markierung im XML-Format des Substantivbestandes;
- Bündelung der valenten Substantive nach den regierten Präpositionen;
- Bestimmung der möglichen Präpositionen, die mit den gebündelten Substantiven unter *Reziprozität* zusammengefasst werden können;
- Begrenzung des valenten Substantivbestandes anhand der Präpositionen, die an einer wechselseitigen Situation teilnehmen;
- Bestimmung von reziproken Strukturen valenter Substantive (Rektionssubstantiv+ Gen und/oder Präpositionalattribut/e (PPA).

Im Mittelpunkt der Untersuchung standen zunächst die mehr als 40 000 Wortartikel des *D-U-HWB*-es, die nach Aussage der Autoren zum am häufigsten vorkommenden Wortschatz der deutschen Gegenwartsprache gehören. Auf dem elektronischen Weg (im *XML-Format* des Handwörterbuches) wurden dann zuerst die substantivischen Wortartikel von den anderen abgetrennt. Nach dem Herausfiltern der nicht-substantivischen Wortartikel sind rund 23.719 substantivische Wortartikel[53] geblieben.

Der nächste Schritt war die Trennung der valenten Substantive von den avalenten. Dies erfolgte ebenfalls elektronisch mit Hilfe der *<ValenzD>*-Markierung[54] bei den Wortartikeln im *XML-Format* des D-U-HWB-es. Ein Beispiel für diese Markierung befindet sich im Anhang (siehe **Tabelle 5**). Nach den entsprechenden syntaktischen Eingriffen in die Computersprache habe ich insgesamt 521 Substantive mit *<ValenzD>*-Markierung erhalten. Anschließend habe ich die Argumentstruktur dieser 521 Substantive im Hinblick auf die Reziprozität untersucht. Als methodische Grundlage für meine Untersuchungen habe ich das Konzept von Schierholz (2001: 191 f.) und Bassola (2005: 306 ff.) übernommen. Dementsprechend sind die valenten Substantive mit reziproken Strukturen Rektionssubstantive, die mindestens zwei Argumente haben müssen. Von diesen beiden Argumenten

---

53 Die 23.719 substantivischen Wortartikel des D-U-HWB-es habe ich mit Genehmigung von Prof. Dr. Regina Hessky am 23.03.2005 elektronisch (im XML-Format) von Prof. Dr. Gábor Prószéky (MorphoLogic) bekommen. Diese Wortartikelmenge macht etwa 60 % des D-U-HWB-es aus, das insgesamt ca. 40.000 Wortartikel enthält.

54 Später gab es Probleme mit der <ValenzD>-Markierung im D-U-HWB von Hessky (2000).

sollte mindestens eins (neben dem Genitiv) durch eine beliebige Präposition an das Rektionssubstantiv gebunden sein. Davon ausgehend können die Rektionssubstantive eine oder mehrere Präpositionen regieren. Dementsprechend verteilen sich die Rektionssubstantive (vgl. Schierholz ebd.) auf 18 primäre Präpositionen[55] *(an, auf, aus, bei, durch, für, gegen, gegenüber, in, mit, nach, über, um, unter, von, vor, zu zwischen).* Anhand dieser Kriterien erfolgte meine computerbasierte Untersuchung und eine manuelle Kontrolle, wobei die 521 Substantive hier nach den regierten Präpositionen eingeordnet wurden. Diese Verteilung der Substantive ermöglichte eine umfassende Analyse und einen Vergleich von Argumentstrukturen. Ich habe herausgefunden, dass diese 521 valenten Substantive (im D-U-HWB markiert) je eine bis vier Präpositionen regieren. Die Verteilung der Substantive aufgrund von regierten Präpositionen sieht statistisch folgendermaßen aus:

Quelle:	<*ValenzD*>- **markierte Substantive im D-U-HWB** von Hessky (2000)	**Vorkommen der Rektionssubstantive** wegen Überlappungen bei den verschiedenen Präpositionen
	371 Substantive regieren eine Präposition.	371
	130 Substantive stehen mit je zwei Präpositionen.	260
	15 Substantive regieren je 3 Präpositionen.	45
	5 Substantive regieren je 4 Präpositionen.	20
Insgesamt:	**521**	696

Die Differenz zwischen 521 und 696 ergibt sich daraus, dass es von 521 rund 150 Substantive gibt, die mehr als eine Präposition regieren und deshalb mehrfach gezählt werden.[56] Das Ergebnis meiner Erhebungen über die 521 valenten Substantive mit ihren regierten Präpositionen[57] habe ich wegen des großen Umfangs der Tabelle dem Anhang nicht zugefügt. Die Verteilung dieser 521 Substantive auf die von Schierholz (2001: 191) übernommenen 18 primären Präpositionen zeigt das folgende Bild:

55 Laut Schierholz (vgl. 2001: 191) gibt es 18 von Rektionssubstantiven regierbare Präpositionen.

56 Statistisch gesehen: 371+(260−130)+(45−30)+(20−15)= 521

57 Diese umfasst etwa 1.135 KB und einen Umfang von etwa 15 DIN A4 Druckseiten. Die Substantive sind in der **Tabelle 9** enthalten.

Anzahl der valenten Substantive für die einzelnen Präpositionen																		
Präposition	an	auf	aus	bei	durch	für	gegen	gegenüber	in	mit	nach	über	um	unter	von	vor	zu	zwischen
Anzahl der Subst.	79	64	19	3	1	114	60	12	25	37	22	68	16	1	47	17	85	26
Insgesamt: 696																		

Als nächster Schritt folgte die Bestimmung der regierten Präpositionen, die mit bestimmten Subklassen von Rektionssubstantiven an der Bildung von reziproken Konstruktionen beteiligt sind. Es musste an dieser Stelle geklärt werden, welche der 18 Präpositionen über solche Merkmale verfügen, mit denen sie als Bestandteil einer reziproken Struktur auftreten können.

Diese Analyse erfolgte manuell mit Hilfe der elektronisch abrufbaren Wortartikel im *MobiMouse Plus*-Programm. Aus der systematischen Analyse von Argumentstrukturen der Rektionssubstantive unter den 18 regierten Präpositionen ergab sich, dass man die 18 Präpositionen in zwei Gruppen unterteilen kann:

- In die erste Gruppe gehören die Präpositionen, die über keine positive Eigenschaft im Hinblick auf die Reziprozität verfügen, d.h. sie sind auf der Basis des untersuchten Belegbestandes in reziproken Strukturen nicht vorgekommen. Zu dieser Gruppe gehören 11 Präpositionen: *an, auf, aus, bei, durch, für, gegenüber, nach, über, um* und *vor.*
- In der anderen Gruppe befinden sich die 7 Präpositionen, die auf Grund ihrer besonderen Eigenschaften als Bestandteile einer wechselseitigen Situation in Frage kommen. Zu dieser Gruppe gehören alphabetisch geordnet die folgenden 7 Präpositionen:[58]

gegen – in – mit – unter – von – zu – zwischen

58 Es ist anzumerken, dass bestimmte Präpositionen oft als Alternativen erscheinen (darauf wird später noch näher eingegangen), z.B. gegen/mit: bei *Kampf, Krieg*; in/zwischen: bei *Divergenz, Unterschied*; unter/zwischen: bei *Beziehung*; von/zwischen: bei *Unterschied, Trennung*; zu/zwischen: bei *Affinität, Beziehung*; Einen interessanten Fall stellte für mich die Alternative aus/von dar (z.B. *Gemenge Gemisch, Bündnis* aus/von), die anhand der Genitive bzw. mit verschiedener Wertigkeit aufgelöst wurde. Ebenfalls anzumerken ist, dass die reziproken Strukturen bei mehrwertigen Substantiven oft weitergeführt werden, z.B. *jmds Abkommen (mit+D)+(über+A)* oder: *Abkommen (zwischen+Dat Pl)+ (über+A).*

Nach dem Ausschluss der 11 Präpositionen, die sich nicht an einer reziproken Konstruktion beteiligen können, konnte der Bestand valenter Substantive anhand der übrig gebliebenen sieben Präpositionen weiter eingeschränkt werden.

Diese Untersuchung lieferte folgende Ergebnisse:

Von den 521 [<ValenzD>.*...]-markierten Substantiven kommen im D-U-HWB anhand der regierten Präpositionen in reziproken Strukturen **40** Substantive vor. Weitere Einzelheiten zu dieser Untersuchung sind an der **Tabelle 6** im Anhang abzulesen. Ich möchte aber schon hier darauf hinweisen, dass diese Ergebnisse, kritisch zu betrachten sind, weil sich weder die Valenzmarkierung (<*ValenzD*>) noch die Markierung der regierten Präpositionen bei den einzelnen Substantiven als vollständig bewährten. Als sich in der Untersuchung herausstellte, dass weder die elektronisch abrufbaren Wortartikel im *MobiMouse Plus*-Programm[59] noch die Wortartikel im D-U-HWB diese <*ValenzD*>-Markierung enthielten, erschien für mich die Zuverlässigkeit der <*ValenzD*>-Markierung im XML-Format des Wörterbuches eindeutig problematisch.[60]

Außerdem habe ich die 521 valenten Substantive, die insgesamt ca. 2,2 % des gesamten Substantivbestandes (23.719) in diesem D-U-HWB ausmachen, für zu wenig gehalten, um darüber hinaus die *reziproken Strukturen* adäquat beschreiben zu können. Deshalb habe ich nach weiteren Substantiven gesucht. Da aber die Bestimmung der Valenz von Substantiven nicht Gegenstand meiner Arbeit ist, bezog ich andere schon früher für valent erklärte Substantive und substantivische Argumentstrukturen in diese Untersuchung mit ein. Um möglichst viele weitere reziproke Strukturen entdecken zu können, untersuchte ich auch die 717 Substantive und ihre Argumentstrukturen im *Wörterbuch zur Valenz und Distribution der Substantive* von Sommerfeldt/Schreiber (1977/1983).

Zu (3):

Die Untersuchung im *Wörterbuch zur Valenz und Distribution der Substantive* von Sommerfeldt/Schreiber (1977/1983) habe ich manuell durchgeführt. Ich habe alle Argumentsstrukturen von 717 Substantiven insgesamt auf 388 Seiten gründlich studiert und mit Berücksichtigung der semantischen Bedingung der Reziprozität nach solchen Strukturvarianten gesucht, bei denen diese Bedingung erfüllt wurde. Eine große Hilfe bei dieser analytischen Arbeit leisteten die syntaktischen und seman-

59 Das MobiMouse Plus-Programm ist die für die Leser elektronisch strukturierte Variante des XML-Formats des Deutsch-ungarischen Handwörterbuches von Hessky (2000).

60 Auf die Problematik der <*ValenzD*>-Markierung im XML-Format komme ich später zurück.

tischen Informationen, die bei jeder einzelnen Argumentstruktur der Substantive mit Beispielen angegeben sind. Ich habe die Substantive und deren Argumentstrukturen, die die reziproke Funktion erfüllten, systematisch notiert. Nach den sorgfältigen Analysen und Überlegungen konnte ich folgende Ergebnisse erzielen:

Unter den 717 Substantiven habe ich rund **60** gefunden, das sind **ca. 8,4 %** dieses Substantivbestandes, die sich an einer wechselseitigen Situation beteiligen können. Anhand der Argumentstrukturen konnte ich feststellen, dass in dieser Quelle außer dem Genitivattribut noch **6** regierte Präpositionen *(gegen, mit, unter, von, zu, zwischen)* bei der Bildung von PPA eine Rolle spielen. Ausschlaggebend beim Ausdruck der Reziprozität in dieser Quelle sind die *[Gen+(mit+Dat)]*-Struktur und die *(zwischen+Dat)*-Struktur, die – nach der Deutung der Autoren – in allen Fällen miteinander ersetzbar sind. Die Einzelheiten dieser Untersuchung habe ich in der **Tabelle** 7 im Anhang zusammengefasst. Auf diese Details wird in Kapitel 4.3 bei der Bestimmung von reziproken Strukturen Bezug genommen.

An dieser Stelle erlaube ich mir einen kleinen **Exkurs**:
Bei der Markierung von valenten Substantiven im D-U-HWB hatte ich mich entschieden, die Zuverlässigkeit der *<ValenzD>*-Markierung in der XML-Datenbank von Hessky (2000) zu überprüfen. Dazu verglich ich den Substantivbestand von **hes** und **som**. Die Ergebnisse sind im Folgenden zusammengefasst:

Probleme um die Valenzmarkierung von Substantiven	**hes** (2000)	**som** (1983)
Gesamtzahl der Substantive	23.719	717
<ValenzD>- Markierung bzw. valente Substantive	**521**	**717**
Anzahl der valenten Substantive, die im anderen WB nicht vorkommen:	116	336
Substantive, die in beiden Wörterbüchern vorkommen:	601	
Substantive, die in beiden Wörterbüchern als valent vorkommen:	185	
Zahl der Substantive in **som**, die auch in **hes** vorkommen, aber nicht valenzmarkiert sind:	**416**	--

Im Hinblick auf die Valenzproblematik ist für uns nur die letzte Zeile dieser Tabelle interessant. Mit meiner Analyse kam ich zu folgenden Ergebnissen:

Es gibt 416 Substantive, die sowohl in **som**, als auch in **hes** vorkommen, die aber in **hes** nicht valenzmarkiert sind. Dies bedeutet: In **hes** gibt es im Vergleich zu **som** einmal **521** (336+185) valenzmarkierte und **416** nicht valenzmarkierte Substantive, die valenzmarkiert sein sollten. Die Zuverlässigkeit der Valenzmarkierung in Hessky macht damit hier ca. **56 %** aus [(521/937)x100]. Das ist kein gutes Ergebnis, und es zeigt, dass im lexikographischen Bereich in Hinblick auf die Valenz noch viel zu tun ist. Um diese Problematik besser hervorzuheben und analysieren zu können, veranschauliche ich sie in der folgenden Abbildung.

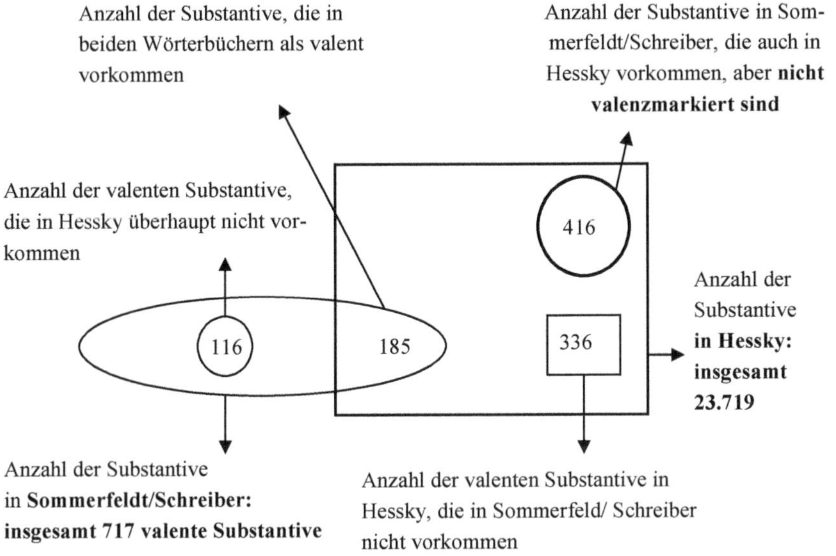

Übersicht über den (valenten) Substantivbestand von **hes** und **som**

Mit der Problematik der Valenzinformationen in den verschieden Wörterbüchern haben sich schon mehrere Sprachwissenschaftler auseinandergesetzt, von denen ich Bassola (2006b), Kubczak (2006) und Schierholz (1996a, 1996b, 1998, 2002, 2003) besonders hervorheben möchte. Die Ergebnisse meiner Analysen zum valenten Substantantivbestand der genannten Quellen habe ich in **Liste 1** im Anhang zusammengefasst.

Zu (4):

Freundlicherweise hat mir Schierholz einen Teil seiner Forschungsergebnisse (vgl. Schierholz 2001) für diese Untersuchung zur Verfügung gestellt, so dass ich die Argumentstrukturen der von ihm importierten *mit-Phrasen* analysieren konnte. Diese *mit-Tabelle* von Schierholz (2001) befindet sich im Anhang (**Tabelle 8**). Ein großer Vorteil dieser Liste besteht darin, dass sie genau **228** verschiedene schon empirisch geprüfte Rektionssubstantive[61] enthält. Diese Substantive, die alle die

61 Zum Terminus *Rektionssubstantiv* vgl. Schierholz 2001: 124 ff.

Präposition *mit* regieren, bilden eine Subklasse von 3579 Rektionssubstantiven, die im Rahmen des Erfurter Projekts (Schierholz 2001) sowohl qualitativ als auch quantitativ im Hinblick auf den Argumentcharakter (PPA vs. AAB)[62] geprüft worden sind. Außerdem bildet diese Subklasse der Rektionssubstantive mit der regierten Präposition *mit* nach den bisherigen Untersuchungen eine wichtige Strukturvariante der *Reziprozität*. Die Struktur an sich ist aber noch kein hinreichender Grund, sie für reziprok zu erklären. Es muss noch einzeln überprüft werden, ob sich diese Strukturelemente aus einer wechselseitigen Situation ergeben. Nach der Analyse der Korpusbelege von *mit-Phrasen* konnten **160** Fälle von **228** die Bedingungen der Reziprozität erfüllen (siehe die Plus-Markierungen in der **Tabelle 8** im Anhang).

Die Ergebnisse meiner Untersuchungen habe ich zusammengeführt, um die folgenden Fragen beantworten zu können:

- Wie viele und welche Substantive sind in den untersuchten Quellen valent?
- Wie viele und welche Substantive und Präpositionen können sich an der Bildung von reziproken Strukturen beteiligen?

Die Antwort auf den ersten Teil der Fragen ist in der folgenden Tabelle zusammengefasst:

	Untersuchte Quellen	**Zahl der valenten Substantive**	**Zahl der valenten Substantive in reziproken Strukturen**
1.	**bas1**	50	8
2.	**bas2**	50	8
3.	**hes**	521	40
4.	**som**	717	60
5.	**sch**	228	160
Insgesamt mit Überlappungen:		1566	276
Insgesamt ohne Überlappungen, siehe **Tabelle 10** im Anhang		**1219**	**194**[x]

[x] **aber** noch ohne Kontrolle in COSMAS II-Korpora

So bildeten die Argumentstrukturen von insgesamt 1219 valenten Substantiven die Grundlage der weiteren Untersuchungen (siehe **Tabellen 9** und **10** im Anhang). Im Rahmen dieser Arbeit möchte ich die reziproken Strukturen valenter

62 Präpositionalphrase wird bei Schierholz (2001) unterteilt in PPA als Ergänzung/Argument vs. AAB (Attributive Adverbialbestimmung) als Angabe.

Substantive bestimmen. Dazu braucht man neben einem Genitivattribut noch mindestens ein PPA, dessen Präposition vom Substantiv regiert wird. Anhand der untersuchten Quellen ist es mir gelungen, eine bestimmte Menge von Präpositionen zu ermitteln, die auch über solche Bedeutungsmerkmale verfügen, die zum Ausdruck der Reziprozität beitragen können. Das sind genau die bereits in diesem Kapitel erwähnten 7 Präpositionen:

gegen, in, mit, unter, von, zu, zwischen

Mit Hilfe von syntaktischen und semantischen Merkmalen dieser Präpositionen unter der Grundeinstellung von *Reziprozität* war es möglich, die Zahl der valenten Substantive zu reduzieren und die Zahl der an reziproken Strukturen beteiligten Rektionssubstantive zu bestimmen. Ohne eine Analyse der tatsächlichen Vorkommen dieser Argumentstrukturen konnten in den verschiedenen Quellen ohne Überlappungen 194 Substantive gefunden werden (siehe **Tabelle 10** im Anhang). Zur Bestimmung von reziproken Strukturen der einzelnen Substantive war es nötig, das gemeinsame Vorkommen von Substantiv-Präpositions-Kombinationen im Kontext zu ermitteln. Diese Ermittlung wurde in der Volltextdatenbank des IDS mit COSMAS II durchgeführt. Das Verfahren ist am **Ende des Anhangs** detailliert beschrieben.

Nach den Überprüfungen im *TAGGED* (Archiv der morphologisch annotierten Korpora) und im *W-Archiv* (Archiv der geschriebenen Korpora) sowie nach individuellen Entscheidungen[63] konnte ich ca. **180** *reziproke Substantive* finden, deren Argumentstrukturen die Grundlage der weiteren Untersuchungen bilden (siehe **Tabellen 11a** und **11b** im Anhang).

Als nächstes sollen die Strukturvarianten der *Reziprozität* zu den o.g. 180 Substantiven bestimmt werden. Hierbei werden auch die Ergebnisse der elektronischen Überprüfung erläutert. Darauf gehe ich im nächsten Punkt ein.

---

63 Dabei handelt es sich um die Fälle, die die syntaktischen Algorithmen des Computerprogramms bei der elektronischen Datenübertragung – semantisch gesehen – nicht richtig ermittelt haben. Darunter sind vor allem homonyme Ausdrücke, z.B. *Pech des Lehrers mit dem Regen* zu verstehen, die mit der Reziprozität nicht zu tun haben. Es geht ferner um die topologischen Fälle, die herausgefiltert werden mussten, weil die Präposition nicht als Substantivrektion sondern als Vebrektion erscheint, z.B. *„Der VW schleuderte nach dem Zusammenprall gegen den Baum“*.

4.3 Bestimmung von reziproken Strukturen valenter Substantive

Ein wichtiges Ziel dieser Arbeit ist es, die Realisierungsmöglichkeiten von reziproken Strukturen valenter Substantive zu bestimmen. Ich habe versucht, aufgrund empirischer Untersuchungen die Seme zu ermitteln, die zur Bedeutung der Reziprozität von NP führen. Diese Seme umfassen eine Gruppe von valenten Substantiven, eine Gruppe von regierten Präpositionen und mindestens zwei Aktanten (Genitiv- und/oder Präpositionalattribut/e). Die Anzahl der Aktanten und deren syntaktische und semantische Funktion sind durch die Reziprozität festgelegt. Anhand der Bestimmung von reziproken Strukturen bzw. Strukturvarianten werden hier aber grundsätzlich die morphosyntaktischen Realisierungsmöglichkeiten von Aktanten hervorgehoben. Homonyme Konstruktionen,[64] die mit der Reziprozität nichts zu tun haben, werden ausgeschlossen. Reziprokpronomen[65] als mögliches Argument und die Reziprozität in mehrstelligen Prädikaten[66] werden ebenfalls nicht behandelt. Die syntaktischen Relationen zwischen den Strukturelementen werden im Folgenden auf der syntagmatischen Ebene grundsätzlich für zweistellige Prädikate ohne Erweiterungen[67] bestimmt.

Welche valenten Substantive ins Belegkorpus von reziproken Strukturen aufzunehmen sind, habe ich nach empirischen Strukturanalysen methodisch mit Hilfe der regierten Präpositionen (vgl. Schierholz 2001: 124) in Kapitel 4.2 eingegrenzt. Weitere Merkmalanalysen zu den einzelnen Elementen werden erst im nächsten Kapitel durchgeführt. Es wird zunächst erläutert, welche Möglichkeiten für die Realisierung von Argumenten anhand der empirischen Untersuchungen festgestellt werden können. Man soll vor allem zwischen syntaktischen und morphosyntaktischen Realisierungsformen der Argumente unterscheiden. Der Unterschied besteht darin, dass im ersten Fall die beiden Argumente syntaktisch erscheinen, während im zweiten mindestens ein Argument im Plural nur morphologisch als gebundenes Morphem realisiert wird. Im zweiten Fall handelt es sich immer um Plural-Konstruktionen, wobei Gruppenprädikate entstehen. Die Deutung dieser Prädikate hängt mit der Pluralsemantik eng zusammen. Auf diese Problematik will ich aber erst später eingehen. Schauen wir vor allem, wie Argumente in zweistelligen Prädikaten syntaktisch realisiert werden können. Vor den Einzelheiten werfen wir einen Blick auf die nächste Typologie, die ich für die mor-

---

64 Z.B. *Pech des Lehrers mit dem Regen* [*Gen+(mit +D)*]-Konstruktion

65 Z.B. *Angst der Hunde voreinander*

66 Z.B. Diskussion des Vaters mit dem Sohn *über die Schule*

67 Z.B. Abschied des Vaters von dem Sohn vs. Abschied des Vaters von dem *toten* Sohn

phosyntaktischen Realisierungsmöglichkeiten der Argumente in den reziproken Strukturen zusammengestellt habe. Die folgende Tabelle soll die nächststehenden Erläuterungen abkürzen und das Verstehen erleichtern.

Typologie von reziproken Strukturen valenter Substantive							
Morphosyntaktische Realisierungsmöglichkeiten der Argumente in den reziproken Strukturen (mit topologischen Elementen)							
A. Zweistellige(Singular)-Strukturen (beide Argumente werden syntaktisch realisiert)						**B. Plural-Konstruktionen** (mindestens ein Argument erscheint morphologisch)	
A/1. zwei Genitivattribute		**A/2. zwei PPA**	**A/3. [Genitivattribut + PPA]**				
entweder **pränuklear**	oder **postnuklear**	**postnuklear**	entweder **pränuklear**	oder **postnuklear**	+PPA	**B/1. Genitive**	
koordinative Verknüpfung von			**Posspron**, z.B. seine Liebe	**N im Gen.**, z.B. Liebe des Vaters		**entweder pränuklear**	**oder postnuklear**
zwei sächsischen Genitiven	**Zwei Nomina im Gen.**	**zwischen-Konstruktion** als koordinative Verknüpfung	**Adj-Attr.** z.B. väterliche Liebe	**von+ D als Gen-Ersatz** z.B. Liebe von Vater		**sächsischer Gen. im Pl.** im Kontext	**Nomen im Gen. Pl.** im Kontext
	von-Konstruktionen als Gen-Ersatz	**in** = zwischen als koordinative Verknüpfung	**Sächsischer Genitiv**, z.B. Vaters Liebe				**von + D Pl. als Gen-Ersatz** im Kontext
			Kompositum z.B. Gewerkschaftsvertrag			**B/2: zwischen + D im Pl.**	
				Genitiv +	**mit +D**	**B/3:** mindestens ein Argument von **[Genitivattribut+ PPA] erscheint im Plural**	
				Genitiv +	**von +D**		
				Genitiv +	**gegen +A**		
				Genitiv +	**zu+D**		
						B/4:unter+immer D im Pl.	

Beispiele			
Peters und Marias Auseinandersetzung	Freundschaft zwischen dem Mann und der Frau	Beziehung des Vaters mit einer Frau	Müllers Auseinandersetzung
Unterschied des Vaters und des Sohnes	Harmonie in Farbe und Form	Abschied des Vaters von dem Sohn	Streit der Eltern
Vergleich von Nationalsozialismus und Kommunismus		Krieg des Vaters gegen den Sohn	Streit von Eltern Unterschied von Käfern
		Beziehung des Kindes zu seiner Mutter	Gespräch zwischen den Eltern
			Krieg der Japaner mit den Amerikanern
			Streit unter den Kindern

Anmerkungen:
- Insgesamt 7 regierte Präpositionen: **gegen, in, mit, unter, von, zu, zwischen**
- Mögliche Substitutionen, Alternativen bei symmetrischen Relationen: **mit/gegen; zwischen/unter/zu/in; [Gen+(mit+D)]und zwischen; von/zwischen im Plural; Gen/von.**

Da die Tabelle sehr aussagekräftig ist, möchte ich hier nur noch die echten reziproken Strukturen mit zwei Argumenten hervorheben.

In diesen Strukturen, in denen ein wechselseitiges Verhältnis eindeutig nachvollziehbar ist, erscheinen die beiden Argumente syntaktisch. Diese beiden Argumente (Attribute) können in verschiedenen Formen und topologisch unterschiedlich realisiert werden. Schematisch gesehen kommen die folgenden drei Grundtypen von Argumenten in den echten reziproken Strukturen vor:

- *Genitivattribut-Argumente* (Gen),
- *Präpositionalattribut-Argumente* (PPA) und
- *[Gen + PPA]-Argumente*

In welchen Formen die einzelnen Argumente erscheinen können, ist in der vorigen Tabelle über die morphosyntaktischen Realisierungsmöglichkeiten von Argumenten aufgeführt. Wie die reziproken Strukturen topologisch realisiert werden können, habe ich in der folgenden Tabelle zusammengefasst. Diese beiden Tabellen sind komplementär zu betrachten.

Topologische Realisierungsmöglichkeiten der Elemente in zweistelligen reziproken Strukturen										
	pränuklear		**Regens**	**postnuklear**						
	Argumente			**Arg.**		**Präp.**	**Arg.**		**Präp.**	**Arg.**
1.	Gen[68] Sg./Pl.	Gen Sg./Pl.	**Rektionssubstantiv**	-	-	-	-	-	-	-
2.	-	Gen Pl.		-	-	-	-	-	-	-
3.	-	-		Gen[69] Sg./Pl.	Gen Sg./Pl.	-	-	-	-	-
4.	-	-		Gen Pl.	-	-	-	-	-	-
5.	-	-		-	-	zwischen	Dat.Sg./Pl.		-	-
6.	-	-		-	-	unter	Dat.Pl.		-	-
7.	-	-		-	-	in	Dat.Sg./Pl.		-	-
8.	-	-		Gen Sg./Pl.	-	mit gegen von zu	Dat.Sg./Pl. Akk Sg./Pl. Dat.Sg./Pl. Dat.Sg./Pl.		-	-
9.	-	Gen Sg./Pl.		-	-	mit gegen von zu	Dat.Sg./Pl. Akk Sg./Pl. Dat.Sg./Pl. Dat.Sg./Pl.		-	-

68 Die *Gen*-Argumente, die *zwischen*- und *in*-Argumente sind koordinativ verknüpft.

69 Das postnukleare Gen-Nomen wird oft durch *von+D* ersetzt.

Anhand der empirischen Untersuchungen, an den ca. **180** *reziproken Substantiven* kann ich belegen, dass sich die in der *Vorstudie* (Kapitel 3.1) für die reziproken Strukturen aufgestellten Hypothesen als zutreffend erwiesen haben. Dementsprechend kommen die *[Gen+(mit+D)]*-Strukturen und die *[zwischen+D]*-Strukturen am häufigsten als reziproke Strukturen vor. Die Vorkommenshäufigkeiten dieser beiden Strukturen können auch in den Tabellen (siehe **Tabellen 4, 6, 7, 8** und **11** im Anhang) eindeutig abgelesen werden.

Obwohl die *Genitiv-Argumente* ebenfalls häufig in den reziproken Konstruktionen vorkommen, wovon ich mich beim Überprüfen reziproker Strukturen in der Volltextdatenbank des IDS mit COSMAS II (Version 3.6.1) überzeugen konnte, kann man sie erst auf der Satzebene richtig testen. Auf der syntagmatischen Ebene kann man nicht eindeutig entscheiden, ob eine Wechselseitigkeit zwischen den Argumenten vorliegt oder nicht. Sie können auf der Wortgruppenebene sowohl als reziprok als auch als nicht-reziprok interpretiert werden. Dasselbe gilt auch für das *[von+D]*, wenn es als Genitiversatz erscheint.

Eine große Bedeutung der empirischen Untersuchungen besteht aber darin, dass noch weitere Strukturen für die Reziprozität identifiziert werden konnten. Diese **neu** entdeckten Strukturvarianten gehören vor allem zum Typ *[Gen+PPA]*, wobei sich die PPA durch die folgenden Präpositionen an das Rektionssubstantiv anschließen können:

- *von+D*
- *zu+D*
- *gegen+A*

Die *[in+D]-Struktur* scheint ein Ausnahmefall zu sein. Sie erscheint nur als Alternative zur *[zwischen+D]-Struktur*. Die auffallend geringe Vorkommenshäufigkeit von *[in+D]-Strukturen*, ähnlich ist es teilweise auch bei den *[gegen+A]-Strukturen*, deutet an, dass sie in dieser Funktion weniger typisch sind. Die postnukleare *PPA-Konstruktion* mit *[unter+D]* konnte ich als einen neuen Strukturtyp unter den reziproken Strukturen identifizieren. Dieser Strukturtyp gehört zu den Plural-Konstruktionen, die weiterhin untersuchungsbedürftig sind. Es stellt sich ferner die Frage, wie das Verhältnis zwischen diesen Strukturvarianten ist, wenn sie alle unter einer Funktion zusammengefasst werden können. Einige Strukturen werden oft als mögliche Alternativen oder als Substitutionsmöglichkeiten erwähnt, z. B.

Mögliche Substitutionen bzw. Alternativen in den reziproken Strukturen:
mit/gegen
zwischen/unter/zu/in
[Gen+(mit+D)] und *zwischen*
von/zwischen im Plural
Gen/von

Ohne die Analyse konkreter Fälle kann man nicht zu weitreichenden Aussagen gelangen. Diese Problematik wird im nächsten Kapitel behandelt, wobei einige Fälle eingehender studiert werden. In diesem Kapitel habe ich die wichtigsten Strukturvarianten für Reziprozität im nominalen Bereich, die auf empirischen Untersuchungen der genannten Quellen basieren, definiert. Es ist aber nicht ausgeschlossen, dass unter funktionaler Perspektive oder bei einer anderen Deutung der Reziprozität im Rahmen künftiger Studien noch weitere Strukturvarianten für Reziprozität entdeckt und spezifiziert werden können.

4.4 Resümee

Zur Bestimmung reziproker Strukturen habe ich zahlreiche empirische Untersuchungen teils computerbasiert, teils manuell durchgeführt. Die ausführliche Dokumentation der wichtigsten Ergebnisse befindet sich im Anhang (siehe **Tabellen 4–7.**). An dieser Stelle möchte ich die große Bedeutung der Computertechnik und die verschiedenen Textkorpora im IDS (Mannheim) bei der empirischen Untersuchung hervorheben, ohne die ich die Ziele meiner Untersuchung nicht erreicht hätte. Gleichzeitig möchte ich aber auch darauf hinweisen, dass bei solchen Untersuchungen immer eine bestimmte Fehlerrate auftritt. Ursachen für Fehler liegen z. B. darin begründet, dass die elektronische Datenübertragung nach bestimmten syntaktischen Algorithmen erfolgt, die Valenzmarkierung in den Wörterbüchern fehlt oder uneinheitlich oder mangelhaft dargestellt ist. Deshalb möchte ich die Wichtigkeit von Spezialbüchern, wo die Valenzinformationen im Vordergrund stehen, besonders hervorheben.

In diesem Kapitel habe ich empirisch geprüft, mit welchen syntaktischen Mitteln eine bestimmte Funktion – *Reziprozität* – ausgedrückt werden kann. Dabei konnte ich feststellen, dass sich etwa 180 valente Substantive, 7 regierte Präpositionen und Gen-Attribute-Präpositionalattribute- und morphologische Aktanten als mögliche Argumente an reziproken Strukturen beteiligt haben. Die hier gewonnenen Ergebnisse werden im nächsten Kapitel weiter analysiert. Bei der Beschreibung von reziproken Strukturen wird untersucht, durch welche Eigenschaften sich die einzelnen Elemente als Bestandteile der syntagmatischen Einheit *Reziprozität* auszeichnen.

5 Beschreibung der Elemente von reziproken Strukturen

Das Ziel dieses Kapitels ist es, die morphosyntaktischen und semantischen Merkmale der Elemente von reziproken Strukturen zu beschreiben. Diese Beschreibung basiert auf den in Kapitel 4 dargestellten empirischen Untersuchungen. Es geht um die Beantwortung der Frage, in welchen Relationen die Strukturelemente unter dem distinktiven Merkmal *Reziprozität* auf der syntagmatischen Ebene als Einheit fungieren können. Im Mittelpunkt der Strukturen steht der Valenzträger Substantiv/Rektionssubstantiv.[70] Wie weit aber die einzelnen Elemente die *Reziprozität* bestimmen, muss noch herausgefunden werden. Als methodische Grundlage wird die Art des Holismus angewendet, bei der man sich auf die konstituierenden Teile und deren Eigenschaften konzentriert. Die Elemente des holistischen Systems *Reziprozität* werden untersucht, und die Eigenschaften, aufgrund derer sie Konstituenten der reziproken Struktur sind, werden beschrieben. Bei dieser Beschreibung wird danach gestrebt, die Analyse der Strukturelemente bzw. die Sprachebenen so weit wie möglich auseinander zu halten. Stellenweise kann aber dieses Prinzip wegen der semantischen Einheit *Reziprozität* nicht konsequent eingehalten werden. Zuletzt wird versucht, die Argumentstrukturen untereinander in Verbindung zu setzen und auf die strukturelle Vielfalt zu reflektieren. Diese Ergebnisse sollen im nächsten Kapitel dabei helfen, den Reziprok-Syntagma-Modus (R-S-M) zu bestimmen und ihn von den anderen Syntagmen valenter Substantive abzugrenzen.

5.1 Morphosyntaktische und semantische Merkmale der reziproken Substantive

5.1.1 Über das Wesen von Substantiven

Was das Substantiv anbelangt, wird dessen Begriff von Adelung (18. Jh.) aus dem lateinischen Wort Substanz (Stoff, Materie, das Wesentliche) abgeleitet und als Hauptwort, als die wichtigste Wortart der deutschen Sprache bezeichnet, da sie ca. 60 % des gesamten deutschen Wortschatzes ausmacht. In den Schulgrammatiken wird das Wort Substantiv (lat. nomen substantivum) Dingwort,

70 Der Begriff Rektionssubstantiv wird mit Kernsubstantiv, Bezugssubstantiv und mit valentem Substantiv in dieser Arbeit gleichwertig benutzt.

Gegenstandwort, Hauptwort, Nennwort oder Nomen genannt, das für sich selbst Bestand hat. In morphologischer Hinsicht sind Substantive durch Deklination und damit durch die Kategorien Genus, Numerus und Kasus gekennzeichnet. In syntaktischer Hinsicht zeichnen sich Substantive durch die Fähigkeit aus, als Kern einer Nominalphrase zu fungieren und ein Satzglied bilden zu können (Subjekt, Objekt, Prädikativ). Substantive lassen sich nach verschiedenen Kriterien klassifizieren, so z.B.:

- Nach dem morphologischen Kriterium gibt es einfache (Simplex) und komplexe Substantive (Ableitungen und Komposita).
- In semantischer bzw. syntaktisch-semantischer Hinsicht werden die Substantive unterschiedlich klassifiziert. Einigkeit besteht weithin darüber, dass sie sich als Subklassen unterscheiden lassen:
  (a) Gattungsbezeichnungen (Apellativum), z.B. *Elefant, Bett,*
  (b) Stoffbezeichnungen, z.B. *Holz, Silber,*
  (c) Eigennamen, z.B. *Sokrates, Griechenland,*
  (d) Sammelbezeichnungen (Kollektiva), z.B. *Familie, Obst.*
- Semantisch begründbare Subklassen von Substantiven sind:
  (a) Abstrakta (zur Bezeichnung von Nichtgegentständlichem), z.B. *Fleiß, Gesundheit,*
  (b) Konkreta (zur Bezeichnung von Gegentständlichem), z.B. *Bett, Tisch.*

In diesem Kapitel wird das Substantiv als Kopf der Nominalphrase (vgl. Engel 1994, Duden 1995, Eisenberg 1999) behandelt. Es muss aber hier erwähnt werden, dass es auch andere Ansätze gibt, in denen die NP nicht mehr als vom Substantiv dominiert angesehen wird. Hierher gehören vor allem die Vertreter der sog. Determinatorphrase (vgl. Abney 1987, Haider 1988, Vater 1991, Olsen 1991), die den Determinator als Kopf favorisieren. Es gibt aber auch innerhalb der Dependenzgrammatik unterschiedliche Determinator-Regens-Auffassungen (vgl. Erben 1980, Eroms 1988).

Das Wesen der Substantivvalenz ist wegen der großen Meinungsverschiedenheit der Forscher nicht leicht zusammenzufassen. In Kapitel 2 habe ich schon versucht, die wichtigsten Grundfragen mit Hilfe der Fachliteratur aufzugreifen. Jetzt fassen wir kurz ins Auge, über welche Eigenschaften die valenten Substantive[71] verfügen. Valente Substantive sind relative Substantive, die

71 Uzonyi (2004: 233) wirft in diesem Zusammenhang mit Recht die folgende Problematik auf: Lexem oder Semem? Valenz wird in der Regel als eine Fähigkeit bestimmter Lexeme verstanden. Was versteht man aber unter Lexem? Wegen der Polysemie ist es

mehrstellige Prädikate enthalten. Sie verfügen anhand ihrer Bedeutungsstruktur über eine offene semantische Valenz, die in der Valenzrelation Argumenthaftigkeit (ARG) ergänzungsbedürftig sind. Relative Substantive eröffnen eine oder mehrere Argumentstelle(n), und sie regieren (meistens) einen oder mehrere Präpositionalstatus. Sie können abgeleitet oder nicht-abgeleitet, konkret oder abstrakt sein. Diese generalisierten Eigenschaften der valenten Substantive gelten teilweise auch für die reziproken Substantive, die im Folgenden präzisiert und erweitert werden.

Vor den konkreten Untersuchungen des ermittelten Belegbestandes fassen wir zusammen, was schon über die rezipoken Substantive bekannt ist. In unserer Definition steht schon längst fest, dass diese Valenzträger mindestens zwei Argumente haben müssen. Diese Definition wirft einerseits die Frage der quantitativen Valenz, andererseits die Frage der Valenzpotenz vs. Valenzrealisierung auf. Über die Wertigkeit der Substantive ist bisher wenig publiziert worden. Nach Teubert (1979: 73 ff.) ist die Wertigkeit bei den Nominalisierungen teilweise vererbt. Bassola und Bernáth (1998) unterscheiden nach Korpusanalysen deverbaler Substantive zwischen ein-, zwei- und dreiwertigen Substantiven. Sommerfeldt und Schreiber (1977/1983) schreiben über Substantive ohne Aktanten bzw. mit einem Aktanten, mit zwei Aktanten und mit drei Aktanten. Bezüglich der Wertigkeit müssen reziproke Substantive mindestens zweiwertig sein. Dabei ist zwischen Valenzpotenz und Valenzrealisierung zu unterscheiden, da der Fall der Realisierung bzw. Nicht-Realisierung der Argumente auch bei diesen Substantiven ohne weiteres vorliegen kann, z. B. *Ehe des Vaters* (mit jemandem) oder: *jemandes* Abkommen *mit jemandem über etwas*.

Im ersten Fall wird das zweite Argument nicht realisiert, es handelt sich dabei um ein implizites Argument. Dagegen wird im zweiten Fall der reziproke Valenzträger dreiwertig gebraucht. Die Argumente der reziproken Substantive können, wie bei den meisten valenten Substantiven, morphologisch und/oder syntaktisch, topologisch gesehen prä- und/oder postnuklear realisiert werden. Die reziproken

---

nämlich nicht gleichgültig, da die Valenzstruktur bekanntlich von Bedeutung zu Bedeutung variieren kann. Von Apreszjan (1982), Vertreter der Moskauer semantischen Schule, wird der Terminus *Lexem* im Sinne von Semem /Sememe, die mit verschiedenen Valenzstrukturen verknüpft sind, gebraucht. Der traditionelle Lexembegriff lässt bei jedem Lexem mehrere Sememe mit verschiedenen Valenzstrukturen zu. Diese Auffassung ist aber mit den ebenfalls traditionellen Abgrenzungsschwierigkeiten zwischen Polysemie und Homonymie belastet. Falls man nicht das Lexem, sondern das Semem als Bezugseinheit zur Bestimmung der Valenz wählt, erübrigt sich eine scharfe Differenzierung zwischen Polysemie und Homonymie.

Substantive sind gleichzeitig auch Rektionssubstantive, und dementsprechend regieren sie auch Kasus und/oder Präposition(en). Mit Ausnahme der Infinitivnomina sind sie pluralisierbar (vgl. Teubert 1979: 79).

Im Folgenden wird der Substantivbestand der empirischen Untersuchungen (siehe Kapitel 4.3) kurz dargestellt. Im Anschluss daran werden die weiteren morphosyntaktischen und semantischen Merkmale der reziproken Substantive beschrieben. Obwohl diese Eigenschaften zweigeteilt, als morphosyntaktische und semantische Merkmale, behandelt werden, können sie nicht immer eindeutig auseinandergehalten werden.

5.1.2 Morphosyntaktische Merkmale der reziproken Substantive

Im Laufe der empirischen Untersuchungen (siehe Kapitel 4) sind etwa[72] 180 Substantive für reziprok erklärt worden, die im Anhang (siehe **Tabellen 11a** und **11b**) aufgelistet sind. Sie werden ferner unter verschiedenen Aspekten in weitere morphosyntaktische und semantische Untersuchungen einbezogen. Hier werden die folgenden Fragen diskutiert:

(1) Wie sind die reziproken Substantive morphologisch aufgebaut?
(2) Wie beeinflusst der morphologische Aufbau der valenten Substantive ihre reziproken Argumentstrukturen?
(3) Welche Rolle spielt die Valenzvererbung in den reziproken Strukturen der deverbalen Nomina?
    (a) Nominalisierte Infinitive (NI) und ihre reziproken Strukturen
    (b) Deverbale Nomina aus transitiven, reflexiven und reziproken Verben und ihre reziproken Strukturen
    (c) *ung*-Nominalisierungen und ihre reziproken Strukturen
    (d) Nominale Komposita mit deverbalem Kopf in reziproken Strukturen

Zu (1): *Wie sind die reziproken Substantive morphologisch aufgebaut?*

Um die Ergebnisse der morphologischen Analysen von 180 reziproken Substantiven besser überblicken zu können, habe ich sie wie folgt tabellarisch zusammengefasst.

72 „etwa"- bedeutet: Trotz der mehrmaligen Überprüfungen kommen immer wieder unsichere bzw. fragwürdige Fälle vor. Ferner gehe ich aber von diesen 180 Substantiven aus.

<table>
<tr><th colspan="6">Ergebnisse der morphologischen Analyse von 180 (100 %) reziproken Substantiven</th></tr>
<tr><td rowspan="2">Simplexe Substantive, genuine, originäre[73] Substantive
25 = 14 %</td><td colspan="5">Komplexe Substantive: 155 = 86 %</td></tr>
<tr><td colspan="4">Ableitungen:
114 = 63 %</td><td>Komposita:
41 = 23 %</td></tr>
<tr><td rowspan="5"></td><td colspan="2">Deverbale Substantive:
98 = 54 %</td><td colspan="2">Deadjektivische Substantive: 16 = 9 %</td><td rowspan="5"></td></tr>
<tr><td>NI</td><td>6</td><td>auf -heit/keit:</td><td>5</td></tr>
<tr><td>auf-ung:</td><td>36</td><td>auf -schaft:</td><td>6</td></tr>
<tr><td>auf -ion:</td><td>9</td><td>auf -tät:</td><td>2</td></tr>
<tr><td>unsortiert:</td><td>47</td><td>Sonstiges:</td><td>3</td></tr>
</table>

Die morphologischen Analysen von 180 reziproken Substantiven habe ich mit Hilfe der *Wortbildungslehre* von Naumann (1986) und der *Wortbildung der deutschen Gegenwartsprache* von Fleischer und Barz (1995) durchgeführt. Die Liste und die Analyse der Verteilung der Substantive auf die einzelnen Wortbildungstypen befinden sich im Anhang (siehe **Tabellen 12a-d**). Diese Substantive werden in den Tabellen nach Wortbildungstypen unterschieden und als simplexe Substantive (nicht-abgeleitete) oder als komplexe Substantive klassifiziert. Bei den komplexen Substantiven wird zwischen Ableitungen und Komposita unterschieden. Die Ableitungen enthalten ferner deverbale Substantive und deadjektivische Substantive. In einigen Fällen war es problematisch zu entscheiden, ob das Substantiv abgeleitet[74] ist oder nicht. Da diese Analyse dem synchronischen Weg verpflichtet ist, benutzte ich in problematischen Fällen das *Wortfamilienwörterbuch der deutschen Gegenwartsprache* von August (1998) als Entscheidungshilfe. Zwar wäre eine durchgehende Wortbildungsanalyse interessant, es wird aber an dieser Stelle nicht auf weitere Einzelheiten eingegangen. Ergebnisse sind in der obigen Tabelle zusammengestellt, so dass ich nur die für uns relevanten Schlüsse hervorheben möchte. Unter den reziproken Substantiven gibt es nicht-abgeleitete (14 %) und abgeleitete (63 %) Substantive sowie Komposita (23 %). Zahlenmäßig überwiegen die deverbalen Ableitungen (54 %). Es ist noch anzumerken, dass 75,5 % der zusammengesetzten Substantive einen verbalen Kopf haben (siehe **Tabelle 12d** im Anhang). Dies wirft ohne Zweifel die Frage auf, ob die Valenzvererbung in

73 Aus synchronischer Sicht haben sie keine korrespondierenden Verben oder Adjektive. Sie haben nur etymologische Hintergründe.

74 Zum Beispiel: Das Substantiv *Verhältnis* gilt bei Naumann (1986) als abgeleitet, aber bei Bassola (2006a) als nicht abgeleitet.

den reziproken Strukturen eine Rolle spielt, und wenn ja, dann welche. Vorher betrachten wir aber die Frage, ob es einen wesentlichen Unterschied zwischen den reziproken Strukturen abgeleiteter bzw. nicht-abgeleiteter Substantive gibt.

Zu (2): *Wie beeinflusst der morphologische Aufbau der valenten Substantive ihre reziproken Argumentstrukturen?*

Bei dieser Frage kommt man mit der Morphologie der reziproken Substantive allein nicht aus. Untersucht man die Argumentstrukturen reziproker Substantive, stößt man auf die Problematik von *Lexem* und *Semem*, d.h. die reziproken Substantive kommen in mehreren unterschiedlichen Bedeutungen vor, die noch mit verschiedenen Strukturen ausgedrückt werden. Der traditionelle Lexembegriff lässt nämlich bei jedem Lexem mehrere Sememe mit verschiedenen Valenzstrukturen zu (vgl. Uzonyi 2004: 233). Deshalb habe ich alle Valenzstrukturen der ausgewählten Substantive untersucht. Um diesen Vergleich auf einer empirischen Grundlage durchführen zu können, habe ich den reziproken Substantivbestand[75] des *Deutsch-ungarischen Wörterbuches zur Substantivvalenz*[76] Band 1 und 2 (Bassola 2003 und 2012), zuerst getrennt und dann zusammen, in diese Analyse einbezogen. Die Einzelheiten dieser Analyse kann man im Anhang nachvollziehen (siehe **Tabellen 13a-b**). Dann habe ich untersucht, wie viele der valenten Strukturen des jeweiligen Substantivs reziprok sind. Der Grad der Reziprozität ist durch Prozentrechnung (Anzahl der reziproken Strukturen geteilt durch die Anzahl aller valenten Strukturen der einzelnen Substantive und in Prozent angegeben) ermittelt worden. Anhand der so gewonnenen Ergebnisse konnte ich Schlüsse auf den Zusammenhang zwischen der Morphologie abgeleiteter (deverbaler) Substantive und der Morphologie nicht-abgeleiteter Substantive und ihren Argumentstrukturen ziehen. In dieser Analyse sind in der ersten Runde (bas1) 5 deverbale und 3 nicht-abgeleitete Substantive einbezogen worden, in der zweiten (bas1+bas2) insgesamt 13 deverbale und 3 nicht-abgeleitete reziproke Substantive. Die Details der Ergebnisse befinden sich im Anhang (siehe Tabellen 13a-b).

Das wichtigste Ergebnis in **bas1**:

76,19 % der Argumentstrukturen abgeleiteter (deverbaler) Substantive sind reziprok, während dieser Wert bei den nicht-abgeleiteten Substantiven 85,71 % ausmacht.

---

75 In bas1:50:8: 5 deverbale Substantive: *Unterschied, Vergleich, Verhältnis, Vertrauen, Zusammenhang* + 3 nicht-abgeleitete: *Grenze, Krieg, Vertrag.* In bas2:50: 8 deverbale Substantive: *Besuch, Beziehung, Diskussion, Gegensatz, Gespräch, Liebe, Lösung, Streit.*

76 bas1+bas2 sind die Abkürzungen für Deutsch-ungarisches Wörterbuch zur Substantivvalenz Band 1 und 2.

Die wichtigsten Ergebnisse in **bas1+bas2**:

Die Ergebnisse der erweiterten Analyse zeigen, dass der Grad der Reziprozität von 16 Substantiven im Durchschnitt 66 % ausmacht, d.h. 37 Strukturen von insgesamt 56 sind reziprok. Dabei schwanken die Werte der Reziprozität zwischen 25 % (z.B. bei *Besuch*) und 100 % (z.B. bei *Gespräch, Krieg,*[77] *Streit, Verhältnis, Vertrag und Zusammenhang*). Während die 13 deverbalen Substantive im Durchschnitt einen Reziprozitätsgrad von 63 % aufweisen, liegt der Reziprozitätsgrad bei den drei nicht-abgeleiteten Substantiven bei 85,71 %.

Diese Ergebnisse lassen sich insgesamt wie folgt resümieren:

- Das Merkmal *Reziprozität* erscheint (meistens) als eine Funktion (Teilbedeutung) einer bestimmten Subklasse valenter Substantive. In diesem Sinn erscheint die Reziprozität der Substantive nicht als *reciproca tantum*, sondern als ein graduelles Phänomen.
- Die Auswirkung der Morphologie der reziproken Substantive (abgeleitet vs. nicht-abgeleitet) auf ihre Argumentstruktur scheint anhand der empirischen Untersuchungen gering zu sein. Die nicht-abgeleiteten Substantive mit reziproker Bedeutung zeigen aber eine größere Homogenität in ihrer Valenzstruktur auf als die deverbalen Substantive.
- Die valenten Substantive, die nur in reziproken Strukturen vorkommen (siehe Reziprozitätsgrad 100 %), können m.E. als lexikalisch oder inhärent reziproke Substantive bezeichnet werden. Unter ihnen findet man aber genauso abgeleitete wie nicht abgeleitete Substantive.

Zu (3): *Welche Rolle spielt die Valenzvererbung in den reziproken Strukturen der deverbalen Nomina?*

Im Folgenden untersuche ich, welche Rolle die Valenzvererbung[78] in der Argumentstruktur der reziproken Substantive deverbaler Herkunft spielt. Wie schon in Kapitel 2 kurz erläutert wurde, gibt es verschiedene Ansätze zur Beschreibung der Substantivvalenz. Wie weit aber ein *Nominalisierungsansatz*[79] auf die deutsche

77 *Krieg* und *Vertrag* sind nicht-abgeleitete Substantive.

78 Von Valenzvererbung spricht man, wenn ein deverbales oder deadjektives Substantiv die semantisch und syntaktisch definierte Ergänzungen des Basisverbs oder Basisadjektivs ganz oder teilweise übernimmt.

79 Vgl. Kohvakka/Lenk (2007: 197 f.): Auch wenn die Substantivvalenz auf Ableitungen von Verben und Adjektiven zurückgeführt wird, findet man unter den Erklärungen der Nominalisierung nur teilweise valenztheoretische.

Sprache angewendet werden kann, wird diskutiert. Sandberg (1979: 24) meint Folgendes:

> Meine Hypothese bedeutet, dass das nicht-lexikalisierte Verbalsubstantiv genau dieselben Leerstellen aufweist wie das Basisverb [...].

Nach Welke (1995: 230) gelten für die Nominalisierungen die folgenden Regularitäten:

> Das Substantiv erbt vom Verb (oder Adjektiv) bei der Transposition in die Wortart Substantiv dessen semantische Valenz. Diese kann jedoch nicht mehr unter den Bedingungen der Konstruktionsweise des Satzes realisiert werden. Sie muss jetzt unter den Bedingungen der substantivischen Konstruktionsweise realisiert werden (d.h. unter den Bedingungen von NP mit originärem Substantiv). Die wichtigste und auffälligste Strukturbedingung ist die, dass nominativische und akkusativische Ergänzungen des Verbs (die sog. strukturellen Kasus) bei der Substantivierung in genitivische Ergänzungen überführt werden, also in eine Form der originären und typischen Substantivrektion im Gegensatz zur Verbrektion.

Über die Vererbung verbaler Valenzmerkmale in Nominalphrasen kann man in der Studie von Golonka (2002) ausführlich lesen. Jetzt untersuche ich nur einige Fälle, die im Hinblick auf die Morphologie der reziproken Substantive relevant sein können. Ich möchte der Frage nachgehen, ob es Unterschiede in den reziproken Strukturen deverbaler Substantive gibt und ob der morphologische Aufbau der Substantive dabei eine Rolle spielt.

Zu (3a): *Nominalisierte Infinitive (NI) und ihre reziproken Strukturen*

Studieren wir jetzt, welcher Zusammenhang zwischen den NI[80] und ihren reziproken Argumentstrukturen besteht. Im Laufe der empirischen Untersuchungen – in den schon bekannten Quellen – habe ich die NI gesammelt, um ihre Argumentstrukturen im Hinblick auf die Reziprozität überprüfen und vergleichen zu können. Eine erweiterte Liste über die NI befindet sich im Anhang (siehe **Tabelle 14**). In den folgenden Tabellen habe ich zuerst die wichtigsten Ergebnisse in Zahlen und dann die NI mit ihren reziproken Strukturen zusammengefasst.

80 Infinitivnominalisierung ist ein morphologisches Wortbildungsmuster. Verbalnomen ist eine infinite Verbform, die ermöglicht, dass ein Verb die grammatische Funktion eines Substantivs einnimmt. Verbalnomen ist im Deutschen formgleich mit dem Infinitiv.

Ergebnisse der empirischen Untersuchung: Nominalisierte Infinitive (NI)					
	som	**hes**	**sch**	**bas1+2**	**Insgesamt**
Valente Substantive insgesamt	717	521	228	100	1566 mit Überlappungen
NI insgesamt	23	18	8	2	51 mit Überlappungen
Nominalisierte Infinitive in reziproken Strukturen	*Abkommen* *Treffen* *Vertrauen*	(Abkommen) (Vertrauen)	(Abkommen) (Treffen) *Wieder/sehen* *Zusammen/leben* *Zusammen/sein*	(Vertrauen)	11 mit Überlappungen
Insgesamt verschieden:	3	2 – 2 = 0	5 – 2 = 3 Komposita	1 – 1 = 0	**3**

Nach den durchgeführten Untersuchungen sind insgesamt 3 NI geblieben.

Nominalisierte Infinitive in reziproken Strukturen: Quelle der NI: *som* und *sch*								
	NI+Präpositionen	**(in)**	**gegen**	**mit**	**von**	**unter**	**zu**	**zwischen**
1.	*Abkommen*	-	-	+	+	+	-	+
2.	*Treffen*	-	-	+	+	+	-	+
3.	*Vertrauen*	-	-	-	-	-	-	+

Es ist vor allem anzumerken, dass die Anzahl der NI unter den deverbalen Substantiven ziemlich niedrig ist. Das ist damit zu erklären, dass die Bildung der substantivierten Infinitive oft – wenn ein Verbalsubstantiv mit entsprechender Bedeutung vorliegt, z.B. das **Sagen* vs. *Aussage* – ausgeschlossen ist.[81] Die Argumentrealisierungsmöglichkeit von *Abkommen* und *Treffen* in den reziproken Strukturen stimmt mit der von deverbalen Substantiven überein. Die Valenz des substantivierten Infinitivs entspricht laut Teubert (vgl. 1979: 79 ff.) grundsätzlich der Valenz des zugrundeliegenden Verbs, wobei anstelle der Nominativergänzung die Agentivergänzung und anstelle der Akkusativergänzung die Objektivergänzung eintritt. Auffallend ist demgegenüber, dass das *Vertrauen* nur in der *[zwischen+D]*-Struktur vorkommt. Teubert (ebd.) erklärt diesen Unterschied

81 Vgl. Teubert 1979: 79 ff.

damit, dass die lexikalisierten Konversionen nicht zu den substantivierten Infinitiven gerechnet werden können. Sie müssen wie die lexikalisierten deverbativen Substantive im Lexikon festgehalten werden, weil sich ihre syntaktische Valenz von der zugrundeliegenden Verben unterscheiden kann, z.B. *vertrauen jemandem* vs. *Vertrauen zwischen jemanden*. Meines Erachtens stellt der substantivierte Infinitiv *Vertrauen* einen besonderen Fall dar. Er kommt zwar in verschiedenen Strukturen vor, gibt aber keine reziproke Bedeutung wieder. Dies kann auch damit zusammenhängen, dass das Substantiv *Vertrauen* auf das teilreziproke Verb *sich vertrauen* zurückzuführen ist, dessen Argumentstruktur viel schwächer entwickelt ist, als die transitive Verbvariante, z.B. *jemands Vertrauen auf/in jemanden/etw.* oder *zu jemandem*. Die Reziprozität dieses Substantivs beschränkt sich deshalb ausschließlich auf die *[zwischen+D]*-Konstruktion.

Hölzner (vgl. 2007: 142) diskutiert das Phänomen von *Vertrauen* in Bezug auf Ágel (2004: 22) unter der Valenzeigenschaft *Formale Spezifizität* (FOSP). Dabei wird festgestellt, dass sich das *Vertrauen* in Bezug auf das Objekt-Argument anders verhält, weil es idiosynkratische präpositionale Anschlüsse besitzt, nämlich solche mit *in, zu* und *auf*. Diese Eigenschaften werden als lexemspezifische Anschlüsse aufgefasst, die jeweils nicht vorhersagbar sind, die aber ohne Bedeutungsveränderung austauschbar sind.

Zum Thema *Nominalisierte Infinitive* steht auch eine empirisch basierte Studie zum Deutschen von Blume (2004) zur Verfügung, in der zur Argumentrealisierung bei deverbalen Ereignisnomina verschiedene syntaktische (Bhatt 1989, Lindauer 1995) und semantische Vererbungstheorien (Bierwisch 1989, Grimshaw 1990/1992, Erich und Rapp 2000, Ehrich 2002) dargestellt werden. Kaufmann (2003) untersucht die Infinitivnominalisierungen[82] von reflexiven Verben, wie z.B. *Treffen*, aber warum nicht *Sich-Treffen*.

82 Kaufmann (2003) argumentiert dafür, dass die Argumentrealisierung bei der Nominalisierung nicht mit der Vererbung der verbalen Argumentstruktur erklärt werden sollte, sondern mit den unterschiedlichen referentiellen Eigenschaften des Verbs und des Nomens. CENs (Complex Event Nominals) als Verbalnomen bewahren nämlich die referentiellen Eigenschaften des Basisverbs, während durch nominale Affixe (z.B. auf -ung/ion/..) derivierte Ereignisnomina die gleichen referentiellen Eigenschaften aufweisen wie inhärente Nomina (originäre/nicht-abgeleitete N). Aus den unterschiedlichen referentiellen Eigenschaften von Nomen und Verben ergibt sich, dass durch Nomen charakterisierte Objekte in ihrer raumzeitlichen Existenz unabhängig sind von den Individuen, auf die sich die Argumente beziehen. Dagegen hängen durch Verben (Infinitivnomen) charakterisierte Situationen von Individuen ab, auf die sich die Argumente beziehen. Bei nicht referentieller (d.h. generischer) Verwendung von Infinitivnomen muss keine Argumentrealisierung stattfinden. Durch Affigierung ab-

Zu (3b): *Deverbale Nomina aus transitiven, reflexiven und reziproken Verben*[83] *und ihre reziproken Strukturen*

Wir gehen davon aus, dass zwischen der Valenz der deverbalen Substantive und der Valenz der ihnen zugrundeliegenden Verben ein Zusammenhang besteht. Das soll in unserem Fall heißen, dass die Valenz der deverbalen Substantive mit reziproker Bedeutung auf die Valenz der reziproken Verben zurückgeht. Testen wir anhand der folgenden Substantive *Unterschied, Vergleich, Verhältnis, Verständnis, Vertrauen, Wirkung, Zusammenhang*, ob das wirklich so ist (siehe **Tabelle 15** im Anhang). Die Untersuchung von Basisverben erfolgt anhand des *Wörterbuches Deutsch als Fremdsprache* (Kempcke 2000) und die Bestimmung von reziproken Strukturen valenter Substantive mit Hilfe des *Deutsch-ungarischen Wörterbuches zur Substantivvalenz* (Bassola 2003). Bei den reziproken Substantiven und bei den reziproken Verben soll von einer wechselseitigen Beziehung zwischen mehreren Argumenten ausgegangen werden. Beim Verb handelt es sich um mehrere Subjekte und Objekte auf der Satzebene, während es sich beim Substantiv um fakultative Ergänzungen in Form von Genitiv- bzw. Präpositionalattributen auf der Wortgruppenebene handelt. Zum Ausdruck des reziproken Verhältnisses werden beim Verb normalerweise das Reflexivpronomen *sich* bzw. das Reziprokpronomen *einander* verwendet. Die reziproken Verben im engeren Sinn, d.h. die reflexiven Verben mit reziproker Bedeutung, kommen meistens mit einem Subjekt im Plural vor, die durch den Zusatz *miteinander* verstärkt werden können. Sie können aber auch im Singular stehen, wobei das zweite Subjekt dann mit einer *mit*-Präpositionalgruppe neben dem Subjekt steht, z.B. *sie haben sich (miteinander) angefreundet*, oder *er hat sich mit ihr angefreundet*. In der **Tabelle 15** ist dargestellt, dass die meisten hier untersuchten Substantive, obwohl sie auf reziproke Verben zurückgeführt werden können, keine *reciproca tantum* sind, d.h. nicht von der Grundbedeutung her reziprok sind (Helbig und Buscha 1993: 65 f., 217 ff.). Sie sind reziproke Verbvarianten, die auch transitiv und reflexiv verwendet werden, z.B. *unterscheiden – sich unterscheiden*. Das Auftreten von *sich* führt aber zur Homonymie reflexiv – reziprok. Ein Reflexivpronomen kann nämlich auch eine wechselseitige Beziehung ausdrücken. Hier muss deswegen entschieden werden, ob es sich um ein reflexives Verhältnis (Subjekt und Objekt sind iden-

geleitete Ereignisnomina lassen eine referentielle Verwendung auch ohne Identifizierung der Partizipianten zu, weil sie als andere relationale Nomina als Gattungsnamen verwendet werden können.

83 Zur Frage der Transitivität – Reflexivität und Reziprozität vgl. Haider 1985, Kunze 1997, Kaufmann 2003, Zifonun 2003b.

tisch) oder um ein reziprokes (Subjekt und Objekt sind nicht identisch) handelt. Diese Homonymie kann aber durch den Ersatz der Pluralform mit Singular bzw. mit *einander* aufgelöst werden. Diese Analyse zeigt, dass die Valenz der deverbalen Substantive mit reziproker Bedeutung nicht nur von ihren unmittelbar zugrundeliegenden reziproken Verben, sondern auch von ihren transitiven und reflexiven Verbvarianten mit anderen Bedeutungen und Valenzen mit bestimmt werden. Es kommen aber bei diesen Substantiven auch solche Valenzstrukturen vor, die nicht von der Valenz ihrer Verbvarianten geerbt sind, z. B. die meisten Strukturen mit *zwischen.* Als vorläufiges Fazit lässt sich formulieren: Unter den deverbalen Substantiven mit reziproker Bedeutung gibt es solche, die die Valenz der zugrundeliegenden transitiven, reflexiven und reziproken Verben übernehmen, z. B. *Unterschied* und solche, die sie nur teilweise erben, z. B. *Vergleich* (siehe **Tabelle 15** im Anhang).

Zu (3c): *ung-Nominalisierungen und ihre reziproken Strukturen*

Auf Grund der empirischen Untersuchungen in den gewählten Quellen (siehe Kapitel 4) machen die *ung*-Nominalisierungen die Mehrheit (ca. 37 %) der deverbalen Substantive aus. Eine tabellarische Zusammenfassung über diese Substantive auf *-ung* mit ihren regierten Präpositionen befindet sich im Anhang (siehe **Tabelle 16**). In dieser Tabelle sind auch einige Komposita auf *-ung* angegeben, um die Verteilung der reziproken Strukturvarianten besser vergleichen zu können. Unter diesen Nominalisierungen findet man solche, die sich nur mit einer Präposition an einer reziproken Struktur beteiligen, z. B. *Verlobung mit+D, Verabschiedung von+D, Vermittlung zwischen+D.* Es gibt aber auch solche, die sich an fünf reziproken Strukturvarianten beteiligen, z. B. *Beziehung mit/von/unter/zu* und *zwischen*, oder *Begegnung gegen/mit/von/unter* und *zwischen.* Diese Unterschiede bei gleicher Endung sind eindeutig auf die Bedeutungsstruktur der Substantive zurückzuführen. Diese deverbalen Substantive auf *-ung* bezeichnen Handlungen, Vorgänge und Zustände (vgl. Teubert 1979: 79 ff.). Ihre Bedeutung lässt sich aus der Bedeutung des Basisverbs erschließen. Sie sind nicht-lexikalisierte deverbale Substantive, bei denen die Übertragung der verbalen auf die nominale Valenz so erfolgt, wie bei den substantivierten Infinitiven.

Erich und Rapp (2000) haben in ihrer Studie[84] versucht, die Argumentrealisierung bei *ung*-Nominalisierungen im Deutschen auf einer syntaktisch-

84 Ehrich und Rapp (2000) beschreiben die Argumentrealisierung bei ung-Nominalisierungen im Deutschen folgendermaßen: Die syntaktische Argumentrealisierung eines nominalen Arguments hängt von seiner Position in der „lexikalischen

semantischen Grundlage zu erklären, was uns bei der Beschreibung von semantischen Merkmalen der reziproken Substantive wenig hilft.

Zu (3d): *Nominale Komposita mit deverbalem Kopf in reziproken Strukturen*

Die Forschungssituation von Wortbildung und Valenz nach Welke (1995: 228):

> Das Thema Wortbildung und Valenz ist in der Valenztheorie so gut wie unbeachtet geblieben. Während die Valenzforschung in den 80er Jahren weitgehend stagnierte, hat die generative Grammatik dieses Feld mit Gesichtspunkten besetzt, die auch aus der Valenztheorie hätten erwachsen können. [...] Hier sind Konzepte entwickelt und Beschreibungen vorgenommen worden, die im Einklang mit valenztheoretischen Positionen stehen.

Gemeinsamkeiten zwischen den beiden Richtungen (generativ und valenztheoretisch) findet man bei den nicht-lexikalisierten deverbalen Nominalisierungen und bei der semantischen Analyse bei Rektions- oder Valenzkomposita.[85]

In den untersuchten Quellen gibt es **41** Komposita unter den 180 reziproken Substantiven. Das macht 23 % des untersuchten Substantivbestandes aus. Diese Komposita sind in der **Tabelle 12d** (siehe im Anhang) aufgelistet. Betrachtet man diese Substantive formal nach den beteiligten Wortklassen, kann man feststellen, dass die meisten Komposita in den reziproken Strukturen einen deverbalen Kopf[86] haben. Diese Substantive machen mehr als 75 % der untersuchten Komposita aus. Bei der Wortbildungsanalyse[87] bin ich auf mehrere umstrittene Fälle[88] gestoßen. Ohne auf die Schwierigkeiten der Wortbildung weiter einzugehen, bleiben wir

---

Dekompositionsstruktur" des Bezugssubstantivs ab. Die Bedeutung eines Lexems besteht aus atomaren Prädikaten, die die „lexikalisch-semantische Struktur" (LSS) des Lexems ausmachen und aus denen sich die thematische Struktur ebenso ergibt wie die Ereignisstruktur. Es gibt 4 Basisprädikate: Zustandsprädikat, Aktivität, mentaler Prozess und Zuordnung. Dementsprechend sind die vier wichtigsten Nominalisierungstypen die folgenden: Prozess-NOM (Vorgänge ohne Schlusspunkt), Ereigniss-NOM (Vorgänge mit Resultatszustand, ResultatsZustand-NOM (Eventualitäten ohne dynamischen Verlauf), ResObj-NOM (Objekte aus einem Ereignis hervorgehend).

85 Vgl. Welke (1995: 233): Unter Rektionskomposita oder Valenzkomposita verstehen wir Komposita, bei denen das Bestimmungswort sich zum Grundwort wie ein Argument zum Prädikat bzw. eine Ergänzung zum Valenzträger verhält.

86 Unter formalem Aspekt gibt es nur wenige andere Zusammensetzungen, wie Substantiv + Substantiv, z.B. *Handgemenge*, Adjektiv+Substantiv, z.B. *Hochzeit*.

87 Diese Untersuchung setzte nicht das Ziel, eine tiefgreifende und ausführliche Wortbildungsanalyse durchzuführen.

88 Z.B. bei *Abhängigkeitsverhältnis* ist es nicht eindeutig, ob das zweite Glied abgeleitet oder nicht-abgeleitet ist.

bei den Komposita mit deverbalem Kopf und vor allem bei der Frage nach der Valenz in Komposita und der Valenzvererbung. Die überwiegende Mehrheit der untersuchten Komposita mit nominalem Kopf kann man in zwei Gruppen unterteilen[89] (siehe **Tabelle 12d** im Anhang):

- Bei den aus transitiven Verben gebildeten Köpfen ist das Subjekt-Argument als Erstglied ausgeschlossen. Es ist dann entweder ein Objekt-Argument oder eine freie Bestimmung, z.B. *Eheschließung, Briefwechsel, Friedenschluss* oder *Versteckspiel.*
- Bei den aus intransitiven Verben gebildeten Köpfen, die ein Agent-Argument voraussetzen, können als Vorderglieder nur freie Bestimmungen vorkommen. Dazu gehören unsere mehr als 10 Zusammensetzungen mit *Zusammen,* z.B. *Zusammenleben*[90], *Zusammenprall, Zusammenspiel.* Der deverbale Kopf kann seine Argumentstruktur an das Gesamtwort vererben. Die Argumentstruktur stimmt aber nicht immer mit der Argumentstruktur des Basisverbs überein. Hölzner (2007: 40 ff.) bezeichnet diese Art der Argumentrealisierung in Komposita als implizite Valenz. Bis jetzt habe ich versucht anhand der untersuchten Komposita herauszufinden, wie ein Kompositum valenztheoretisch zu deuten ist. Ferner habe ich untersucht, ob diese morphosyntaktischen Möglichkeiten für die Reziprozität von Bedeutung sind. Es ist festzustellen, dass sich die Komposita mit nominalem Kopf in ihren reziproken Strukturen nicht oder nicht wesentlich voneinander unterscheiden, obwohl sie verschiedenen Wortbildungsmustern unterliegen. Sie kommen hauptsächlich in [*zwischen+D*]-, [*Gen+(mit+D)*]- und [*von+D*]-Strukturen vor, wobei die letzte grundsätzlich als Gen-Ersatz erscheint. Die strukturellen Unterschiede sind auf die semantischen Unterschiede zurückzuführen. Die Ursachen sind so vor allem in der Bedeutungsstruktur der Komposita zu suchen. Es gibt unter ihnen viele, die aus festen Wortgruppen/lexikalisierten Ausdrücken[91] oder Funktionsverbgefügen (FVG) gebildet werden, z.B. *Ehe/Frieden schließen* oder *Brief/Schuss/Wort wechseln,* die ebenfalls wie die vielen Komposita mit dem Erstglied *Zusammen-, z.B. Zusammensein, Zusammenstoß,* eine kollektive Tätigkeit aus-

89 Vgl. Kiefer 1998: 58 f.

90 Im Kompositum *Zusammenleben* ist das *Leben* ein intransitives Verb, das ein Agens-Argument verlangt, falls es eine menschliche Tätigkeit bezeichnet. Dasselbe gilt auch für die entsprechende Nominalisierung.

91 Vgl. Kiefer (1998: 58 ff.): Ein lexikalisiertes Kompositum entsteht, wenn ein durch das Kompositum repräsentierte Begriff relevant ist und häufig genug vorkommt, so dass seine intersubjektive Verfügbarkeit als eine Notwendigkeit empfunden wird.

drücken. Diese Komposita setzen gemäß ihrer Bedeutung mindestens zwei Argumente voraus. Sie sind m. E. auch Kandidaten für das Prädikat *lexikalisch* oder *inhärent reziprok*.

5.1.3 Semantische Merkmale der reziproken Substantive

Anhand der bisherigen Untersuchungen ist es schon eindeutig geworden, dass es unter den reziproken Substantiven sowohl abgeleitete (deverbale und deadjektivische) als auch nicht-abgeleitete Substantive gibt, aber auch Komposita mit verschiedenen Wortbildungsmustern. Es war auch nachvollziehbar, dass bei den substantivierten Infinitiven und nicht-lexikalisierten deverbalen Substantiven eine vom Basisverb vererbte Valenz nachweisbar ist. Die Frage ist aber weiterhin, was die Argumentstruktur von reziproken Substantiven bestimmt. Hierbei scheint die Bedeutung der Substantive, d.h. das Vorhandensein des Merkmals *reziprok* eine wichtige Rolle zu spielen. Zu den reziproken Substantiven gehören eigentlich alle valenten Substantive, die im Gegensatz zu den nicht-reziproken valenten Substantiven stehen.

Wie aber lassen sich diese Substantive unterscheiden? Um diese Frage beantworten zu können, werden (ausgehend vom Substantivbestand der empirischen Untersuchung) zunächst folgende Teilfragen diskutiert:

(1) Über welche Bedeutungsstruktur verfügen die Substantive in den reziproken Strukturen?
(2) Wie kann man die reziproken Substantive den verschiedenen Bedeutungsfeldern zuordnen?

Zu (1): *Über welche Bedeutungsstruktur verfügen die Substantive in den reziproken Strukturen?*

Wie schon in Kapitel 2 festgestellt, sind die valenten Substantive relative Substantive (semantische Valenz), die über verschiedene Bedeutungsstrukturen verfügen. Davon gehen wir auch bei den reziproken Substantiven aus, die eine Subklasse der valenten Substantive bilden und im Mittelpunkt der reziproken Syntagmen stehen. Wie sieht aber die semantische Struktur reziproker Substantive mit zwei Ergänzungen aus? Die Grundstruktur einer reziproken NP mit zwei Ergänzungen lässt sich folgendermaßen darstellen:[92]

- Das reziproke Substantiv, der Valenzträger, bildet das Grundwort der NP.

92 Vgl. Tamássy-Bíró 1998a: 143 ff.

- E1 ist die von der semantischen Struktur des Substantivs geforderte erste Ergänzung bzw. erste Valenzstelle.
- E2 ist die ebenfalls von der semantischen Struktur des Substantivs geforderte zweite Ergänzung bzw. zweite Valenzstelle.

E1 wird in der reziproken Struktur meistens als Genitivattribut realisiert. Alternativ wird die Beziehung zur Valenzstelle durch ein PPA hergestellt, z.B.

Streit *des Vaters* (Genitivus Subjektivus/Agentivergänzung).

E2 ist die in der semantischen Struktur der zwei- oder mehrwertigen Substantive verankerte zweite Ergänzung, sie wird meistens als PPA realisiert, z.B.

Streit des Vaters *mit dem Sohn* (PPA/Komitativergänzung), oder:

Streit *zwischen dem Vater* und *dem Sohn* (PPA/zwei Agentivergänzungen).

Unter semantischer Valenz der reziproken Wortgruppe sind in diesem Fall die Beziehungen der Substantivbedeutungen zu den Argumentstellen und die Beziehungen der semantischen Vereinbarkeit zwischen den Ergänzungen zu verstehen. In der semantischen Valenz wurzelt die syntaktische Valenz,[93] die die syntaktische Beziehung zwischen dem Valenzträger und den fakultativen Valenzpartnern beschreibt. Hierbei handelt es sich um ein semantisches Modell, das in einer Proposition nur ein semantisches Prädikat und höchstens zwei Argumente annimmt. Wie aber ist das Vorhandensein eines zweiten Valenzpartners in einem semantischen Modell zu erklären? Die Bedeutungsstruktur eines Substantivs setzt sich aus mehreren Propositionen zusammen. Darunter kann es mehr als eine geben, die eine Beziehung beschreibt und so eine freie Argumentstelle aufweist. Die freie Argumentstelle der ersten Proposition kann durch ein Genitivattribut besetzt werden. Hierfür kann ein Nomen meistens mit der Eigenschaft *+human* in Frage kommen. Die freie Argumentstelle (Leerstelle) der zweiten Proposition verlangt eine andere Ergänzung mit ähnlichen semantischen Merkmalen. Durch das Zusammenwirken der beiden Propositionen (in der Menge aller Propositionen, die die semantische Struktur des Valenzträgers bilden) entsteht die zweiwertige reziproke NP.

Zu (2): *Wie kann man die reziproken Substantive den verschiedenen Bedeutungsfeldern zuordnen?*

Jetzt suche ich die Antwort auf die Frage nach den Bedeutungsmerkmalen, auf Grund derer die 180 reziproken Substantive das Prädikat *reziprok* erhalten haben.

93 Die syntaktische Valenz eines Substantivs bestimmt die Zahl der Valenzpartner und ihre syntaktische Funktion innerhalb der NP und die Art der Attribute.

Wir haben eine Menge *von sinnverwandten Wörtern*, die anhand ihrer Bedeutungen auf der syntagmatischen Ebene eine wechselseitige Situation hervorrufen können. Zur Bestimmung dieser Bedeutungsmerkmale sind bis jetzt nur wenige und kleine Untersuchungen durchgeführt worden. Es gibt allgemeine semantische Merkmale für reziproke Substantive, wie:

- gesellschaftliche Tätigkeit,
- gegenseitige Beziehung,
- Trennung,
- Bidirektionalität,
- kollektives Tun oder
- symmetrische Relation.

Einen guten Ausgangspunkt zur Analyse dieser Frage bieten die verschiedenen semantischen Klassifikationen valenter Substantive, von denen ich einige, wie die von Teubert (1979), Sandberg (1982), Helbig (1992), Eisenberg (1998) und Hölzner (2007) in Kapitel 2 schon aufgeführt habe. Nicht alle helfen uns aber bei dieser speziellen Fragestellung weiter. Deshalb möchte ich von den erwähnten Klassifikationen nur die von Teubert (1979) im Hinblick auf die Reziprozität untersuchen und mit deren Hilfe testen, zu welchen Substantivklassen die reziproken Substantive gehören. Im Anschluss daran stelle ich in diesem Zusammenhang kurze, hilfreiche Passagen dar. Zum Schluss versuche ich, einen Teil der reziproken Substantive anhand der regierten Präpositionen zu ordnen und über die Gemeinsamkeiten und Unterschiede hinaus auf die Bedeutungsfelder der Substantive Schlüsse zu ziehen. Dies bedeutet aber nicht, dass man diese komplizierte und schwierige Aufgabe mit dieser einfachen Untersuchung endgültig lösen kann.

Teubert (1979) hat die valenten Substantive, bei ihm Bezugssubstantive genannt, in 12 Substantivklassen[94] eingeteilt, und die Ergänzungen in 17 Ergänzungsklassen. Dann hat er jeder Substantivklasse Ergänzungsklassen, und jeder Ergänzungsklasse Substantivklassen zugeordnet, mit denen sie vorkommen können. Die Frage ist, in welchen Substantivklassen sich die reziproken Substantive

---

94 Vgl. Teubert (1979: 81 ff.): Eine Substantivklasse (z.B. Handlungsbezeichnung) fasst die Substantive zusammen, die semantisch gleichartige Prädikationen (z.B. Handlung) ausdrücken. Nur die Substantive sind Elemente von Substantivklassen, die eine Prädikation ausdrücken. Alle anderen Substantive, die keine Prädikation ausdrücken (z.B. Stein), gehören nicht zu einer Substantivklasse. Die Substantive, von denen Ergänzungen einer bestimmten Ergänzungsklasse abhängen können, lassen sich zu einer Substantivsubklasse zusammenfassen.

befinden und mit welchen Ergänzungsklassen sie vorkommen können. Die Ergänzungsklassen werden hier nur erwähnt, ihre Beschreibung erfolgt erst später, unter Punkt 5.3. Nach der Klassifikation von Teubert (1979) kommen die reziproken Substantive in nur vier der 12 Substantivklassen vor. Dies veranschaulicht die folgende Tabelle:[95]

Substantivklassen und denominale Ergänzungsklassen in reziproken Strukturen nach Teubert (1979: 81 ff.)			
Substantivklasse	**Ergänzungsklasse**	**Beispiel**	**Aktualisierungs-arten**
1. Handlungsbezeichnung	Agentivergänzung	der *Kampf* der Engländer	Genitivische NG
	Beteiligtenergänzung	sein Kampf mit dem Gegner	*mit/zwischen + NG*
2. Vorgangsbezeichnung	Beteiligtenergänzung	ihre *Begegnung* mit ihm	*mit/zwischen + NG*
3. Ergebnisbezeichnung	Beteiligtenergänzung	mein *Komplott* mit Petra	*mit/zwischen + NG*
4. Zustandsbezeichnung	Beteiligtenergänzung	seine *Ehe* mit Petra	*mit/zwischen + NG*

Diese Klassifikation zeigt, dass die reziproken Substantive unter den folgenden Bedeutungen zusammengefasst werden können:

- Handlungsbezeichnung
- Vorgangsbezeichnung
- Ergebnisbezeichnung
- Zustandsbezeichnung

Diese Einteilung veranschaulicht auch die Bedeutungsstruktur der Substantive. Sie bilden nur mit zwei von den 17 Ergänzungsklassen und zwar mit den *Agentiv-* und den *Beteiligtenergänzungen*, eine reziproke Struktur. Die häufigsten Aktualisierungsarten sind:

- [Genitivische NG]-Strukturen
- [mit/zwischen + NG]-Strukturen

Auf die weiteren Merkmale wird bei den Ergänzungen (siehe Kapitel 5.3) eingegangen.

95 Vgl. Teubert 1979: 86 f.

Tamássy-Bíró (1998a: 163 ff.) erwähnt in diesem Zusammenhang ein interessantes Phänomen. Sie beschreibt eine Substantivgruppe unter *Differenz-Trennung*-Beziehung, in der ein symmetrisches Verhältnis zwischen zwei Parteien besteht:

- In die erste Gruppe gehören die Substantive, wie z. B. *Differenz, Unterschied, Abgrund, Trennungslinie.*
- In die zweite Gruppe gehören die Substantive wie *Rivalität, Spiel, Streit, Wettkampf, Wettbewerb, Zwist, Spannung.*

Alle Substantive bezeichnen ein ähnliches abstraktes Verhältnis von *Trennung*, *Gegenüberstellung* und *Vergleich*, aber während die Wörter in der ersten Gruppe über das semantische Merkmal +***statisch*** verfügen, haben die anderen das Merkmal +***dynamisch***.

Nach Haspelmaths Hypothesen (2007) können die deverbalen und deadjektivischen Substantive die reziproke Bedeutung der Ableitungsbasis erben. Es gibt in beiden Bereichen *allelische* (lexikalisch reziproke) Prädikate. Dazu gehören:

	Lexikalisch reziproke Prädikate	Verben/Adjektive	abgeleitete Substantive
1.	**die zwischenmenschliche Aktionen und Relationen ausdrücken**, z. B.	*heiraten, streiten*	*Heirat, Streit(-)*[96]
2.	**die Wettbewerb und Konkurrenzkampf ausdrücken**, z. B.	*zanken, diskutieren*	*Zank, Diskussion*
3.	**die gemeinsame Aktionen ausdrücken**, z. B.	*kommunizieren, Schach spielen,*	*Kommunikation, Spiel(-),*
4.	**die Beziehungen ausdrücken**, z. B.	*vereinigen, verwandt sein, vergleichen*	*Vereinigung, Verwandtschaft, Vergleich*
5.	**die Trennung ausdrücken**, z. B.	*unterscheiden*	*Unterschied*
6.	**die Ähnlichkeit und Nicht-Ähnlichkeit ausdrücken**, z. B.	*ähnlich, verschieden*	*Ähnlichkeit, Verschiedenheit*

Da die Grundbedeutung des Substantivs in der NP eine sehr wichtige Rolle spielt, können auch diese Parallelitäten dabei helfen, das Phänomen *Reziprozität* in der NP besser zu verstehen.

Bei Schierholz (2001: 251 ff.) findet man eine tiefgreifende und korpusbasierte Untersuchung über die PPA, wobei er die Substantive, die als Rektionssubstantive fungieren, in unterschiedliche Bedeutungsfelder einordnet. Davon

96 Mit (-) markierte Substantive gelten nach Teubert (1979) als nicht-abgeleitet.

ist für uns die Semantik des Rektionssubstantivs mit *unter* besonders relevant. Die Bestimmung der Bedeutungsfelder erfolgt bei ihm in mehreren Schritten, aber letztendlich anhand der Bedeutungsähnlichkeiten. Rektionssubstantive mit *unter* in reziproker Bedeutung kommen bei ihm in den folgenden Bedeutungsfeldern vor:[97]

(1) Emotionen: Rektionssubstantive dieses Bedeutungsfeldes bezeichnen ein Gefühl, das positiver oder negativer Art sein kann:
   - positives Gefühl, z.B. *Vertrauen*
   - negatives Gefühl, z.B. *Krach*

(2) Verhaltensweisen: Die Mitglieder dieses Bedeutungsfelds sind Bezeichnungen für Zustände, Verhalten oder Haltungen, die in ihren Bedeutungen etwas Unruhiges oder Aggressives enthalten:
   - aggressives Verhalten, z.B. *Duell, Schlacht*
   - Gewalt, z.B. *Kampf, Krieg*

(3) Auseinandersetzungen: Die Rektionssubstantive dieses Bedeutungsfeldes bezeichnen Auseinandersetzungen,[98] die zwischen Personen oder Lebewesen ausgetragen werden. Es gibt verschiedene Arten von Auseinandersetzungen:
   - Gespräche, z.B. *Debatte, Dialog, Diskussion, Gespräch*
   - Friedliche Auseinandersetzung, z.B. *Konkurrenz, Wettbewerb, Spiel*
   - Streit, z.B. *Streit, Differenz(en), Konflikt, Kontroverse*
   - Wiederspruch, z.B. *Gegensatz, Gegenmeinung*

(4) Übereinstimmungen: Die Rektionssubstantive dieses Bedeutungsfeldes bezeichnen Übereinstimmungen, denen auch eine Vereinbarung zugrunde liegen kann:
   - Übereinstimmung, z.B. *Einigkeit, Einigung, Einverständnis*
   - Vereinbarung, z.B. *Absprache*
   - Wahl, z.B. *Wahl*

(5) Beziehungen: Die Rektionssubstantive dieses Bedeutungsfeldes bezeichnen Beziehungen, die zwischen Lebewesen oder Personen bestehen. Diese Beziehungen können gefühlsgeprägt sein. Sie können aber auch freie Beziehungen oder einen Verständigungsakt ausdrücken:
   - Gefühle, z.B. *Freundschaft*
   - Freie Beziehungen, z.B. *Kontakt, Beziehung, Verhältnis*
   - Verständigungsakt, z.B. *Kommunikation, Verständigung*

---

97 Die meisten dieser Beispiele kommen auch im Substantivbestand meiner Untersuchungen vor.

98 Die Beteiligten nehmen unterschiedliche Standpunkte ein.

(6) Sonderfälle: Die Einordnung in eines der obigen Bedeutungsfelder ist nicht möglich. Hier handelt es sich um Rektionssubstantive mit sehr unterschiedlichen lexematischen Bedeutungen:
   - Anstrengung, z.B. *Zusammenarbeit, Zusammenleben, Zusammensein, Zusammenschluss, Zusammenspiel*
   - Dasein, z.B. *Leben*

Die semantische Klassifikation der Rektionssubstantive unter dem Bedeutungsmerkmal *reziprok* umfasst mit Hilfe der regierten Präposition *unter* sehr viele Fälle und trägt dazu bei, die semantischen Felder der reziproken Substantive genauer zu bestimmen.

Meine empirische Untersuchung zur Bestimmung der Bedeutungsfelder[99] von reziproken Substantiven ist als ein Versuch zu betrachten. Nachdem die Substantive und auch die Präpositionen mit reziproker Bedeutung[100] schon zur Verfügung standen, wollte ich testen, welche Rolle die gemeinsam bzw. allein regierten Präpositionen bei der Bestimmung der Bedeutungsfelder spielen. Die Bedeutungsfelder werden anhand der regierten Präpositionen nach dem gemeinsamen Bedeutungselement der Substantive bestimmt. Bei der Untersuchung gehe ich davon aus, dass die regierte(n) Präposition(en) in der semantischen Struktur des valenten Substantivs integriert ist/sind. Die Präpositionen können auf diese Weise auch die Substantive selegieren. Diese Methode funktioniert m.E. im Randbereich gut, wo die selegierende Wirkung der Präposition groß ist. Dementsprechend ist es leichter, die Bedeutungsähnlichkeit/Synonymie oder – das ist meine vorläufige Hypothese – Hyperonymie unter den Substantiven festzustellen. Im Kernbereich aber, wo unter einer oder mehreren Präpositionen viele Substantive gebündelt werden, ist diese Methode weniger hilfreich. Deshalb möchte ich schon an dieser Stelle darauf hinweisen, dass die Bedeutungsfelder von Substantiven mit *mit* und *zwischen* in dieser Arbeit nicht untersucht werden. Dabei ist eine systematische Bedeutungsanalyse unerlässlich. Im Folgenden möchte ich den Ablauf und die Ergebnisse meiner Untersuchung zusammenfassen.

---

99 Unter Bedeutungsfeld wird in dieser Arbeit eine Gruppe von valenten Substantiven mit reziproker Bedeutung verstanden, die ein gemeinsames Bedeutungselement besitzen.

100 Bei dieser Untersuchung geht es nicht um eine Bedeutungsanalyse der Substantive als Lexeme, sondern um die Bedeutung bzw. Bedeutungen, die ein valentes Substantiv in seiner Funktion (reziprok) besitzt.

Bei den Untersuchungen bin ich immer von der Liste der 180 reziproken Substantive und der 7 regierten Präpositionen mit reziproker Bedeutung ausgegangen (siehe **Tabelle 17** im Anhang). Dann habe ich zunächst immer nur eine *(in, zu, gegen, unter, von, zwischen)* und später mehrere Präpositionen *(von/zwischen, mit/zwischen)* in die Analyse einbezogen, um die Verteilung der Substantive je Präposition/en untersuchen und im Hinblick auf ihre Bedeutungsähnlichkeit bewerten zu können. Eine ausführliche Dokumentation über diese Untersuchungen und deren Ergebnisse befindet sich im Anhang (siehe **Tabellen 17a-h**). Die Aufteilung der Substantive nach Präpositionen basiert auf Korpusbelegen, d.h. die Fälle, für die es in der Volltextdatenbank des IDS mit COSMAS II[101] kein Beispiel gab, wurden nicht aufgenommen. Die Bedeutungsanalyse der reziproken Substantive erfolgte mit Hilfe des Bedeutungswörterbuches von Duden (10) 2002. Die wichtigsten Ergebnisse sind im Folgenden zusammengefasst:

Zur **Tabelle 17a**: Untersuchung zur Bedeutung von reziproken Substantiven mit: *in*

Mit der Präposition *in* kommen von den 180 Substantiven nur 3 in reziproker Bedeutung vor:

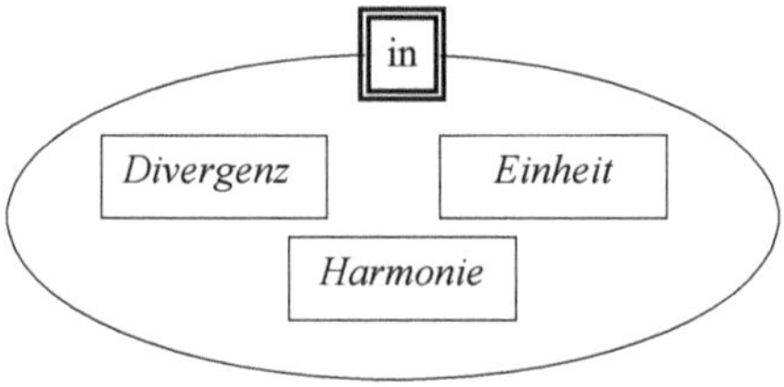

Einheit (D 10: 297)[102] bedeutet innere Zusammengehörigkeit, während *Harmonie* (D 10: 457) ein ausgeglichenes Verhältnis markiert. *Divergenz* (P: 202)[103] ist ein Fremdwort (lat.) und bedeutet Abweichung in/von/zwischen etwas.

→ Vorschlag für das Bedeutungsfeld: *Einheit und Verschiedenheit* in abstrakten Sachen

Weitere Einzelheiten können der angegebenen Tabelle im Anhang entnommen werden. In Kapitel 5.2 werden noch weitere Analysen vorgenommen.

---

101 Stand August 2009

102 D 10 in Klammern ist eine Abkürzung für Duden (10) 2002. Die Nummer weist auf die Seitenzahl im Wörterbuch hin.

103 Pons: Großes Schulwörterbuch Deutsch 2001.

Zur **Tabelle 17b:** Untersuchung zur Bedeutung von reziproken Substantiven mit: *zu*

Mit der Präposition *zu* kommen von den 180 Substantiven 4 in reziproker Bedeutung vor:

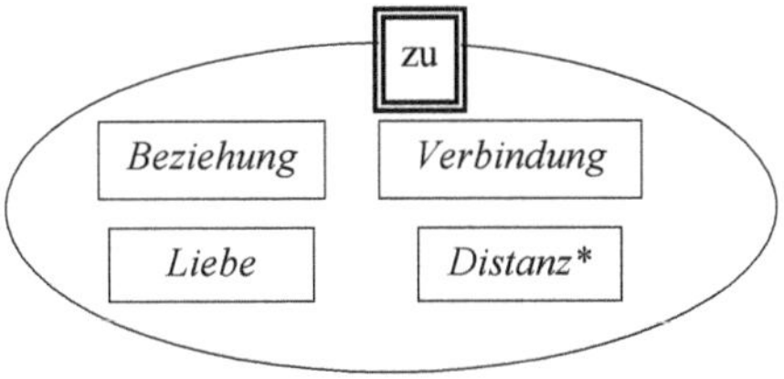

- *Beziehung* (D 10: 216) bedeutet:
  1. Verbindung zu jmdm/etwas
  2. Wechselseitiges Verhältnis, innerer Zusammenhang
- *Distanz* (D 10: 267) bedeutet einen räumlichen, zeitlichen oder inneren Abstand/Entfernung/Zwischenraum
- *Liebe* (D 10: 587) bedeutet:
  1. das starke Gefühl der Zuneigung/des Hingezogenseins
  2. Beziehung zu einer bestimmten Sache
- *Verbindung* (D 10: 967) bedeutet:
  1. untereinander in Berührung/Kontakt sein, Verbundensein
  2. Zusammenschluss/Bündnis/Partnerschaft

→ Vorschlag für das Bedeutungsfeld: *[Beziehung/Verbindung]* zu jmdm/etwas
* *Distanz* ist in diesem Bedeutungsfeld als „Kuckucksei" zu betrachten.

Zur **Tabelle 17c:** Untersuchung zur Bedeutung von reziproken Substantiven mit: *gegen*

Mit der Präposition *gegen* kommen von den 180 Substantiven 8 in reziproker Bedeutung vor:

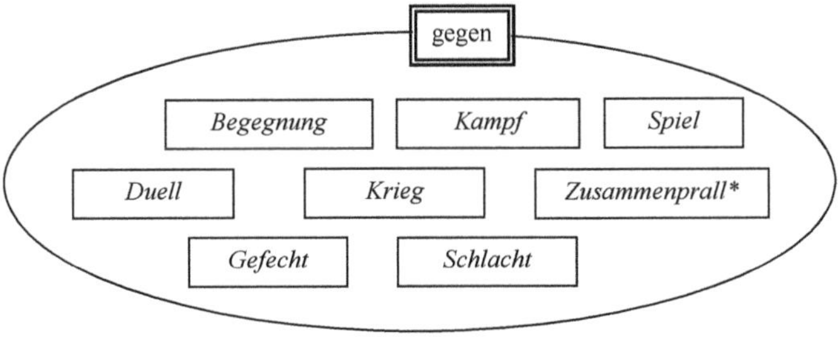

Substantive (Quelle: D 10)	und ihre Bedeutungen
- *Begegnung (S. 184):*	Zusammentreffen, sportlicher Wettkampf (In: DDUw)
- *Duell (S. 275):*	Zweikampf
- *Gefecht (S. 401):*	kleiner militärischer Kampf, kriegerische Handlungen
- *Kampf (S. 516):*	größere militärische Auseinandersetzung feindlicher Truppen
- *Krieg (S. 558):*	ein längerer mit Waffengewalt ausgetragener Konflikt
- *Schlacht (S. 771):*	ein schwerer länger andauernder Kampf zwischen größeren feindlichen Truppenbänden (im Krieg)
- *Spiel (S. 835):*	sportlicher Wettkampf zwischen zwei Parteien
- *Zusammenprall (S. 1092):*	mit Kraft und Wucht aneinanderstoßen/ zusammenstoßen (Zusammenprall als Spiel/Begegnung)[104]

→ Vorschlag für das Bedeutungsfeld: *friedliches oder aggressives Verhalten* gegen jmdn/etwas

* *Zusammenprall* ist ein Grenzfall in diesem Bedeutungsfeld.

Zur **Tabelle 17d:** Untersuchung zur Bedeutung von reziproken Substantiven mit: *unter*

Mit der Präposition *unter* kommen von den 180 Substantiven 42 in reziproker Bedeutung vor. Hier sind schon mehrere Bedeutungsfelder zu unterscheiden. Die Semantik der reziproken Substantive mit *unter* zeigte bei mir das gleiche Bild wie bei Schierholz (vgl. 2001), der dieses Thema korpusbelegt ausführlich bearbeitet hat. Wegen der großen Übereinstimmung in den Bedeutungsfeldern der beiden Analysen, deren Ergebnisse ich schon mit Hilfe von Schierholz (2001: 251 ff.) unter diesem Punkt dargestellt habe, wird darauf hier nicht weiter eingegangen.

Zur **Tabelle 17e:** Untersuchung zur Bedeutung von reziproken Substantiven mit: *von*

Mit der Präposition *von* kommen 138 Substantive in reziproker Bedeutung vor. Da aber viele davon als Genitiversatz fungieren, werden sie später diskutiert. Hier möchte ich nur die 5 Fälle erwähnen, die in dieser Funktion als Ablativ erscheinen. Zu dieser Gruppe gehören die folgenden Substantive:

104 Vgl. Stern 25.04.2008: Mailänders Zusammenprall gegen Neunkirchen endete mit zwei zu eins.

Substantive (Quelle: D 10)	und ihre Bedeutungen
- Abhängigkeit/s/ verhältnis (S. 53):	Abhängigsein*
- Abschied (S. 61):	das Sichtrennen [und Sichverabschieden] von jmdm/etwas
- Abstand (S. 65):	räumliche Entfernung zwischen zwei Punkten
- Unterschied (S. 954):	Etwas, worin zwei oder mehrere Dinge nicht übereinstimmen, verschieden, anders sind.
- Verabschiedung (S. 965):	sich beim Aufbruch einige (formelhafte) Worte/einen Gruß an den/die Bleibenden richten

→ Vorschlag für das Bedeutungsfeld: *Trennung* von jmdm/etwas

* *Abhängigkeit/s/verhältnis* kann in dieses Bedeutungsfeld nicht eingeordnet werden.

Zur **Tabelle 17 f.:** Untersuchung zur Bedeutung von reziproken Substantiven mit: *von* und *zwischen*

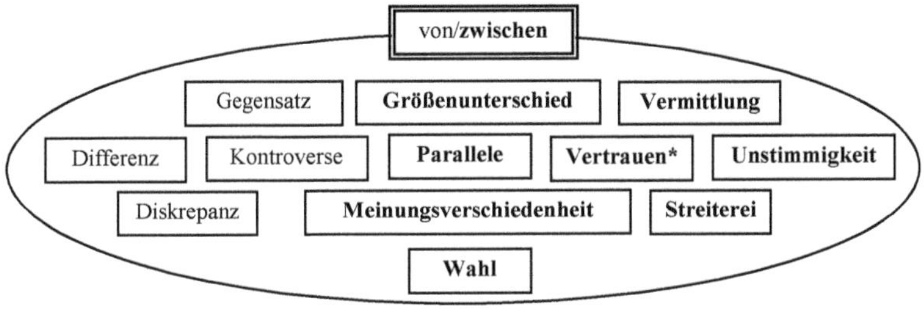

Unter den beiden Präpositionen sind insgesamt 12 Substantive zusammengefasst, wobei die Präposition *von* hier als Genitiversatz erscheint. Die normal gedruckten 4 Substantive regieren die beiden Präpositionen, während die **8** fett gedruckten nur unter *zwischen* zusammengefasst werden können.

Substantive (Quelle: D 10)	und ihre Bedeutungen
- Differenz (S. 264):	Unterschied zwischen zwei Größen
- Diskrepanz (S. 266):	Unstimmigkeit zwischen zwei miteinander in Beziehung stehenden Dingen
- Gegensatz (S. 403):	Verhältnis der Verschiedenheit/der Unvereinbarkeit zwischen zwei oder mehr Parteien/Ansichten
- **Größe/n/unterschied** (S. 443):	Größe des Unterschieds
- Kontroverse (S. 549):	heftige Auseinandersetzung
- **Meinung/s/verschiedenheit** (S. 991):	Unterschied, Abweichung in den Meinungen

Substantive (Quelle: D 10)	und ihre Bedeutungen
- **Parallele** (S. 676):[105]	Linie, die in gleicher Richtung, in gleichem Abstand zu einer anderen Linie verläuft (**vs. im übertragenen Gebrauch**)
- **Streiterei** (S. 863 f.):	Auseinandersetzung, Konflikt, Zank mit jmdm
- **Unstimmigkeit** (S. 947):	Wiederspruch in einem bestimmten Zusammenhang
- **Vermittlung** (S. 987):	zu etwas verhelfen, zwischen Personen vermitteln
- **Vertrauen** (S. 1000):	sichere Erwartung, fester Glaube daran, dass man sich auf jmdn/etwas verlassen kann
- **Wahl** (S. 1027):	das Sichentscheiden für eine von mehreren Möglichkeiten

→ Vorschlag für das Bedeutungsfeld: *Unstimmigkeit/Abweichung* zwischen zwei oder mehreren Lebewesen/Sachen

Wie in der Prototypentheorie von Rosch (1973) gibt es auch hier Bedeutungen, die im Mittelpunkt des Bedeutungsfeldes stehen, aber auch solche, die in den Randbereich gehören. Die lexikalisierte Konversion **Vertrauen* mit *zwischen* gehört aber überhaupt nicht in dieses Bedeutungsfeld.

Zur **Tabelle 17g:** Untersuchung zur Bedeutung von reziproken Substantiven mit: *1* bzw. *5 regierten Präpositionen*

Als nächstes habe ich verglichen, ob eine Bedeutungsähnlichkeit zwischen den Bedeutungen der reziproken Substantive besteht, wenn es einen wesentlichen Unterschied in der Zahl der regierten Präpositionen gibt. Die Zahl der regierten Präpositionen pro Substantiv schwankt zwischen 1 und 5. Es gibt unter den 180 Substantiven die folgenden 5, die in der reziproken Funktion je 5 Präpositionen regieren können:

Begegnung		gegen	mit	von	unter		zwischen
Beziehung			mit	von	unter	zu	zwischen
Harmonie	in		mit	von	unter		zwischen
Krieg		gegen	mit	von	unter		zwischen
Spiel		gegen	mit	von	unter		zwischen

105 Siehe COSMAS II-W-Archiv: „Holzapfel zieht eine Parallele zwischen dem Schriftsteller Martin Walser und dem designierten CDU-Ministerpräsidenten Roland Koch." (R99/FEB.14367 Frankfurter Rundschau, 20.02.1999, S. 8, Ressort: LOKAL-RUNDSCHAU; Rassistisches Pamphlet mit Doppelpaß-Aktion in Bezug gesetzt).

→ Ein eindeutiger Vorschlag für das Bedeutungsfeld (anhand der regierten Präpositionen) ist nicht möglich.

Die folgenden Substantive regieren nur eine Präposition in reziproker Bedeutung:

Flirt	mit	→ Vorschlag für das Bedeutungsfeld: *menschliche Interaktion*
Heirat	mit	
Interview	mit	
Interaktion	mit	
Rendezvous	mit	
Schriftwechsel	mit	
Verlobung	mit	
Vermählung	mit	

Bei diesen Substantiven ist es auffallend, dass sie alle die Präposition *mit* regieren. Hier handelt es sich um menschliche Beziehungen, die zwei oder mehrere Personen voraussetzen, und bei denen das eine Argument regelmäßig im Komitativ steht. Diese formalen Zusammenhänge und die einfachen Bedeutungsanalysen liefern aber keine ausreichenden Beweise, um darüber hinaus weitreichende Schlüsse zu ziehen. Von diesen Gemeinsamkeiten ausgehend, kann man aber weitere semantische Analysen durchführen.

Aus den bisherigen Analysen kann der Schluss gezogen werden, dass anhand der gemeinsam regierten Präpositionen nicht alle Substantive mit reziproker Bedeutung einem bestimmten Bedeutungsfeld zugeordnet werden können. Meine Hypothese konnte also mit dieser Methode nur teilweise bestätigt werden.

Zur **Tabelle 17h:** Reziproke Substantive mit: *mit* und *zwischen*

Am größten ist die Zahl der Substantive, die unter den beiden Präpositionen *mit* und *zwischen* gleichzeitig zusammengefasst werden können. Von den 180 Substantiven regieren 123 die beiden Präpositionen. Es ist kein Zufall, denn eben diese Substantive bilden mit eben diesen Präpositionen am häufigsten reziproke Strukturen. Hier muss ich aber in Kauf nehmen, dass diese Methode überhaupt nicht weiterhilft. Die Skala der Substantivbedeutungen ist in dieser Gruppe auch bei gleicher Funktion so breit, dass man ohne eine Argumentstruktur- und Bedeutungsanalyse der einzelnen Substantive, wie es z.B. bei Schierholz (2001) zu lesen ist, keinerlei Schussfolgerungen ziehen darf. Eine ausführliche Analyse kann aber im Rahmen meiner vorliegenden Arbeit nicht mehr durchgeführt werden. Die semantischen Merkmale der reziproken Substantive lassen sich dann anhand der bisherigen Ergebnisse zusammenfassen.

5.1.4 Resümee

Unter Punkt 5.1 habe ich mich mit den morphosyntaktischen und semantischen Merkmalen der reziproken Substantive als Bestandteile der syntagmatischen Einheit *Reziprozität* auseinandergesetzt. Diese Substantive können als reziproke Substantive bezeichnet werden, weil sie auf der syntagmatischen Ebene als relationale Zeichen mit mindestens zwei anderen Valenzpartnern eine reziproke Funktion hervorrufen können. Die Analyse dieser Substantive erfolgte grundsätzlich empirisch, wobei immer auch die relevante Fachliteratur studiert und einbezogen wurde. Die Zahl der ermittelten reziproken Substantive (180) basiert nur auf den angegebenen Quellen, deshalb kann ihre Zahl noch zunehmen. Wenn ein Substantiv die Bedingungen der Reziprozität erfüllt, kann es das Prädikat *reziprok* erhalten. Diese Bedingungen sind morphosyntaktischer aber vor allem semantischer Art. Eine offene Liste sollte dabei helfen, die wichtigsten Merkmale stichpunktartig zusammenzufassen.

Morphosyntaktische Merkmale der reziproken Substantive:

- Sie bilden eine Subklasse der valenten Substantive, deshalb regieren sie Kasus und einen oder mehrere Präpositionalstatus.
- Nach dem morphologischen Aufbau sind sie meistens deverbale Nomina. Es gibt aber unter ihnen nicht nur abgeleitete (deverbal und deadjektivisch), sondern auch nicht-abgeleitete (originäre/genuine) Substantive und Komposita. Deverbale Nomina können die Valenz ihrer Basisverben teils oder im Ganzen erben, z.B. bei NI, Nominalisierungen aus transitiven, reflexiven und reziproken Verben. Ausnahmen bilden die lexikalisierten Nominalisierungen, z.B. Konversionen und Komposita.
- Nach der Stellenzahl sind sie zwei oder mehrwertige Substantive, die den Mittelpunkt von reziproken Syntagmen bilden.
- Sie sollen mindestens zwei Leerstellen syntaktisch und/oder morphologisch (auf der Makroebene und/oder Mikroebene) erfüllen.
- Topologisch realisieren sie ihre Argumente meistens postnuklear, selten auch pränuklear.
- Außer den nominalisierten Infinitiven sind sie pluralisierbar.
- Auf der Satzebene erfüllen sie die syntaktische Funktion von Subjekt oder Objekt.

Die wichtigsten semantischen Merkmale der reziproken Substantive sind wie folgt:

- Reziproke Substantive sind relative Substantive, die über eine komplexe und relationale Bedeutungsstruktur verfügen, und deshalb sind sie auf der semantischen Ebene ergänzungsbedürftig.

- Reziproke Substantive gehören nach Teubert (1979) zu 4 Substantivklassen: Handlungsbezeichnungen, Vorgangsbezeichnungen, Ergebnisbezeichnungen und Zustandsbezeichnungen.
- Sie kommen meistens in mehreren Bedeutungen vor, aber es gibt unter ihnen auch lexikalisch/inhärent/allelisch reziproke Substantive, die nur in dieser Bedeutung vorkommen.
- Sie haben die allgemeine Bedeutung, wie wechselseitige oder symmetrische Beziehung/Relation. Zu den Bedeutungsfeldern von reziproken Substantiven gibt es einige Klassifikationen, wie z.B. die von Schierholz (2001) oder von Haspelmath (2007), die aber noch nicht ausreichen.
- Reziproke Substantive nehmen in dieser Funktion nur die Agentiv- und Beteiligtenergänzung/en auf.

Wir dürfen aber nicht vergessen, dass beim Ausdruck der *Reziprozität* nicht nur die Grundbedeutung des Substantivs bzw. die des ihm zugrundeliegenden Verbs oder Adjektivs, sondern auch das syntaktische Mittel Präposition und die Semantik von Argumenten eine wichtige Rolle spielen. Als nächstes untersuche ich die morphosyntaktischen und semantischen Merkmale der Präpositionen in den reziproken Strukturen.

5.2 Morphosyntaktische und semantische Merkmale der Präpositionen

Unter diesem Punkt werden die Aspekte der Wortart Präposition in den Vordergrund gestellt, um ihren Doppelcharakter besser verstehen zu können. Der Doppelcharakter der Präpositionen liegt in einer gewissen Entsemantisierung und zugleich Polysemierung, wobei Ersteres auf die Präposition in Objekten, Letzteres eher auf die unterschiedlichen Gebrauchsweisen in Adverbialien zutrifft, ohne dass hier fließende Übergänge ausgeschlossen werden dürfen.[106] Dieser Doppelcharakter ergibt sich für uns in dieser Arbeit ferner daraus, dass sie einerseits vom Substantiv regiert sind, andererseits bilden sie aber den Kopf von Präpositio-

106 Vgl. Schröder (1990: 9 f.): Gerade dieser Doppelcharakter der Präpositionen (entsemantisiert/polysem) führte zu widersprüchlichen Aussagen zum Charakter dieser Wortart. Sie reichen von solchen Feststellungen, dass die Präpositionen an der Grenze von Lexik und Grammatik stehen bis zu gegensätzlichen Aussagen, dass Präpositionen als bedeutungstragende Einheiten ähnlich wie Verben über Valenz verfügen oder aber ähnlich wie Kasusformative bedeutungsleer seien und Bedeutung nur durch den Kontext gewinnen.

nalphrasen.[107] Jetzt gehe ich der Frage nach, über welche morphosyntaktischen und semantischen Merkmale die von Substantiven regierten Präpositionen in den reziproken Strukturen verfügen. Vorher möchte ich das Grundwissen über die Präpositionen zusammenfassen.

5.2.1 Über das Wesen von Präpositionen

Zum Begriff:

Der lateinische Fachausdruck *Präposition* (lat. praeponere) weist darauf hin, dass diese Wörter meist vor dem regierten Wort stehen. Die deutsche Bezeichnung Verhältniswort deutet die inhaltliche Leistung der Präposition an.[108]
Präpositionen sind grammatische Zeichen, die verschiedene Relationen zwischen den lexikalischen Zeichen bezeichnen.[109]
Präpositionen sind nach Van der Elst[110] nicht flektierbare Wörter ohne Satzgliedwert, die mit Kasusforderung eine syntaktische Relation realisieren.

Wichtige Merkmale der Präpositionen:[111]

- Morphologisch sind sie in der Regel unveränderlich, nicht flektierbar.
- Syntaktisch gesehen:
  - Sie verbinden Wörter und Wortgruppen, z. B. der Stuhl – das Fenster – an → Der Stuhl *an dem* Fenster.
  - Sie stehen innerhalb von Satzgliedern, sie sind nicht satzgliedfähig, z. B. Er bringt seinen Sohn (*in* die Schule).
  - Sie haben Kasusforderungen (es gibt wenige Ausnahmen[112]), sie regieren einen oder zwei Kasus, z. B. Er geht *in die* Schule. Er ist *in der* Schule.
  - Insgesamt gibt es drei spezielle Stellungstypen von Präpositionen.[113] Diese Stellungstypen werden als Prä-, Post-, und Circumstellung bezeichnet, z. B. Er geht *nach* Hause, dem Alter *nach*, *von* Dienstag *an*.

---

107 Einen interessanten Beitrag zum Thema der Grammatikalisierung deutscher Präpositionen lieferte Di Meola (2000), in dem er nach Korrelationen zwischen semantischen, morphologischen und syntaktischen Eigenschaften der Präpositionen suchte.

108 Der kleine Duden 1988: 295 ff.

109 Helbig/Buscha 1993: 401 ff.

110 Elst, Gaston Van der 1992: 163.

111 Vgl. Helbig/Buscha 1993: 401 ff.

112 Es gibt einige Präpositionen ohne erkennbaren Kasus, weil ihnen meist eine artikellose NP angeschlossen ist. Zu diesen Präpositionen gehören z. B.: à (à la carte = nach der Speisekarte), je (je Stück), pro (pro Tag).

113 Die moderne Linguistik verwendet stattdessen oft den Oberbegriff Adposition und setzt diese drei Stellungsgruppen mit Prä-, Post- oder Circumposition gleich.

- Gefüge mit einer Präposition nennt man Präpositionalgefüge. Man unterscheidet: adverbiale Bestimmungen, z.B. Das Buch liegt *auf dem Stuhl.* Attribut, z.B. *Das Buch auf dem Stuhl* gehört mir. Präpositionalobjekt, z.B. Der Radfahrer achtete nicht *auf die Fußgänger.*
- Einige Präpositionen können auch als Konjunktionen auftreten, z.B. *bis*: Ich kann *bis* 19 Uhr hier bleiben. (Präposition) *Bis* er arbeitet, will er sich die Stadt ansehen. (Konjunktion)

› Semantische Merkmale der Präpositionen:
  - Präpositionen kommen in verschiedenen Bedeutungen/syntaktischen Funktionen (Verwendungsweisen)[114] vor.
  - Sie verfügen über verschiedene semantische Felder, wie z.B. lokal, temporal, kausal, modal.
  - Sie sind polysem[115] und homonym,[116] haben konkrete und abstrakte Bedeutungen.

Herkunft der Präpositionen:[117]

- Die geschichtliche Entwicklung der Präpositionen begann ungefähr Ende der althochdeutschen Zeit (750–1050), als das noch stark differenzierte Endungssystem durch den früheren Akzentwandel auf die erste Silbe immer mehr zerfiel und diese Änderung stufenweise zur Herausbildung eines völlig analytischen Sprachbaus führte.
- Die meisten Präpositionen (primäre) sind aus Lokaladverbien entstanden, mit denen durch den Kasus des Substantivs ein bestimmtes Raumverhältnis genauer gekennzeichnet wurde. Die Verwandtschaft zwischen den beiden Wortarten ist heute noch vielfach deutlich zu erkennen, z.B.

  Präposition: *vor, hinter, unter, in, aus,*

  Adverb: *vorn, hinten, unten, innen, außen.*

---

114 Da die semantischen Eigenschaften von Präpositionen mit einem engen Zusammenhang mit deren syntaktischen Funktionen stehen, schlägt Schierholz (2001: 120) vor, besser von unterschiedlichen Verwendungsweisen der jeweiligen Präposition zu sprechen.

115 Polysemie der Präposition heißt im Gegensatz zur Homonymie, dass eine Präposition mehrere solche Bedeutungsvarianten aufweist, die im engeren Zusammenhang stehen.

116 Homonymie der Präpositionen bedeutet, dass sie bei einer gleichen orthographischen Ausdrucksform und Aussprache über unterschiedliche Bedeutung verfügen, die miteinander nichts zu tun haben.

117 Helbig/Buscha 1993: 401 ff.

- Die anderen (sekundären) Präpositionen sind:

  teils aus Adjektiven und Partizipien, z.B. *gleich* seinem Vater, *ungeachtet* der Schmerzen

  teils aus Substantiven und Gefügen hervorgegangen, z.B. *dank* Ihrer Hilfe (aus Danke), auf Grund → *aufgrund* der Fehler.

Aufgrund der Wortstruktur ist zwischen primären und sekundären Präpositionen zu unterscheiden. Die primären Präpositionen weisen folgende Merkmale auf:

- Sie sind in der Gegenwartsprache nicht als Ableitungen oder Zusammensetzungen von Wörtern anderer Wortklassen erkennbar.
- Sie regieren gewöhnlich nicht den Genitiv (außer *während* und *wegen*), sondern den Dativ oder den Akkusativ bzw. beide Kasus.
- Die meisten primären Präpositionen können von Verben, Adjektiven und Substantiven regiert werden. Als Mittel der Rektion dienen sie zur analytischen Bildung von Objekten, wobei sie weitgehend oder völlig ihre lexikalische Bedeutung verlieren, z.B. *achten auf, fähig zu, stolz auf.*

Es gibt im heutigen Deutsch etwa 200 Präpositionen. Den Kernbestand bildet eine relativ kleine und geschlossene Gruppe dieser einfachen Präpositionen, die aber am häufigsten verwendet werden. Zu ihnen gehören:

ab, an ,auf, aus, bei, bis, durch, für, *gegen*[118], hinter, *in, mit,* nach, neben, ohne, per, pro, seit, über, um, *unter, von*, vor, während, wegen, wider, *zu, zwischen*

5.2.2 Morphosyntaktische Merkmale der Präpositionen in reziproken Strukturen

Zuerst betrachten wir die Ergebnisse meiner empirischen Untersuchung (siehe Kapitel 4) aus dem Blickwinkel der Präpositionen. Neben den 180 Substantiven qualifizierten sich folgende 7 Präpositionen[119] für eine reziproke Verwendungsweise.

118 Die kursiv gedruckten Präpositionen mit reziproker Bedeutung sind Kandidaten für die reziproke Verwendungsweise.

119 Im Folgenden behandle ich diese Präpositionen in alphabetischer Reihenfolge.

Präpositionen mit reziproker Bedeutung	**gegen**	**in**	**mit**	**unter**	**von**[120]	**zu**	**zwischen**
Vorkommenshäufigkeit/ 180 reziproke Substantive	**8**	**3**	**151**	**42**	**138**	**4**	**147**
Ergebnis/Reihenfolge	5	7	1	4	3	6	2
Ergebnis in %			83,8 %	23,3 %	76,6 %		81,6 %

Diese Tabelle veranschaulicht einerseits, welche Präpositionen anhand der untersuchten Quellen in den reziproken Verwendungsweisen vorkommen, andererseits zeigt sie die Vorkommenshäufigkeit der Präpositionen im Hinblick auf die 180 Substantive. Jetzt gehen wir auf die morphosyntaktischen Merkmale dieser sieben Präpositionen ein.

Alle sieben Präpositionen in der reziproken Verwendungsweise sind primäre Präpositionen, die als Nicht-Ableitungen gelten. Sie sind regierte Präpositionen, die nach dem Bezugswort *Substantiv* stehen. Es ist an dieser Stelle unbedingt zu erwähnen, dass man nach der Verwendungsweise regierte und nicht-regierte[121] Präpositionen unterscheidet. Alle Präpositionen, die als regierte Präpositionen auftreten können, können auch als lexikalische Präpositionen erscheinen, aber nicht umgekehrt.

Für die lexikalischen Präpositionen wird eine Bedeutungshaltigkeit[122] angenommen. Eine regierte Präposition wird auch als gebundene Präposition oder Kasuspräposition bezeichnet, weil sie mit einem anderen Lexem eine Einheit bildet, obwohl sie (wie auch die lexikalische Präposition) der Kopf der Präpositionalphrase ist. Die Einheit Substantiv plus Präposition bildet eine idiosynkratische Bindung, wobei das Substantiv als Regens fungiert. Inwieweit regierte Präpositionen eine Bedeutung besitzen, ist umstritten. Einige Autoren halten die regierten Präpositionen für bedeutungsleer,[123] die anderen Autoren schreiben aber auch

120 Gesamtvorkommen von Genitiversatz und Ablativ

121 Vgl. Schierholz 2001: 120 ff.

122 Ebd.: Dabei lassen sich neben den lokalen, direktionalen, temporalen und modalen Bedeutungen je nach Differenzierungsstufe auch adversative, distributive, finale, instrumentale, kausale, komitative, konditionale, konfrontative, konsekutive, konzessive, partitive, restriktive, substitutive oder thematisch-relationale Bedeutungen unterscheiden.

123 Vgl. Schierholz (2001: 121 f.): Die Präposition drückt nur syntaktische Beziehung aus. Ferner vgl. Ágel (2000: 57): Traditionell wird davon ausgegangen, dass Präpositionen keine Valenz haben, da sie keine Lexemwörter (Autosemantika), sondern Funktionswörter (Synsemantika) sind.

diesen Präpositionen eine abstrakte Bedeutung zu. Diese Präpositionen haben ferner Kasusforderungen und regieren einen oder zwei Kasus:

Präposition	**Akkusativ**	**Dativ**	**Anmerkung**
gegen	+		Einkasuspräposition[124]
in	+	+	*Wechselpräposition*
mit		+	Einkasuspräposition
unter	+	+	*Wechselpräposition*
von		+	Einkasuspräposition
zu		+	Einkasuspräposition
zwischen	+	+	*Wechselpräposition*

Obwohl diese Tabelle sehr einfach ist, kann man aus ihr vieles ablesen. Außer der Präposition *gegen* regieren alle den Dativ. Bei den Präpositionen, die nur einen Kasus regieren, ist die Rektion auch für die reziproke Verwendungsweise schon eindeutig bestimmt. Die Präpositionen *in, unter* und *zwischen* sind aber Wechselpräpositionen, die zwei Kasus (Akkusativ und Dativ) regieren können. Sie sind problematisch, weil sie polysem sind. Die Frage ist jetzt, welcher Kasus bei diesen Präpositionen für die reziproke Verwendungsweise festgelegt ist. Nehmen wir die Präposition *zwischen* als Beispiel: Diskussion *zwischen den* Eltern. In dieser konkreten reziproken Bedeutung handelt es sich um eine Monosemierung der Präposition mit Dativ. Man kann dementsprechend den Schluss ziehen, dass die Präpositionen in der reziproken Verwendungsweise mit Ausnahme von *gegen* immer den Dativ verlangen. Ágel (2000: 59) meint aber dazu:

> Präpositionen sind Regentien, die die potentiellen Formmerkmale ihrer Rekta festlegen, nicht jedoch das aktuelle Formmerkmal des aktuellen Rektums. [...] Die neuartige Interpretation [ist] nur auf der Unterscheidung zwischen Rektionspotenz (Rektionsfähigkeit einer Konstituente) und Rektionsrealisierung (aktuelle/aktualisierte Rektion) möglich.

Was bedeutet diese Unterscheidung für uns? Wenn das Substantiv *Diskussion* mit Dativ steht, dann hat die Präposition *zwischen+D* eine Statusrektionspotenz. Die Präposition *zwischen* hat aber durchaus die Kasus-Rektionspotenz mit Akkusativ und Dativ.

Eisenberg (1994: 38) spricht von Kasuskategorien (Einzelkasus) und Kasuskategorisierungen (eine Menge von Kategorien). Man kann dann sagen, dass *zwischen* in der reziproken Struktur den Dativ regiert. Dies bedeutet nach Ágel (2000: 64),

124 Der Begriff *Einkasuspräposition* stammt von Ágel (2000: 59).

dass die Rektionspotenz von *Diskussion* die Rektionspotenz von *zwischen* auf die Realisierung des Dativrektums festgelegt hat. Symbolisch ausgedrückt:

> Das Kind mit der Latzhose trägt deshalb eine Latzhose, weil es sie von den Eltern verordnet bekommen hat.[125]

Anhand der Vorkommenshäufigkeit der Präpositionen können wir feststellen, dass drei Präpositionen (*mit, zwischen, von*) in den reziproken Strukturen besonders häufig vorkommen. Die Spitzenreiter sind ohne Zweifel die Präpositionen *mit* und *zwischen*. Es scheint, dass diese beiden Präpositionen in der reziproken Verwendungsweise ihre gut erkennbare Hauptfunktion haben. Dieses Phänomen wird bei den semantischen Merkmalen weiter diskutiert.

5.2.3 Semantische Merkmale der Präpositionen in reziproken Strukturen

Die Präpositionen kommen in verschiedenen Bedeutungen vor. Sie gehören zu verschiedenen semantischen Feldern. Sie sind homonym, polysem und monosem.[126] Sie kommen in konkreten, abstrakten und idiomatischen Verwendungen vor. Sie sind keine Lexemwörter sondern nur Funktionswörter. Sie sind für eine bestimmte Funktion grammatikalisiert. Jede Präposition hat eine Hauptfunktion. Sie werden einerseits immer bedeutungsärmer, andererseits aber immer polysemer. Solche und ähnliche Feststellungen in den verschiedenen Grammatiken und Lexika erschweren den Lernenden das Zurechtkommen in der Welt der Präpositionen. Dazu kommt noch, dass es in der Muttersprache nicht immer Äquivalente zu den deutschen Präpositionen gibt. Mit dieser Aufzählung wollte ich veranschaulichen, wie schwierig dieses Thema zu behandeln ist. Außerdem handelt es sich hier nicht nur um die Bedeutung der Präpositionen an sich, sondern um die von den Substantiven regierten Präpositionen in einer speziellen Funktion. In der Fachliteratur findet man Untersuchungen zu Präpositionen vor allem in unfixierten Gebrauchsweisen bzw. im Bereich der Verbdependenz.[127] Über die von Substantiven regierten Präpositionen ist bis jetzt nur wenig geschrieben worden. Eine komplexe Beschreibung von semantischen Feldern der regierten Präpositionen findet man bei Schierholz (2001) für *auf* und *unter.*

---

125 Ágel 2000: 64.

126 Monosemie: eine Bedeutung, monoseme Präpositionen: per, neben, seit, während, wegen.

127 Vgl. Eroms 1981.

Ich beschränke mich bei dieser Analyse auf die semantischen Merkmale der Präpositionen *gegen, in, mit, unter, von, zu* und *zwischen*, die in der reziproken Verwendungsweise vorkommen. Da ich ein spezielles Gebiet untersuche, möchte ich der Frage nachgehen, wie sich diese Präpositionen auf die reziproke Verwendungsweise grammatikalisiert haben. Ich betrachte diese Präpositionen nicht als semantisch leer, weil sie in mehreren Bedeutungen vorkommen und in vielen Fällen untereinander substituierbar sind. Sie liegen im Zwischenbereich von regierten und idiomatischen Verwendungsweisen, was man mit den Parametern der Grammatikalisierung[128] von Lehmann (1985) testen kann.

Die Entwicklung auch dieser 7 Präpositionen hat bei den unfixierten Gebrauchsweisen begonnen und bis zum regierten Zustand geführt. Diese Entwicklung wollen wir jetzt nachvollziehen, um zu erfahren, welche Bedeutungsmerkmale der genannten Präpositionen dazu beigetragen haben, sich an einer reziproken Struktur beteiligen zu können. Dazu gehen wir von den verschiedenen semantischen Feldern der primären Präpositionen aus, die in vielen Grammatiken unterschieden werden. Die vier Hauptgruppen sind folgende:[129]

(1) *Lokale* Präpositionen zur Kennzeichnung des Raumes, des Ortes, z.B. Wir gehen <u>*zum*</u> Bahnhof.
(2) *Temporale* Präpositionen zur Kennzeichnung der Zeit, z.B. Er will <u>*zu*</u> Weihnachten verreisen.
(3) *Kausale* Präpositionen im weitesten Sinne (Grund, Folge u.a.), z.B. <u>*Zum*</u> Andenken schenkte er ihr ein Armband.
(4) *Modale* Präpositionen zur Kennzeichnung der Art und Weise, z.B. Die Kinder kamen <u>*zu*</u> Fuß.

---

128 Parameter der Grammatikalisierung (Autonomie des Zeichens) nach Lehmann (1985): Weniger grammatikalisierte Zeichen haben *auf der paradigmatischen Achse* die folgenden Merkmale: Nach *Gewicht:* Sie sind in mehreren Bedeutungen verwendbar (Integrität ist groß). Nach *Kohäsion*: Sie gliedern sich schwach in die semantischen Relationen ein (Paradigmatizität ist klein). Nach *Beweglichkeit:* Sie sind nach der Kommunikationsabsicht des Sprechers frei austauschbar (paradigmatische Variabilität). *Auf der syntagmatischen Achse:* Nach *Gewicht:* Sie können in beliebigen Konstruktionen verwendet werden. Sie haben eine geringe Auswirkung auf die anderen lexikalischen Einheiten, mit denen sie im Zusammenhang stehen, deshalb ist ihre Reichweite (Skopus) groß. Nach *Kohäsion:* Sie binden sich schwach an die anderen Zeichen (Fügungsenge ist klein). Nach *Beweglichkeit:* Sie verfügen über eine freie Verschiebbarkeit (syntagmatische Variabilität). Je autonomer eine Präposition in einer Funktion ist, desto mehr wird diese Bedeutung als Hauptfunktion der Präposition betrachtet.

129 Vgl. Helbig/Buscha 1986.

Nicht nur die Präposition *zu*, sondern auch die anderen verfügen über mehrere semantische Felder (siehe **Tabelle 18** im Anhang).

Einige Präpositionen besitzen sogar mehr als diese vier semantischen Bereiche, weil die semantischen Hauptfunktionen nicht immer eindeutig definiert sind. Die Tatsache, dass diese primären Präpositionen in mehreren Bedeutungen verwendet werden können, ist gut nachweisbar, wenn man erkennt, dass durch eine Präposition gekennzeichnete Bedeutungen homonym sind und die Präposition eine gut erkennbare Hauptfunktion hat. Die Ergebnisse zahlreicher Versuche von bekannten Sprachwissenschaftlern[130] bestätigen, dass für die meisten homonymen Präpositionen eine dominante semantische Funktion anzugeben ist, z.B. bei *mit* die *Begleitung*- (komitative) oder bei *zu* die *Lokale*-(allative)-Funktion. Dies steht im engen Zusammenhang mit der ursprünglich lokalen Bedeutung dieser alten (primären) Präpositionen. Erst später differenzierten sie sich dann für die anderen Verwendungsweisen, wo sie zunehmend stärker festgebunden (von der Bedeutung immer weniger ablösbar) sind. Zwar sind unsere 7 Präpositionen regierte Präpositionen, sie sind aber keinesfalls nur in dieser einzigen Verwendungsweise fixiert. Sie verfügen vielmehr über verschiedene semantische Felder, für die sie sich im Laufe der Zeit grammatikalisiert haben.

Ich untersuche zunächst, auf welches semantische Feld diese reziproke Verwendungsweise der einzelnen Präpositionen zurückgeht, um ihre Bedeutungsmerkmale in den reziproken Strukturen bestimmen zu können. Dabei werde ich bei allen 7 Präpositionen folgendermaßen verfahren:

- Erstens: Ich ermittle mit Hilfe von Helbig/Buscha,[131] in welchen Bedeutungen die einzelnen Präpositionen im Hinblick auf die semantischen Hauptgruppen vorkommen.
- Zweitens: Ich überprüfe die semantischen Felder der einzelnen Präpositionen anhand des *Lexikons deutscher Präpositionen*.[132] Die semantischen Felder werden verkürzt mit Beispielen angegeben.
- Drittens: Die Bedeutung der einzelnen Präpositionen wird mit Hilfe des *Bedeutungswörterbuches von Duden*[133] bestimmt.
- Viertens: Die einzelnen Präpositionen werden mit dem Bezugssubstantiv der empirischen Untersuchung dargestellt. Falls der Belegbestand mehr als 10

130 Vgl. Lehmann 1985.
131 Helbig /Buscha 1993: Deutsche Grammatik.
132 Schröder 1990: Lexikon deutscher Präpositionen.
133 Duden (10) 2002: Das Bedeutungswörterbuch.

Bezugssubstantive mit der jeweiligen Präposition enthält, werden einheitlich die ersten 10 als Beispiel aufgeführt. Die Verwendung der einzelnen Präpositionen mit dem Bezugssubstantiv wurde im TAGGED- bzw. W-Archiv unter COSMAS II überprüft, worauf in der Kopfzeile hingewiesen wird.

- Fünftens: Die Bedeutung der einzelnen Präpositionen wird in der reziproken Verwendungsweise mit Hilfe der ersten vier Schritte bestimmt. Wo Gemeinsamkeiten zwischen den verschiedenen semantischen Feldern (Schritte 1–3) und der Bedeutung der regierten Präpositionen in der reziproken Verwendungsweise (Schritt 4) aufzudecken sind, werden sie **fett** hervorgehoben. Ein Überblick über die Bedeutungen der 7 Präpositionen befindet sich im Anhang (siehe **Tabellen 18** und **19**). Die Präpositionen werden in alphabetischer Reihenfolge abgehandelt:

1. gegen	2. in	3. mit	4. unter	5. von	6. zu	7. zwischen

Die Zahlen nach den einzelnen Präpositionen weisen auf die Vorkommenshäufigkeit der Bezugssubstantive im Belegbestand hin. Der Zusammenhang von Präpositionen mit den Nachfolgersubstantiven wird unter Punkt 5.3 untersucht. Erst dann werden auch die Substitutionsmöglichkeiten von Präpositionen bzw. Präpositionalattributen beschrieben.

Es folgt die Bedeutungsanalyse der einzelnen Präpositionen für die reziproke Verwendungsweise.

1.	gegen: 8

Schritt 1:

Semantische Hauptgruppen der primären Präpositionen In: Helbig/Buscha 1993: 401–444				
I. Lokale Bedeutung	**II. Temporale Bedeutung**	**III. Kausale Bedeutung**	**IV. Modale Bedeutung**	**Andere semantische Bereiche**
gegen (A), z.B. *Der Zug ist gegen einen Baum gefahren.*	**gegen** (A), z.B. *Der Zug kommt gegen 19 Uhr.*	----	----	**Adversativ**, z.B. **Gegen seinen Bruder ist er klein.**

Schritt 2:

Semantische Bereiche der Präposition: gegen+A In: Schröder 1990: 115 ff.
1. Lokal als Kontrast: etw. gegen den Baum geprallt 2. Temporal: gegen Mittag 3. Komparativ: gegen ihren Bruder 4. Austausch: Medikamente gegen Rezept 5. **Regiertes gegen:** Honig gegen den Husten 6. **Adversativ:** gegen den Befehl

Schritt 3:

Bedeutung der Präposition: gegen+A In: Duden (10) 2002: 403
...dient dazu, einen Gegensatz, einen Widerstand, eine Abneigung zu bezeichnen.

Schritt 4:

Nr.	Rez. Substantive aus TAGGED-Archiv	gegen
1.	Begegnung	gegen
2.	Duell	gegen
3.	Gefecht	gegen
4.	Kampf	gegen
5.	Krieg	gegen
6.	Schlacht	gegen
7.	Spiel	gegen
8.	Zusammenprall[134]	gegen

Schritt 5: *gegen*

Die Präposition *gegen* hat ihre Grundbedeutung bewahrt. In allen Fällen kann man neben der temporalen Bedeutung auch eine adversative Bedeutung eindeutig nachvollziehen. Diese Präposition gliedert sich schwach in ihre semantischen Relationen ein. Die adversative Grundbedeutung ist auch in der reziproken Verwendungsweise eindeutig wahrzunehmen. Sie gilt als weniger grammatikalisierte

134 In der Bedeutung von Spiel und Begegnung.

Präposition. Die regierte Präposition *gegen* drückt in den reziproken Strukturen einen *Gegensatz und Widerstand* aus, wobei die Grundbedeutung des Rektionssubstantivs auch wesentlich mitspielt.

2.	in: 3

Schritt 1:

Semantische Hauptgruppen der primären Präpositionen **In: Helbig/Buscha 1993: 401–444**				
I. Lokale Bedeutung	**II. Temporale Bedeutung**	**III. Kausale Bedeutung**	**IV. Modale Bedeutung**	**Andere semantische Bereiche**
in (D/A), z.B. – *Die Kinder sind* ***in*** *der Schule.* – *Die Kinder gehen* ***in*** *die Schule.*	**in** (D), z.B. ***Im*** *Frühling fahren wir nach Berlin.*	----	**in** (D), z.B. *Sie kamen* ***in*** *der Absicht, ihr zu helfen.*	Übertragener Gebrauch, *z.B. Wir waren* ***im*** *Diskutieren*

Schritt 2:

Semantische Bereiche der Präposition: in + D/A **In: Schröder 1990: 125 ff.**
1. Lokal: *im Bett* 2. Temporal: *in dieser Woche* 3. Satzadverbialien: *in Wirklichkeit* 4. Modal: *im höchsten Maße* 5. Sonderformen: in FVG: *in Betrieb*

Schritt 3:

Bedeutung der Präposition: in+D/A **In: Duden (10) 2002: 496 f.**
1. räumlich: dient zur Angabe des Sichbefindens, des Vorhandenseins innerhalb eines Raumes. 2. zeitlich: dient zur Angabe eines Zeitpunktes oder Zeitraumes. 3. modal: **dient zur Angabe der Art und Weise, in der etwas geschieht.**

Schritt 4:

Nr.	Rez. Substantive aus TAGGED-Archiv	in
1. W-Archiv	Divergenz	in
2.	Einheit	in
3.	Harmonie	in

Schritt 5: *in*

Die Präposition *in* ist eine Wechselpräposition mit lokaler Grundbedeutung. Sie ist eine primäre Präposition, die aus dem Lokaladverb *innen* entstanden ist. Sie hat ihre lokale Hauptfunktion bis jetzt bewahrt, obwohl sie schon in vielen homonymen Bedeutungen unterschiedlich grammatikalisiert vorkommt. Ihr Gebrauch ist in der reziproken Verwendungsweise unüblich, was auch das seltene Vorkommen der Rektionssubstantive zeigt. Ihr Gebrauch in dieser Funktion ist auf den Dativ beschränkt. Es lässt sich nachvollziehen, dass sie sich erst später durch den übertragenen Gebrauch für diese Verwendungsweise grammatikalisiert hat. Die Bedeutung der Präposition *in* ist als Alternative mit *zwischen* gleichzusetzen, z.B. *Harmonie in/zwischen Farbe und Form*. Sie ist in dieser Funktion sehr bedeutungsarm, stark grammatikalisiert und gibt die Art und Weise wieder, in der etwas geschieht. Sie kommt mit abstrakten Substantiven in übertragenen Bedeutungen vor.

3.	mit: 151

Schritt 1:

Semantische Hauptgruppen der primären Präpositionen In: Helbig/Buscha 1993: 401–444				
I. Lokale Bedeutung	**II. Temporale Bedeutung**	**III. Kausale Bedeutung**	**IV. Modale Bedeutung**	**Andere semantische Bereiche**
----	**mit** (D), z.B. *Die Kinder gehen **mit** 6 Jahren in die Schule.*	----	**mit** (D), z.B. - *Er ist **mit** dem Abendzug gekommen.* - *Peter hat **mit** Otto gespielt.*	Partitiv, z.B. *Ein Tisch **mit** drei Beinen.* Konditional, z.B. *Mit etwas Glück kann er die Prüfung schaffen.* **Instrumental-Komitativ** (unter Modal eingeordnet)

Schritt 2:

Semantische Bereiche der Präposition: mit+D In: Schröder 1990: 144 ff.
1. Lokal: *mit dem Strom = stromab* (Richtung einer Fortbewegung) 2. Temporal: *mit dem Einbruch der Dunkelheit* (Gleichzeitigkeit) 3. Instrumental: *mit beiden Händen* 4. Medial: *mit Zufall* 5. Modal: *Spiel mit lockerer Hand* **6. Komitativ: zusammen mit jm.** 7. Konditional: *mit einer Blinddarmentzündung wird man ins Krankenhaus eingeliefert.* 8. Kausal: *mit hohem Fieber* 9. Sonderformen/Modal: *mit Haut und Haar* (restlos)

Schritt 3:

Bedeutung der Präposition: mit+D In: Duden (10) 2002: 625
1. drückt **die Gemeinsamkeit, das Zusammensein, Zusammenwirken mit einem oder mehreren. „Mit" bedeutet in komitativer Bedeutung zusammen vs. ohne.** 2. drückt eine Zugehörigkeit aus *(ein Haus mit Garten).* 3. drückt aus, dass ein Behältnis verschiedener Art etwas enthält (*ein Glas mit Honig*). 4. gibt die Begleitumstände, die Art und Weise einer Handlung an (*mit Absicht*). 5. bezeichnet Hilfsmittel oder Material (*mit der Bahn fahren*). 6. bezeichnet das Zusammenfallen eines Vorgangs mit einem anderen *(mit dem Tode des Vaters änderte sich alles).*

Schritt 4:

Nr.	Rez. Substantive aus TAGGED-Archiv	mit
1.	Abkommen	mit
2.	Abmachung	mit
3.	Absprache	mit
4.	Abstimmung	mit
5.	Affäre	mit
6.	Ähnlichkeit	mit
7.	Allianz	mit
8.	Arbeitsverhältnis	mit
9.	Auseinandersetzung	mit
10.	Ausgleich	mit

Schritt 5: *mit*

Die Präposition *mit* kommt in sehr vielen homonymen Bedeutungen vor. In diesen verschiedenen Bedeutungen hat sie sowohl fixierte als auch unfixierte Gebrauchweisen. Sie hat sogar sehr stark grammatikalisierte, idiomatische Verwendungsweisen, z.B. *mit Haut und Haar.* Ursprünglich kam diese Präposition in lokaler Bedeutung überhaupt nicht vor. Ihre Hauptfunktion ist komitativ, sie drückt *Gemeinsamkeit, Zusammensein oder Zusammenwirken* mit einer Person oder mit mehreren Personen aus. In dieser Verwendungsweise ist sie weniger grammatikalisiert, sie gliedert sich schwach in diese semantische Relation ein. Interessant ist dabei, dass das Rektionssubstantiv innerhalb von reziproken Strukturen eine solche Ergänzung fordert, die auf der lexikalischen Ebene als Partner-Ergänzung bezeichnet werden kann. Zugleich verlangt auch die Präposition *mit* aufgrund ihrer Bedeutung eine Partner-Ergänzung, so dass die Bedeutung und Funktion der Präposition zusammenfallen.[135]

4.	unter: 42

Schritt 1:

Semantische Hauptgruppen der primären Präpositionen In: Helbig/Buscha 1993: 401–444				
I. Lokale Bedeutung	**II. Temporale Bedeutung**	**III. Kausale Bedeutung**	**IV. Modale Bedeutung**	**Andere semantische Bereiche**
unter (D/A), z.B. – *Der Teppich liegt* ***unter*** *dem Tisch.* – *Sie legt den Teppich* ***unter*** *den Tisch.*	----	----	**unter** (D), z.B. ***Unter*** *Jubel fiel der Vorhang.*	**Übertragener Gebrauch**, z.B. ***Unter*** *uns gesagt, es ist schwer.*

Schritt 2:

Semantische Bereiche der Präposition: unter+D/A In: Schröder 1990: 185 ff.
1. Lokal: *unter dem Buch* 2. Unterordnung: *unter der Herrschaft von XY* 3. Modal: *unter Tränen* 4. Konditional: *unter der Voraussetzung* 5. Maßangabe: *unter allem Niveau* 6. FVG: *unter Druck setzen* 7. Sonderformen: *unter einem Winkel von 35°*

135 Vgl. Lauterbach 1993: 141.

Schritt 3:

Bedeutung der Präposition: unter+D/A **In: Duden (10) 2002: 948**
1. räumlich: bezeichnet einen Abstand in vertikaler Richtung 2. zeitlich: bezeichnet einen Zeitraum: *unter der Woche* 3. bezeichnet einen Begleitumstand: *unter Tränen* 4. bezeichnet Gleichzeitigkeit: *unter Ausnutzung* 5. bezeichnet eine Abhängigkeit: *unter ärztlicher Untersuchung* 6. bezeichnet eine Zuordnung: *unter einem Motto* **7. bezeichnet ein Vorhandensein von Personen/Sachen:** *unter den Zuschauern* 8. bezeichnet einen Einzelnen aus einer Menge. **9. bezeichnet eine Wechselbeziehung wie „zwischen“:** *Es gab Streit unter den Erben.*

Schritt 4:

Nr.	**Rez. Substantive aus TAGGED-Archiv**	**unter**
1.	Abkommen	unter
2. W	Abschluss	unter
3.	Absprache	unter
4.	Abstimmung	unter
5.	Allianz	unter
6.	Arbeitsverhältnis	unter
7.	Auseinandersetzung	unter
8.	Begegnung	unter
9. W	Beischlaf	unter
10.	Beziehung	unter

Schritt 5: *unter*

Die primäre Präposition unter ist auf das Lokaladverb unten zurückzuführen. In der lokalen Bedeutung bezeichnet sie einen Abstand in vertikaler Richtung. Die Präposition unter ist eine Wechselpräposition, die ihre lokale Grundbedeutung bis heute bewahrt hat. Außerdem kommt sie in mehreren Bedeutungen vor, ihre Fügungsenge ist jedoch groß. Sie bindet sich stark an die anderen Lexeme. Ihre reziproke Verwendungsweise geht auf den übertragenen Gebrauch zurück. Die Präposition unter ist in der reziproken Bedeutung auf den Dativ im Plural beschränkt. Mit unter lässt sich ein lokalisierter Gegenstand oder eine Person in eine Menge von mehr als zwei Gegenständen oder Personen einordnen, wenn sie von der gleichen Art wie der lokalisierte Gegenstand oder Person sind (vgl. Schierholz 2001: 186). In der reziproken Verwendungsweise verweist unter auf das Vorhandensein von Personen oder Sachen, unter denen (wie bei zwischen) eine Wechselbeziehung besteht. Zur Entstehung dieser Beziehung muss aber auch die Bedeutung der Rektionssubstantive und die der Nachfolgersubstantive wesentlich beitragen.

5.	von: 138

Schritt 1:

Semantische Hauptgruppen der primären Präpositionen In: Helbig/Buscha 1993: 401–444				
I. Lokale Bedeutung	**II. Temporale Bedeutung**	**III. Kausale Bedeutung**	**IV. Modale Bedeutung**	**Andere semantische Bereiche**
von (D), z.B. *Ich komme gerade* ***vom*** *Arzt.*	**von** (ohne Kasus/D), z.B. ***Von*** *8 Uhr an bin ich zu Hause.*	----	**von** (D), z.B. *Sie ist eine Frau* ***von*** *großer Schönheit.*	Partitiv = Zugehörigkeit, Teil-von-Verhältnis, z.B.*Gib doch dem Kind etwas* ***von*** *dem Kuchen!*

Schritt 2:

Semantische Bereiche der Präposition: von+D In: Schröder 1990: 196 ff.
1. Lokal: *Er nahm das Buch vom Tisch.* 2. Temporal: *von heute an* 3. Modal: *ein Herz von Stein* 4. Herkunft: *von Geburt Ungar* 5. Medial: *von seinem Taschengeld* 6. Sonderform/Instrumental: *von Hand gesteuert* 7. Kausal: *von den Regenfällen* 8. Sonderformen: *von nichts* 9. Markierung von Agens in Passivsätzen 10. In Attribut: *eine Zeichnung von Goethe*

Schritt 3:

Bedeutung der Präposition: von+D In: Duden (10) 2002: 1013 f.
1. bezeichnet einen räumlichen Ausgangspunkt: *von Berlin* 2. bezeichnet eine Angabe bestimmter Eigenschaften: *ein Mann von Charakter* 3. bezeichnet einen Teil eines Ganzen: *einer von meinen Freunden* 4. bezeichnet ein Adelsprädikat: *Otto von Bismark* 5. drückt Verbindung aus: *er ist ein Teufel von einem Vorgesetzten* 6. durch einen Genitiv ersetzbar: *der König von Schweden*

Schritt 4:

Nr.	Rez. Substantive aus TAGGED-Archiv	von
1. W	Abhängigkeitsverhältnis	von
2.	Abkommen	von
3.	Abmachung	von
4.	**Abschied**	von
5. W	Abschluss	von
6. W	Abschlusserklärung	von
7.	Absprache	von
8.	**Abstand**	von
9.	Abstimmung	von
10.	Affäre	von

Schritt 5: *von*

Die primäre Präposition *von* ist ursprünglich aus dem Lokaladverb *vor* entstanden. Im Laufe der Zeit grammatikalisierte sie sich für sehr viele Verwendungsweisen, die mit Hilfe der ersten drei Analyseschritte (siehe oben) nachvollziehbar ist. Sie kommt nicht nur in konkreten Bedeutungen, sondern auch in rein grammatischen Funktionen vor, wie z.B. bei der Bildung des Passivs. Die Frage ist aber jetzt, auf Grund welcher Bedeutungsmerkmale sich diese Präposition an den reziproken Strukturen beteiligen kann. Wie aus den Beispielen des vierten Analyseschrittes ersichtlich, ist die Präposition *von* für uns als Genitiversatz und als Ablativ relevant. Hier handelt es sich einerseits um Attribute mit Nullartikel, die mit *von* angeschlossen werden, z.B. *Abkommen von Deutschland und Österreich,* andererseits um die ablative Bedeutung im übertragenen Sinne, z.B. *Abschied von dem Sohn.* Der Genitiversatz wird unter Punkt 5.3 behandelt. Die abstrakte Bedeutung der Präposition *von* ist auf ihre lokale Bedeutung *Trennung* zurückzuführen.

6.	zu: 4

Schritt 1:

Semantische Hauptgruppen der primären Präpositionen In: Helbig/Buscha 1993: 401–444				
I. Lokale Bedeutung	**II. Temporale Bedeutung**	**III. Kausale Bedeutung**	**IV. Modale Bedeutung**	**Andere semantische Bereiche**
zu (D), z.B. *Wir gehen **zum** Bahnhof.*	**zu** (ohne Kasus D), z.B. *Er will **zu** Weihnachten verreisen.*	**zu** (D), z.B. ***Zum** Andenken schenkte er ihr ein Armband.*	**zu** (mit Nullartikel), z.B. *Die Kinder kamen **zu** Fuß.*	- **Distributiv,** z.B. *Die Soldaten marschierten **zu** dritt in einer Reihe.* - **Final** (Ziel/Zweck), z.B. *Er ist **zum** Training gegangen.* - **Konsekutiv** (Folge), z.B. *Die Zwillinge sind sich **zum** Verwechseln ähnlich.*

Schritt 2:

Semantische Bereiche der Präposition: zu+D In: Schröder 1990: 224 ff.
1. **Lokal:** *zum Bahnhof* 2. Nicht direktionale Verwendung: *zu Hause* 3. Temporal: *zu Ostern* 4. Instrumental: *zu Fuß* 5. Distribution: *3 zu 6* 6. Modal: *zu alt* 7. Konsekutiv: *ihr war zum Heulen elend* 8. Final: *zum Zeitungslesen*

Schritt 3:

Bedeutung der Präposition: zu+D In: Duden (10) 2002: 1078
1. ....**gibt die Richtung einer Bewegung an** 2. ... kennzeichnet einen Zeitpunkt: *zu Lebzeiten ihrer Mutter* 3. ... kennzeichnet Art und Weise, in der etwas geschieht: *zu Fuß* 4. ... kennzeichnet Verbindung mit Mengen: *zu 50 %* 5. ... drückt Zweck, Grund, Ziel einer Handlung aus: *Stoff zu einem Kleid* 6. ... **bezeichnet Beziehung zu jm.**

Schritt 4:

Nr.	Rez. Substantive aus TAGGED-Archiv	zu
1.	Beziehung	zu
2.	Distanz	zu
3.	Liebe	zu
4.	Verbindung	zu

Schritt 5: *zu*

Die Präposition *zu* ist ursprünglich eine lokale Präposition, die die Richtung einer Bewegung angibt. Wie homonym diese Präposition ist, würde man ohne die aufgeführten Beispiele kaum glauben. Aufgrund der verschiedenen Bedeutungen, in denen diese Präposition vorkommt, kann man viele Stufen der Grammatikalisierung beobachten. Dennoch ist die lokale Funktion dieser Präposition die wichtigste. Es ist ohne Rektionssubstantive und Ergänzungen nicht zu entscheiden, auf welche Bedeutung das reziproke Bedeutungsmerkmal zurückzuführen ist. Betrachtet man die Präposition *zu* mit den Rektionssubstantiven der empirischen Untersuchung, dann wird ihre lokale Bedeutung klar. *Zu* bezeichnet die *Beziehung zu jm*, d.h. die Richtung einer *Beziehung, Distanz, Liebe* und *Verbindung zu jm*. Nach der Vorkommenshäufigkeit der Substantive scheint aber diese Präposition in dieser Verwendungsweise nicht typisch zu sein.

7.	zwischen: 147

Schritt 1:

Semantische Hauptgruppen der primären Präpositionen In: Helbig/Buscha 1993: 401–444				
I. Lokale Bedeutung	**II. Temporale Bedeutung**	**III. Kausale Bedeutung**	**IV. Modale Bedeutung**	**Andere semantische Bereiche**
zwischen (D/A), z.B. – ***Zwischen*** *dem Fenster und dem Schrank steht ein Stuhl.* – *Er stellte* ***zwischen*** *das Fenster und den Schrank einen Stuhl.*	**zwischen** (mit Nullartikel), z.B. *Der Maler hat* ***zwischen*** *1678 und 1738 gelebt.*	----	----	Übertragener Gebrauch, z.B. ***Zwischen*** *den beiden gibt es keinen Streit.*

Schritt 2:

Semantische Bereiche der Präposition: zwischen+D/A **In: Schröder 1990: 240 ff.**
1. Lokal: Dies gibt eine Lokalisation innerhalb eines von zwei oder mehr Körpern/ Flächen begrenzten Bereiches wieder: *eine Bank zwischen Schrank und Tisch* 2. Temporal: *zwischen 9 und 10 Uhr* 3. Allgemeine Beziehungen: ***Zwischen*** **gibt Wechselbeziehungen wieder und setzt Größen zueinander in Beziehung:** *zwischen den beiden Parteien/zwischen Flug und Bahnfahrt* 4. zwischen+A: etw. *zwischen Schrank und Tisch stellen*

Schritt 3:

Bedeutung der Präposition: zwischen+D/A **In: Duden (10) 2002: 1102**
1. ungefähr in der Mitte von: *der Garten liegt zwischen dem Haus und dem Wald* 2. innerhalb eines Zeitraumes: *zwischen 10 und 12Uhr* 3. **dient dazu, Wörter anzuschließen, die Personen oder Sachen bezeichnen, die in irgendeiner Beziehung zueinander stehen:** *zwischen ihm und seiner Frau/Unterschied zwischen einem Stern und einem Planeten*

Schritt 4:

Nr.	Rez. Substantive aus TAGGED-Archiv	zwischen
1.	Abkommen	zwischen
2.	Abmachung	zwischen
3.	Absprache	zwischen
4.	Abstimmung	zwischen
5.	Affäre	zwischen
6.	Ähnlichkeit	zwischen
7.	Allianz	zwischen
8.	Arbeitsverhältnis	zwischen
9.	Auseinandersetzung	zwischen
10.	Ausgleich	zwischen

Schritt 5: *zwischen*

Die Präposition *zwischen* ist eine lokale Wechselpräposition, die in der reziproken Verwendungsweise immer mit dem Dativ verwendet wird. *Zwischen* hat die lokale Grundbedeutung: *ungefähr in der Mitte von.* Diese Präposition gibt Wechselbeziehungen wieder und setzt Größen zueinander in Beziehung. Sie setzt schon an sich zwei oder mehr Argumente und eine Art Wechselseitigkeit von Argumenten voraus und kann daher als *inhärent reziproke Präposition* betrachtet werden. In ihrer konkreten (lokalen) Bedeutung wie auch in ihren übertragenen Bedeutungen drückt diese Präposition eine *wechselseitige, symmetrische Relation* aus. An dieser Stelle muss erwähnt werden, dass es logisch-semantische und kognitiv-semantische Ansätze[136] gibt, in denen die Semantik der Präpositionen und Präpositionalphrasen derzeit intensiv untersucht wird. Meist werden die lokalen Verwendungen analysiert, und es wird der Zusammenhang zwischen lokalen und übertragenen Bedeutungen untersucht.

5.2.4 Resümee

Morphosyntaktische Merkmale der Präpositionen in Stichpunkten:

- Diese Präpositionen sind primäre, substantivregierte Präpositionen.
- Sie sind einerseits regiert, andererseits bilden sie aber den Kopf von PPA.
- Sie stehen in den reziproken Syntagmen entweder unmittelbar nach dem Bezugswort oder nach einem Genitivattribut.
- Die Präpositionen haben Kasusforderung/en: Sie regieren einen (D oder A) oder zwei Kasus (D und A). Die Wechselpräpositionen (*in, unter* und *zwischen)*

136 Vgl. Grammatik von Zifonun u.a. (1997: 2098 ff.): Die Semantik der Präpositionen und der Präpositionalphrasen findet neuerdings in logisch-semantischen und kognitiv-semantischen Ansätzen verstärkt Interesse, wobei meist lokale Verwendungsweisen analysiert werden. Die logische Semantik modelliert komplexe Raumbeziehungen und stellt die Frage in den Vordergrund, wie die lokalen Ausdrücke zu größeren Einheiten beitragen (vgl. Cresswell 1978, Wunderlich 1982 u.a.). Die kognitiv orientierten Darstellungen, die meist vom Modell der „Space Grammar" 1982 und „Cognitive Grammar" 1987 Langackers ausgehen, konzentrieren sich auf die prototypensemantische Analyse unterschiedlicher Verwendungsweisen einzelner lokaler Präpositionen (vgl. Brugmann 1983, Hawkins 1986 u.a.). Der Zusammenhang zwischen lokalen und übertragenen Bedeutungen wird in Dirven 1981 sowie Radden 1981 untersucht. Es wird ferner auch die Metaphorisierung der Kausalität untersucht. Damit werden neuerdings „lokalistische" Ansätze bei der Deutung der Präpositionen wieder aufgegriffen, wie in der Grammatik des 19. und früheren 20. Jahrhunderts in veränderten Rahmen. Das ist ein neues Konzept gegenüber den rein strukturalistischen Ansätzen, bei denen zwischen den unterschiedlichen Verwendungsweisen der Präpositionen, insbesondere der autonomen adverbialen und der translativischen bei Präpositionalgruppen, rigoros unterschieden wird.

sind kasusregierte Präpositionen, bei denen die Statusrektionspotenz auf den Dativ festgelegt ist.

- In den reziproken Strukturen kommen die Präpositionen *mit* und *zwischen* am häufigsten vor.
- Die Einheit Substantiv und Präposition ist idiosynkratisch, wobei das Substantiv als Regens fungiert.

Semantische Merkmale der Präpositionen:

Sie haben einen Doppelcharakter: Sie zeigen einerseits die Tendenz, entsemantisiert zu werden, andererseits werden sie aber immer polysemer. Die meisten deutschen Präpositionen sind homonym und kommen in verschiedenen semantischen Feldern vor. Daraus ergibt sich, dass für sehr viele Präpositionen keine einheitliche Bedeutung angegeben werden kann. Die Präpositionen sind in den verschiedenen Bedeutungen unterschiedlich fest gebunden, und aufgrund dieser Tatsache ist ihre Hauptfunktion anzugeben. Diese regierten Präpositionen bewegen sich in einem Grammatikalisierungsprozess. Je weniger Bedeutungsleistung eine regierte Präposition übernimmt, desto stärker ist sie grammatikalisiert und desto stärker muss die Bedeutungsleistung des Rektionssubstantivs sein.[137] Wie schon gezeigt, entstehen die Bedeutungen einer regierten Präposition nicht ausschließlich aus der Präposition selbst, sondern aus der wechselseitigen Abhängigkeit von ihrer Umgebung.

Zwar lassen sich die Bedeutungen der regierten Präposition aus ihren lexikalischen Bedeutungen ableiten, sie bewegen sich aber manchmal näher der unfixierten, manchmal näher der metaphorischen Gebrauchsweise.

Für die Bedeutung der einzelnen Präpositionen in der reziproken Verwendungsweise ist Folgendes anzugeben:

- *Gegen* bedeutet Gegensatz und Widerstand.
- *In* erscheint als Alternative zu *zwischen*.
- *Mit* drückt Gemeinsamkeit, Zusammensein oder Zusammenwirken mit einem oder mehreren Lebewesen aus. *Mit* hat eine komitative Bedeutung *zusammen*.
- *Unter* bedeutet Wechselbeziehung wie *zwischen*.
- *Von* drückt eine Art *Trennung/Ablösung* aus.
- *Zu* gibt die Richtung der Beziehung an.
- *Zwischen* steht für eine wechselseitige, symmetrische Beziehung bzw. Relation. Die Präposition *zwischen* kann als eine inhärent reziproke Präposition bezeichnet werden, weil sie an sich mindestens zwei Argumente verlangt.

137 Vgl. Schierholz 2001: 274 f.

Als Nächstes werden die morphosyntaktischen und semantischen Merkmale der Argumente von reziproken Strukturen untersucht.

5.3 Morphosyntaktische und semantische Merkmale der Argumente

5.3.1 Theoretische Grundlagen zur Beschreibung von Argumenten

Jetzt gehen wir auf die Analyse der Argumente von reziproken Strukturen ein, die bei der Entstehung der *Reziprozität* besonders im Brennpunkt des Interesses stehen. Unter diesem Punkt wird untersucht, welche morphosyntaktischen und semantischen Eigenschaften die Argumente haben, die sich an den reziproken Strukturen beteiligen können. Jetzt rufen wir kurz in Erinnerung, wie die semantische Struktur des Substantivs mit zwei Ergänzungen aussieht. Bei der Reziprozität auf der syntagmatischen Ebene handelt es sich um die semantische Valenz einer Wortgruppe. Die Grundstruktur des reziproken Substantivs ist in seiner Bedeutungsstruktur verankert. Dabei handelt es sich um ein semantisches Modell, das unter Punkt 5.1.3 ausführlich beschrieben ist. Die morphosyntaktischen Realisierungsmöglichkeiten von reziproken Strukturen sind schon mittels empirischer Untersuchungen bestimmt worden (siehe Kapitel 4). Die vorliegende Analyse beruht hauptsächlich auf den Ergebnissen dieser Untersuchungen.

Zuerst schauen wir theoretisch, welche Argumente/Ergänzungen sich an einer reziproken Struktur beteiligen können. Wir greifen wieder auf die Klassifikation von Teubert (1979: 88 ff.) zurück, mit deren Hilfe wir schon unter Punkt 5.1 die Klassen der reziproken Substantive bestimmt haben. Er teilt die Ergänzungen in 17 denominale Ergänzungsklassen ein und ordnet ihnen die 12 Klassen der Bezugssubstantive zu. Danach kommen die folgenden zwei Ergänzungsklassen bei den reziproken Strukturen in Frage:

- die Agentivergänzungen und
- die Beteiligtenergänzungen

Ergänzungsklassen[138] zu den Klassen der Bezugssubstantive mit reziproker Bedeutung:

138 Vgl. Teubert 1979: 88 ff.

Ergänzungs-klasse	Klasse der Bezugssubstantive	Aktualisierungs-arten	Beispiel
Agentiv-ergänzung	Handlungsbezeichnung Ergebnisbezeichnung	Genitivische NG Genitivische NG	– *Kampf der Engländer* – *Zusammenschluss der Spieler*
Beteiligten-ergänzung	Handlungsbezeichnung Vorgangsbezeichnung Ergebnisbezeichnung Zustandsbezeichnung	mit/zwischen + NG mit/zwischen + NG mit/zwischen + NG mit/zwischen + NG	– *der Kampf mit dem Gegner* – *seine Begegnung mit ihm* – *mein Komplott mit Petra* – *seine Ehe mit Maria*

Überblicken wir zunächst die wichtigsten Merkmale dieser Ergänzungsklassen.

Merkmale der Agentivergänzungen:

Die Agentivergänzungen[139] bezeichnen die Personen oder Institutionen, gelegentlich auch das Tier, die/das eine intentionale und zweckgerichtete Handlung vollzieht oder vollzogen hat. Die Agentivergänzungen hängen von Substantiven der Klassen Handlungsbezeichnung und Ergebnisbezeichnung ab. Die Klasse Agentivergänzung entspricht in diesem Sinn dem Genitivus subiectivus, wie er in den Standartgrammatiken definiert ist. Ein wesentlicher Unterschied besteht darin, dass dort nicht zwischen Handlungsbezeichnung und Vorgangsbezeichnung unterschieden wird. Von der Vorgangsbezeichnung kann keine Agentivergänzung, sondern nur eine Objektivergänzung abhängen. Agentivergänzungen werden durch eine genitivische Nominalgruppe aktualisiert.

Merkmale der Beteiligtenergänzungen:

Beteiligtenergänzungen[140] bezeichnen einen Beteiligten oder die Beteiligten, die zu einem Sachverhalt, der durch das Bezugssubstantiv ausgedrückt ist, gehören. Dieser durch das Bezugssubstantiv ausgedrückte Sachverhalt ist eine Handlung, das Ergebnis einer Handlung, ein Vorgang oder ein Zustand, der immer mindestens zwei Beteiligte erfordert. Die Beteiligtenergänzung wird oft durch eine mit der Präposition *mit* eingeleitete NG aktualisiert. Mögliche Bezugssubstantive sind: Handlungsbezeichnungen, Ergebnisbezeichnungen, Vorgangsbezeichnungen und Zustandsbezeichnungen. Realisierungsmöglichkeiten der Argumente:[141]

- Beide an der Handlung Beteiligten werden durch eine Agentivergänzung ausgedrückt, z.B. *Peters und Ulrikes Auseinadersetzung.*

139 Vgl. Teubert 1979: 91 ff.
140 Vgl. Teubert 1979: 124 ff.
141 Vgl. Teubert 1979: 98.

- Die Agentivergänzung bezeichnet nur einen Handlungsvollziehenden, der andere Beteiligte wird durch eine Beteiligtenergänzung ausgedrückt, z.B. *Peters Auseinandersetzung mit Ulrike.*
- Beide an der Handlung Beteiligten werden durch eine Beteiligtenergänzung ausgedrückt, z.B. *die Auseinandersetzung zwischen Peter und Ulrike.*

5.3.2 Morphosyntaktische und semantische Merkmale der Argumentrealisierung

Im Folgenden werden die morphosyntaktischen Realisierungsmöglichkeiten der Argumente und deren semantische Merkmale in den reziproken Strukturen in Anlehnung an die Untersuchungsergebnisse (siehe Kapitel 4) beschrieben. Die morphosyntaktischen und semantischen Merkmale der Ergänzungen sowie die beiden Argumente, die eine Mindest-Voraussetzung für die *Reziprozität* darstellen, werden nicht scharf getrennt, sondern aufeinanderbezogen untersucht. Die anaphorischen Argumentrealisierungen (z.B. Pronominaladverb) werden nicht behandelt. Die Argumente von reziproken Strukturen (die Genitiv- und/oder Präpositionalattribute), die zentrale Elemente von NP sind, werden in Abhängigkeit vom nominalen Kern beschrieben. Auf die folgenden Argumente wird eingegangen:

1. Genitivattribute in reziproken Strukturen
2. Genitivattribut (Gen) + PPA:
   (a) Gen +PPA mit *mit*
   (b) Gen +PPA mit *von*
   (c) Gen +PPA mit *gegen*
   (d) Gen +PPA mit *zu*
3. PPA in reziproken Strukturen:
   (a) PPA mit *zwischen*
   (b) PPA mit *unter*
   (c) PPA mit *in*
4. Morphosyntaktische Argumente

5.3.2.1 Genitivattribute in reziproken Strukturen

Diskussion des Status der Genitivattribute:

In den vergangenen Jahrzehnten wurde in der Fachliteratur über das Genitivattribut viel diskutiert. Dabei ging es vor allem um dessen Status als Komplement in der NP. Im Laufe der Zeit sind viele, meistens semantisch angelegte Klassifikationen entwickelt worden, z.B. von Bondzio (1967), Sommerfeldt (1968) Rosseau (1969) und von Helbig/Buscha (1986).[142] Letztere wurde von Eisenberg u.a. (1986: 236) folgendermaßen kritisiert:

> Eine derartige semantische Charakterisierung der Genitivattribute ist rein beschreibend, sie erklärt nichts. Man weiß nicht einmal genau, wie vollständig und systematisch die gefundene Liste von Attributen ist, und deshalb ist es kein Wunder, dass fast jede Grammatik ihre eigene Einteilung der Genitive hat.

Nach Eisenberg (1994: 53) können alle Substantive einen Genitiv annehmen. Da diese Eigenschaft also der Klasse *Substantiv* zu eigen ist, muss man nicht jedes einzelne Substantiv charakterisieren.

Nach den vielen semantischen Klassifikationen der Genitivattribute hat Lindauer (1995), von den Gedanken der Valenzvererbung ausgehend, eine morphosyntaktisch angelegte Klassifikation ausgearbeitet. Danach sind der Genitivus subiectivus und der Genitivus obiectivus im engeren Sinn Genitivattribute eines deverbalen Nomens.[143] Seine Analysen führten zur folgenden Typologie der Genitivattribute:

---

142 Vgl. Helbig/Buscha (1986: 591 f.): Primär inhaltliche Klassifikation von Genitivattributen:
(1) Genitivus possessivus (Haben-Verhältnis): *das Haus meines Vaters.* (2) Genitivus definitivus (Sein-Verhältnis): *die Pflicht der Dankbarkeit.* (3) Genitivus explicativus (Bedeuten-Verhältnis): *der Strahl der Hoffnung.* (4) Genitivus partitivus (Teil-von-Verhältnis): *die Hälfte des Buches.* (5) Genitivus subiectivus (Subjekt-Prädikats-Verhältnis): *die Lösung des Schülers.* (6) Genitivus obiectivus (Objekt-Prädikats-Verhältnis): *die Lösung der Aufgabe.* (7) Genitiv des Eigenschaftsträgers (Sein-Verhältnis, aber im Unterschied zu 2 steht im Prädikativ ein Adjektiv): *die Größe des Zimmers.* (8) Genitivus qualitatis (Kennzeichen-Verhältnis): *ein Mann der Vernunft.* (9) Genitivus auctoris (Verhältnis des Schaffens): *das Werk des Dichters.* (10) Genitiv des Produkts (Verhältnis des Geschaffen-Seins): *der Dichter des Werkes.* (11) Genitiv der Zugehörigkeit (Gehören-zu-Verhältnis):*die Schule meines Bruders.* (12) Genitiv des dargestellten Objekts (Darstellen-Verhältnis): *das Bild Goethes.*

143 Vgl. Lindauer (1995: 139) ferner: Dass nicht zu jedem deverbalen Nomen ein Genitivus subiectivus bzw. zu jedem nominalisierten transitiven Verb ein Genitivus obiectivus treten kann, ist unter anderem auf die verschiedenen Typen der Nominalisierung zurückzuführen.

<table>
<tr><th colspan="5">Typologie der Genitivattribute (vgl. Lindauer 1995: 199)</th></tr>
<tr><td colspan="3">Theta-Beziehung</td><td colspan="2" rowspan="3">keine Theta-Beziehung</td></tr>
<tr><td colspan="2">Struktureller Kasus</td><td rowspan="3">Semantischer Kasus</td></tr>
<tr><td colspan="2">Genitivus thematicus</td></tr>
<tr><td>verbale Theta-Rolle</td><td>nominale Theta-Rolle</td><td>Explikation</td><td>keine Explikation</td></tr>
<tr><td>- Genitivus subiectivus
- Genitivus obiectivus

z.B.
- die Entdeckung der Wikinger
- die Entdeckung der Insel</td><td>- Genitivus possessivus

z.B.
die Schiffe der Wikinger</td><td>Genitivus qualitatis

z.B.:
ein Becher edlen Goldes</td><td>Genitivus explicativus

z.B.
die Idee des Liberalismus</td><td>Genitivus partitivus

z.B.
ein Paar roter Schuhe</td></tr>
</table>

Lindauer (1995: 207) unterscheidet prinzipiell zwischen zwei Arten von attributiven Genitiven: Genitivattribute mit einer thematischen Rolle und Genitivattribute ohne eine thematische Rolle. Der Genitivus qualitatis ist ein Sonderfall: er ist kein struktureller Kasus, sondern ein semantischer, obwohl er eine thematische Rolle besitzt. Drei Genitivattribute (in der oben gezeigten Tabelle fett gedruckt) besitzen nach Lindauer (1995: 207) einen strukturellen Kasus, die anderen lassen sich syntaktisch nicht unterscheiden. Der einzige Unterschied besteht darin, dass die semantische Rolle des Genitivus subiectivus und des Genitivus obiectivus aus einem verbalen oder adjektivischen Muster abgeleitet wird, die semantische Rolle des Genitivus possessivus aber aus nicht-abgeleiteten nominalen Lexemen (aus einem Nomen). Diesen drei Attributen ist gemeinsam, dass sie sich sowohl pränominal als auch postnominal verwenden lassen, dass sie durch Possessivpronomen ersetzt werden können und dass sie eine *von-PP* als Äquivalent aufweisen.

Teubert (1979: 73 f.) stellte schon früher fest, dass bei einem großen Teil der Substantive eine regelhafte Übertragung der Verbvalenz zu beobachten ist, z.B. bei dem Genitivus subiectivus (Agentivergänzung), der dem Subjekt entspricht, oder bei dem Genitivus obiectivus (Objektivergänzung), der dem Akkusativobjekt eines Verbalsatzes entspricht. Die Übertragung deverbaler Valenz auf die abgeleiteten Substantive ist aber keineswegs immer regelmäßig.

Ágel (2004: 22) versucht diese Problematik anhand der Formspezifik (FOSP) zu erklären. Bei ihm werden für den nominalen Bereich Abstufungen wie bei Verben (vgl. Breindl 1989: 33 ff.) vorgeschlagen, um die Unterschiede handhabbar zu machen. Auf der 5-stufigen Skala (+ FOSP/-FOSP) mit fließenden Übergängen zwischen den einzelnen Stufen befinden sich die Genitivattribute auf der Stufe 4, sie werden als wortklassenspezifische Anschlüsse charakterisiert, die in hohem Maße vorhersagbar sind.

Weiteres zum Thema findet man in der Grammatik von Zifonun u.a. (1997: 1972 ff.), wo die Genitivphrasen als Komplemente getestet werden.

Im Folgenden werden die Fragen erörtert, welche Genitivattribute mit welchen Eigenschaften für die reziproken Strukturen relevant sind und ob sie selbst *Reziprozität* ausdrücken können.

Merkmale der Genitivattribut-Argumente in den reziproken Strukturen:

Bei dieser Analyse wird auf die syntaktischen und semantischen Rollen, auf die topologischen Realisierungen und die semantischen Merkmale der Argumente eingegangen. Zuerst klären wir den Begriff des genitivischen Attributs: Ein Attribut ist genitivisch,[144] wenn es durch eine NG im Genitiv, durch ein Possessivpronomen und durch eine von-Fügung aktualisiert werden kann, z.B. *Diskussion der Eltern – ihre Diskussion – Diskussion von Eltern*. Die von-Fügung ist obligatorisch, wenn das Attribut durch ein Substantiv im Plural ohne Artikel und ohne Adjektiv aktualisiert wird und dadurch morphologisch nicht als Genitiv identifizierbar ist. Eine NG im Genitiv kann oft durch eine von-Fügung ersetzt werden. Genitivattribute in den reziproken Strukturen treten in der Rolle von Agentivergänzungen auf. Sie kommen mit solchen Bezugssubstantiven vor, die Handlungen (z.B. *Begegnung, Debatte, Gespräch, Kampf, Spiel, Streit*) und Ergebnisse von Handlungen (z.B. *Komplott, Vergleich, Zusammenschluss*) bezeichnen, an deren Ablauf mindestens zwei Vollziehende teilhaben. Deshalb sind für uns nur die Genitivattribute relevant, denen vom Kernnomen eine thematische Rolle zugewiesen wird. Da es unter den Substantiven mit reziproker Bedeutung gemäß der empirischen Untersuchung sowohl abgeleite (deverbale, z.B. *Begegnung, Eheschließung, Vereinigung* und deadjektivische, z.B. *Ähnlichkeit, Gemeinsamkeit, Verwandtschaft*) als auch nicht-abgeleitete Substantive (z.B. *Krieg, Grenze, Vertrag*) gibt (siehe Kapitel 5.1), können der Genitivus subiectivus, der Genitivus obiectivus und der Genitivus possessivus als Agentivergänzungen vorkommen.

---

144 Vgl. Teubert (1979: 26 f.), Sommerfeldt/Schreiber (1977/1983: 21): Ein Substantiv mit der Präposition *von* tritt u.a. unter folgenden Bedingungen für ein Substantiv im Genitiv ein: (1) bei einem attributiven Substantiv im Singular mit Nullartikel: *die Förderung von Kohle* (2) umgangssprachlich: *das Buch von meinem besten Freund* (3) bei einem attributiven Substantiv mit Nullartikel: *die Errichtung von Krankenhäusern* (4) bei attributiven Eigennamen: *das Geburtshaus von Schiller.*

Die zwei Agentivergänzungen, die an einer Handlung teilnehmen, können in verschiedenen Formen[145] realisiert werden, z.B.

- als koordinierte Struktur der Agentivergänzungen: *Peters und Marias Gespräch,*
- als Agentivergänzung im Plural: *Gespräch der beiden,*
- als Agentivergänzung mit singularischem Kollektivbezeichnung: *Gespräch des Paares*

Topologisch werden die Genitivattribut-Argumente in reziproken Strukturen meistens postnuklear durch Nomina im Genitiv oder von-Präpositionalphrase als Genitiversatz, selten pränuklear als sächsischer Genitiv oder Possessivpronomen realisiert.

Anhand der Merkmalanalyse von Teubert (1979: 91) bezeichnen diese Ergänzungen grundsätzlich Lebewesen (Menschen und Tiere) und Institutionen. Betrachtet man die Substantive mit reziproker Bedeutung, die Handlungen (z.B. *Begegnung, Berührung, Debatte, Gespräch, Kampf, Kombination, Spiel, Streit, Verständigung*) und Ergebnisse (z.B. *Komplott, Vergleich, Zusammenschluss*) bezeichnen, dann ist diese Tatsache leicht einzusehen.

Wir wollen die semantischen Eigenschaften (INSP) von Ergänzungen an konkreten Beispielen überprüfen. Ich habe nach der Herkunft drei verschiedene Substantive ausgewählt (ein deverbales, ein deadjektivisches und ein nicht-abgeleitetes Substantiv), die eine Handlung oder ein Ergebnis bezeichnen. Für den Test habe ich die von-Fügungen als Genitiversatz gewählt und im W-Archiv unter COSMAS II nach Beispielen gesucht, um diese Eigenschaften korpusbasiert im Kontext bestimmen zu können. Die Beispiele[146] im Kontext befinden sich mit genauen Quellenangaben im Anhang (siehe **Tabelle 20**). Für die Auswertung stehen die von Helbig/Schenkel (1991) eingeführten semantischen Kategorien bzw. Selektionseigenschaften[147] zur Verfügung.

In den folgenden Tabellen habe ich nur die je 5 Ergänzungen (E) pro Substantiv hervorgehoben und sie im Hinblick auf ihre semantischen Eigenschaften untersucht:

145 Vgl. Teubert 1979: 125 ff.

146 Bei der Auswahl von Beispielen spielte die Vielfältigkeit und die Vorkommenshäufigkeit in den einzelnen Quellen/Zeitungen und Zeitschriften im W-Archiv unter COSMAS II eine Rolle.

147 Vgl. Helbig/Schenkel (1991: 97 ff.): + Hum = menschliches Wesen/- Hum = menschliches Wesen ausgenommen, +Anim = belebtes Wesen/- Anim = unbelebtes Wesen.

Quelle[148] von Beispielen: W-Archiv unter COSMAS II					
	Begegnung von:[149] **2240**	**+ Hum**	**- Hum**	**+ Anim**	**- Anim**
E1	*verschiedenen Religionen*		+		+
E2	*Kulturen*		+		+
E3	*Dan und Marie*	+		+	
E4	*Jugendlichen*	+		+	
E5	*Sportlern*	+		+	
	Insgesamt:	**3**	**2**	**3**	**2**

Quelle von Beispielen: W-Archiv unter COSMAS II					
	Ähnlichkeit von: 100	**+ Hum**	**- Hum**	**+ Anim**	**- Anim**
E1	*Menschen*	+		+	
E2	*Schildkröten*		+	+	
E3	*Embryonen*	+		+	
E4	*Dingen*		+		+
E5	*Hund und Hundehalter*	+		+	
	Insgesamt:	**3**	**2**	**4**	**1**

Quelle von Beispielen: W-Archiv unter COSMAS II					
	Krieg von: 1927	**+ Hum**	**- Hum**	**+ Anim**	**- Anim**
E1	*Dieter und Walter*	+		+	
E2	*Forschern*	+		+	
E3	*Sternen/der Sterne*		+		+
E4	*Menschen*	+		+	
E5	*Rauschgiftbanden*	+		+	
	Insgesamt:	**4**	**1**	**4**	**1**

Die Ergebnisse zeigen, dass die inhaltspezifischen Argumente fast ausschließlich Lebewesen bezeichnen. Wie schon in der Vorstudie (siehe Kapitel 3.1) stellt sich wieder die Frage, ob die Genitiv-Strukturen auf der Wortgruppenebene Wech-

148 Die genaue Quellenangabe für die einzelnen Beispiele (E1-E2-E3-E4-E5) innerhalb des W-Archivs unter COSMAS II befindet sich im Anhang (siehe Tabelle 20).

149 Die Zahl nach der Struktur weist immer auf deren Vorkommenshäufigkeit (Zahl der Treffer insgesamt) im W-Archiv unter COSMAS II hin (Stand 24.10.2009).

selseitigkeit ausdrücken können. Bleiben wir bei den Beispielen mit *Begegnung*, *Ähnlichkeit* und *Krieg*.

Begegnung von verschiedenen Religionen Kulturen/Dan und Marie/Jugendlichen/Sportlern	untereinander? **oder:** mit anderen?
Ähnlichkeit von *Menschen/Schildkröten/ Embryonen/Dingen/Hund und Hundehalter*	untereinander? **oder:** mit anderen?
Krieg von *Dieter und Walter/Forschern/Sternen/ Menschen/Rauschgiftbanden*	gegeneinander? **oder:** mit jm? **oder:** mit jm + gegen jmdn?

Bei diesen Strukturen handelt es sich um verschiedene Lesarten. Diese Ausdrücke sind polysem und erlauben mehrere Interpretationsmöglichkeiten. Sie können sowohl als reziprok als auch als nicht-reziprok interpretiert werden. In den ersten beiden Fällen gibt es eine zweifache Interpretationsmöglichkeit, im dritten Fall eine dreifache.

In den ersten beiden Fällen *(Begegnung* und *Ähnlichkeit)* lautet die Frage, ob hier reziproke Strukturen vorliegen oder nur eine Reihung von Attributen mit parallelem Anschluss, die noch auf der Satzebene weitergeführt werden kann. Im Fall von *Krieg* ist es noch komplizierter. Hier kann eine reziproke Struktur vorliegen oder ein paralleler Anschluss, der auch noch mit Hilfe der alternativen Präposition weitergeführt werden kann. In diesem dritten Fall kann es ohne weiteres vorkommen, dass nicht einmal die Satzebene ausreicht, dies zu klären. Dann ist es nur in einem noch größeren Kontext zu klären.

Fazit:

Genitivattribut-Argumente sind zentrale Elemente nominaler Syntagmen, da sie meistens die erste Argumentstelle (Agentivergänzung) von Rektionssubstantiven erfüllen. So ist es auch in den reziproken Strukturen, in denen die Bezugssubstantive oft auf deverbale Nomen zurückgeführt werden können. Auf diese erste Argumentstelle des Substantivs wird deshalb oft das Subjekt ausgelagert. Das kann auf zweierlei Weise erfolgen: einerseits durch einen synthetischen Kasus, andererseits durch eine *von-Fügung* als Genitiversatz. Der Genitiv ist aber ein reines Abhängigkeitsmerkmal, das keine weitere Differenzierung kennt. Genitiv-Strukturen sind deshalb potentiell fähig, wechselseitige Situationen (symmetrische Relationen) auszudrücken. Ob sie aber eine Wechselseitigkeit ausdrücken oder nicht, liegt nicht mehr in ihrer syntaktischen Struktur auf der syntagmatischen Ebene.

5.3.2.2 *Genitivattribut (Gen)+PPA-Argumente in den reziproken Strukturen*

Ich möchte an dieser Stelle darauf hinweisen, dass der Status von Präpositionalphrasen (PP) als Ergänzung oder Angabe nicht weniger umstritten ist, als bei der Genitivphrase. Dieses Thema ist in der Fachliteratur der letzten Jahrzehnte ebenfalls umfänglich diskutiert worden. Diese Problematik soll hier nicht weiter betrachtet werden, da ich bereits in Kapitel 2 (Forschungsstand) dargelegt habe, wie man Ergänzungen und Angaben bei valenten Substantiven trennt. In dieser Arbeit werden die PPA im Sinne von Schierholz (2001) als regierte, von dem nominalen Kern abhängige Phrasen im Gegensatz zu attributiven Adverbialbestimmungen (AAB) behandelt.

In den *[Gen+PPA]*-Strukturen, die Wechselseitigkeit ausdrücken, steht das Genitivattribut[150] als Argument nicht mehr allein, sondern es hat eine von einem relationalen Substantiv syntaktisch gesteuerte Präpositionalphrase als Helfer.

Allen im Folgenden behandelten *[Gen+PPA]*-Strukturen ist gemeinsam, dass die beiden Argumente syntaktisch realisiert werden. Unter den Handelnden findet man einen mit mehr *agierendem* und einen mit mehr *beteiligtem* Charakter.

Im Mittelpunkt dieser Analyse stehen die Argumente mit einer [*Gen+PPA* mit *mit*]-Struktur, die gemäß der empirischen Untersuchung am häufigsten eine wechselseitige Situation darstellen. Von den 180 Substantiven mit reziproker Bedeutung ist diese Struktur mit 151 Substantiven vertreten. Auf die Analyse der Genitivattribut-Argumente in diesen Strukturen wird nur dann eingegangen, wenn sie im Vergleich zu den schon behandelten *Genitiven* neue Resultate ergab. Die Argumente von anderen Strukturen, die in den wechselseitigen Situationen nicht so oft vorkommen, werden nur als Kontraste und/oder Alternativen kurz analysiert. Die Analyse erfolgt exemplarisch anhand der empirischen Untersuchungen und mit Hilfe der Fachliteratur. Die Reihenfolge der Analyse ist wie folgt:

(a) Argumente von [*Gen +PPA* mit *mit]*-Strukturen
(b) Argumente von [*Gen +PPA* mit *von]*-Strukturen
(c) Argumente von [*Gen +PPA* mit *gegen]*-Strukturen
(d) Argumente von [*Gen +PPA* mit *zu]*-Strukturen

---

150 Erscheinungsformen des Genitivattributs: sächsischer Genitiv und Possessivpronomen pränuklear und Nomen im Genitiv und von-Fügung als Genitiversatz postnuklear. Ausnahme bilden die Argumente von Gen+PPA mit von, bei denen das Nomen im Genitiv durch von-Fügung nicht ersetzbar ist.

Zu (a): Argumente von *[Gen +PPA* mit *mit]*-Strukturen

Bei diesen Strukturen findet man den Abhängigkeitsraum am rechten Rand des Nomens. Die erste Valenzstelle ist durch das Genitivattribut, die zweite durch das PPA mit *mit* besetzt. Wenn wir von dem Argument der [*PPA* mit *mit]*-Struktur ausgehen, dann liegen für den Ausdruck des ersten Arguments die folgenden Realisierungsmöglichkeiten[151] vor:

- Bei Bezugssubstantiven, die Handlungen oder Ergebnisse bezeichnen (z.B. *Gespräch, Verbindung*), an denen der Beteiligte den Mitvollziehenden bezeichnet, gibt es zwei Realisierungsmöglichkeiten:
  als Agentivergänzung, z.B. *Gespräch des Vaters mit dem Sohn* oder:
  als Objektivergänzung, z.B. *Verbindung des Flughafens mit dem Zentrum.*

Im ersten Fall handelt es sich um einen Genitivus subiectivus, im zweiten um einen Genitivus obiectivus.

- Bei Bezugssubstantiven, die Vorgänge und Zustände bezeichnen (z.B. *Begegnung, Verwandtschaft*), an denen der Beteiligte den Mitvollziehenden bezeichnet, wird als Agentivergänzung realisiert, z.B.
  Begegnung des Vaters mit dem Sohn oder:
  Verwandtschaft der Frau mit ihren Kollegen.

Die beiden Argumente erscheinen in dieser Struktur syntaktisch in verschiedener Form. Das erste Argument ist meistens ein Agens, das zweite eine komitative Ergänzung. Die inhaltspezifischen Argumente sind vor allem Lebewesen und Institutionen. Diese *[mit+D]*-Struktur von reziproken Prädikaten[152] wird in der Fachliteratur semantisch unterschiedlich gedeutet. Es gibt Autoren[153], die betonen, dass die reziproken Prädikate nicht unbedingt symmetrisch sein müssen. So bekommt das zweite Argument eine selbstständige thematische Rolle, die als *Partner* bezeichnet wird. Dieses Argument ist nach seiner Grundsemantik nicht symmetrisch, sondern nur kompatibel mit einer symmetrischen Lesart. Während das erste Argument gemäß seiner thematischen Rolle immer ein einfaches Agens ist, hat das zweite Argument die thematische Rolle eines *Partner*s. Die thematische Rolle des *Partner*s unterscheidet sich aber von der thematischen

151 Vgl. Teubert 1979: 125 ff.

152 Zur Klasse von reziproken Prädikaten gehören die Prädikate, die zwei lexikalisch kodierte Argumente haben.

153 Vgl. Rákosi 2005: darin vs. Komlósy 1992, 1994 und Alberti 1997, ferner: Siloni 2001 und Dimitriadis 2002.

Rolle des Agens. Dem *Partner* fehlen zwei semantische Merkmale, worüber das agierende Subjekt notwendigerweise verfügt. Diese Merkmale sind einerseits die absichtliche Teilnahme (des Agens) an der Handlung, andererseits das Herauslösen des Ereignisses (vom Agens). Dies bedeutet aber nicht, dass diese Merkmale in einer bestimmten Situation nicht als Merkmale des Partners gedeutet werden können. Diese Merkmale müssen aber dem Partner nicht notwendigerweise (wie dem Agens) zugeordnet werden. Das zweite Argument ist deshalb weniger *protoagentiv* als das erste. Diese Reziprozität wird als diadische Reziprozität bezeichnet. Dieser binären Reziprozität wird die inhärente Reziprozität gegenübergestellt, wobei die beiden Argumente in der gleichen thematischen Rolle erscheinen und dadurch eine symmetrische Relation darstellen.

In der Grammatik von Zifonun u.a. (1997: 2141 ff.) wird zwischen zwei Fällen der Verwendung von *mit* bei reziproken Prädikatausdrücken unterschieden:

A: reziprok-symmetrische Verwendung (ohne *Aktivitätsgefälle*)
B: reziprok-semisymmetrische Prädikatausdrücke (mit *Aktivitätsgefälle*)

Bei reziprok-symmetrischer Verwendung (ohne *Aktivitätsgefälle*) muss es im zweistelligen Fall die folgende Äquivalenz geben:

„Aus AX mit B folgt, BX mit A und umgekehrt". X steht für einen beliebigen Prädikatausdruck, z.B. *Ähnlichkeit mit, Leben mit, Streit mit, Verwandtschaft mit, Zusammenhang mit.*

Bei reziprok-semisymmetrischen Prädikatausdrücken (mit *Aktivitätsgefälle*) muss gelten:

Aus AX mit B folgt, dass B an der von X denotierten Aktivität prototypisch, zumindest aber relativ, beteiligt ist (*Zusammenstoß mit, Kollision mit, Kampf mit, Gespräch mit*). So nimmt man in der Regel an, dass wenn A mit B spricht, auch B mit A spricht. B kann jedoch auch zuhören, was A mit ihm zu besprechen hat.[154] Man denke an den Fall des „Sprechens" mit Tieren und Pflanzen oder Gegenständen.

Tamássy-Bíró (1998a: 163) bezeichnet diese Struktur als dynamisch, Haspelmath (2007) dagegen als diskontinuierlich reziproke Konstruktion.

---

154 Vgl. Kunze (1992): Die Annahme durch den Gebrauch von *mit* würden nicht symmetrische Aktivitätsverben wie *sprechen zu, reden zu, kämpfen gegen* systematisiert erscheinen. Dazu nimmt Kunze schematisch an: „A redet mit B sei äquivalent A redet zu B, und B redet zu A." Oder: „A kämpft mit B sei äquivalent: A kämpft gegen B und B kämpft gegen A." Kontrolle: *miteinander.*

Das [*PPA* mit *mit*]-Argument kann in reziproken Strukturen nicht allein vorkommen, weil es ergänzungsbedürftig ist. Diese [*Gen+PPA* mit *mit*]-Struktur kann aber oft mit [*zwischen+D*]-Struktur ersetzt werden. Diese Struktur ist ein schönes Beispiel für die Möglichkeit, Wechselseitigkeit und Symmetrie gegeneinander auszuspielen.

Zu (b): Argumente von *[Gen+PPA* mit *von]*-Strukturen

Die [*PPA* mit *von]*-Argumente kommen im Belegbestand der empirischen Untersuchung nicht so oft vor. Wegen der Homonymie und Polysemie der Präposition bzw. PPA muss man außerdem in allen Fällen extra untersuchen, ob die Argumente in Bezug auf das Bezugssubstantiv eine Wechselseitigkeit darstellen oder nicht. Nach der Überprüfung der Korpusbelege kann man feststellen, dass diese Struktur in lokalen Bedeutungen am häufigsten vorkommt. Eine Wechselseitigkeit ist am besten[155] dann nachzuvollziehen, wenn die beiden Argumente Lebewesen sind, z.B.:

- Abstand *des Direktors von dem Schauspieler* (hum+hum)
- Trennung *der Frau von der Familie* (hum+hum)
- Abschied *des Vaters von seinen Kameraden* (hum+hum)
- Verabschiedung *des Lehrers von den Kollegen* (hum+hum)

Das erste Argument erscheint in der Struktur in Abhängigkeit vom Bezugssubstantiv meistens als Genitivus subiectivus oder Genitivus possessivus, während das zweite eine ablative Rolle hat. Das [*PPA* mit *von]*-Argument bedeutet Ablösung, *sich entfernen*, Ausgangspunkt der Fortbewegung, der oft eine Gemeinschaft ist. Da die thematischen Rollen in der reziproken Struktur nicht identisch sind, kann das [*PPA* mit *von*]-Argument im Hinblick auf die Reziprozität ebenfalls wie beim [*PPA* mit *mit*]-Argument unterschiedlich interpretiert werden. In beiden Fällen braucht man mindestens zwei Mitvollziehende zu einer *Handlung* aber mit entgegengesetztem Vorzeichen.

Zu (c): Argumente von *[Gen+PPA* mit *gegen]*-Strukturen

Im Belegbestand gab es insgesamt 8 Substantive, die mit der Argumentstruktur von [*Gen+PPA* mit *gegen*] vorgekommen sind. Vertreter dieser Gruppe sind, z.B. *Spiel, Kampf, Duell, Gefecht, Schlacht.* Von Wechselseitigkeit kann man bei diesen Strukturen erst dann sprechen, wenn die beiden Mitvollziehenden/Parteien einer Handlung Lebewesen oder Institutionen sind. Sie können aber auch

155 Es gibt natürlich auch andere Fälle, z.B. *Abstand des Autos von der Wand.*

durch Kollektivbezeichnungen oder Eigennamen ersetzt werden. Ohne die semantischen Merkmale weiter zu differenzieren, schauen wir einige konkrete Beispiele für die Argumente:

Korpusbelege für die Argumente[156] im W-Archiv der geschriebener Sprache unter COSMAS II				
	Spiel jmds **gegen:**[157] **50 608**	**Kampf** jmds **gegen: 70 073**	**Gefecht** jmds **gegen: 216**	**Schlacht** jmds **gegen: 602**
E1	*Spanien*	*den Diktator*	*die Aufständischen*	*die Türken*
E2	*die Nationalmannschaft*	*Massa*	*Italien*	*den Herzog*
E3	*Basel*	*die Rebellen*	*den FC Weinstadt*	*die Regierung*
E4	*die Russen*	*die PKK*	*den Deutschen Meister*	*die Franzosen*
E5	*Schalke*	*die El Kaida*	*Simone Bauer*	*die Kurden*

Das [*PPA* mit *gegen*]-Argument ist das einzige, das in der reziproken Struktur durch den Akkusativ realisiert wird. Diese thematische Rolle steht zum Agens am nächsten. Dies inspiriert eine starke Gegenüberstellung und Teilnahme von beiden Argumenten an der Handlung. Nach Tamássy-Bíró (1998a: 163) erscheint bei einigen Substantiven dieser Gruppe die Trennung in der semantischen Struktur so stark, dass das erste und das zweite Argument einander gegenübergestellt beschrieben werden. Es darf aber nicht vergessen werden, dass eine Substitution von [*PPA* mit *gegen*] durch [*PPA* mit *mit*] bei einer zweistelligen Valenzrealisierung fast immer möglich ist.

Zu (d): Argumente von *[Gen+PPA* mit *zu]*-Strukturen

Das [*PPA* mit *zu*]-Argument ist insgesamt bei vier Bezugssubstantiven *(Liebe, Distanz, Beziehung, Verbindung)* von 180 vorgekommen. Das seltene Vorkommen dieser Argumentstruktur deutet schon an, dass sie nicht zum Kernbereich für den Ausdruck einer wechselseitigen Situation oder einer symmetrischen Relation gehört. Gehen wir von den Argumentstrukturen der oben erwähnten Substantive aus.

---

156 Die genaue Quellenangabe für die einzelnen Belege (E1-E2-E3-E4-E5) im Kontext findet man im Anhang (siehe **Tabelle 21**).

157 Die Zahl unter der Struktur weist immer auf deren Vorkommenshäufigkeit (Zahl der Treffer insgesamt) im W-Archiv unter COSMAS II hin (Stand 24.10.2009).

Korpusbelege für die Argumente[158] im W-Archiv der geschriebener Sprache unter COSMAS II				
	Beziehung jmds **zu jm:**[159] **11 263**	**Distanz** jmds **zu jm: 6 540**	**Liebe** jmds **zu jm: 13 782**	**Verbindung** jmds **zu jm: 12 959**
E1	*ihrem Kollegen*	*den Schülern*	*ihrem Ehemann*	*seiner Tochter*
E2	*Party-Girl*	*seinem Kollegen*	*Vierbeinern*	*Niedersachsen*
E3	*Hunden*	*den Liberalen*	*alten Menschen*	*ihren Nachbarn*
E4	*ihrem Sohn*	*Hellberg*	*seiner Familie*	*den Einwohnern*
E5	*Claudy*	*meiner Freundin*	*Frauen*	*den Vereinen*

Betrachtet man die semantischen Eigenschaften von Argumenten in der obigen Tabelle, kann man sich darüber so wie bisher äußern. Die beiden Argumente bezeichnen Lebewesen und Institutionen, darunter Eigennamen, Sammelbezeichnungen aber auch Gattungsnamen. Die thematischen Rollen sind auch in diesem Fall unterschiedlich. Neben der Agensrolle wird das Ziel/Richtung dieser Beziehung fest mit einem (*zu+D*) angegeben.

Dies kann als eine *Beziehung jmds zu jm*, oder als *eine Richtung von A1 zu A2* gedeutet werden. Dies kann aber auch genau das Gegenteil ausdrücken, z.B. *Abstand halten von jm.* Das liegt aber schon im Ganzen an der Bedeutung des Bezugssubstantivs, z.B. bei *Distanz*. Die Bedeutung dieser Strukturen kann mit [*zwischen+D*]-Struktur, aber in vielen Fällen auch mit [*Gen+PPA* mit *mit*]-Struktur ersetzt werden.

5.3.2.3 Argumente von PPA in reziproken Strukturen

Im Folgenden werden solche PPA-Strukturen dargestellt, die „allein" in der Lage sind Wechselseitigkeit oder symmetrische Relation auszudrücken. In diesem Fall werden alle Beteiligten am Sachverhalt durch die Beteiligtenergänzung bezeichnet. Dementsprechend entfallen alle anderen Formen von Ergänzungen (z.B. Agentiv- oder Objektivergänzung). Zu diesen Strukturen gehören:

(a) Argumente von [*PPA* mit *zwischen*]-Strukturen
(b) Argumente von [*PPA* mit *unter*]- Strukturen
(c) Argumente von [*PPA* mit *in*]-Strukturen

---

158 Die genaue Quellenangabe für die einzelnen Belege (E1-E2-E3-E4-E5) im Kontext findet man im Anhang (siehe **Tabelle 22**).

159 Die Zahl unter der Struktur weist immer auf deren Vorkommenshäufigkeit (Zahl der Treffer insgesamt) im W-Archiv unter COSMAS II hin (Stand 24.10.2009).

Zu (a): Argumente von *[PPA* mit *zwischen]*-Strukturen

Die beiden Argumente von [*PPA* mit *zwischen+D*]-Strukturen erfüllen die gleichen thematischen Rollen. Die Präposition *zwischen* fordert semantisch mindestens zwei innere Argumente, die syntaktisch folgendermaßen realisiert werden können:

- durch eine koordinierte NP, z.B. *Beziehung zwischen Deutschland und Österreich,*
- durch Kollektivbezeichnungen, z.B. *Beziehung zwischen den beiden Ländern.*

Im zweiten Fall fehlt das zweite Argument nur scheinbar, weil in dem Wort *Länder* die beiden Länder zusammengefasst sind. Die Voraussetzung für das Fehlen des zweiten Arguments ist, dass ein beide Argumente übergreifendes Substantiv, ein genus proximum, vorhanden ist.

In dieser Struktur ist das vom Substantiv regierte [*PPA* mit *zwischen*] auch im Kasus mit dem Dativ festgelegt. Die Argumente von [*PPA* mit *zwischen*]-Strukturen geben wechselseitige Beziehungen, sogar symmetrische Relationen, in Bezug auf Pesonen und Sachen wieder.

Im Folgenden testen wir die semantischen Merkmale der Argumente von [*PPA* mit *zwischen*]-Strukturen anhand von Korpusbelegen, die ich in der folgenden Tabelle zusammengefasst habe. Bei der Auswahl der Substantive mit *zwischen* spielte es eine Rolle, ob sie zusammen mit anderen, im Randbereich liegenden, Präpositionen vorkommen, oder nicht. *Vertrauen* kommt nur mit *zwischen* vor (siehe **Tabellen 11a-b** im Anhang). Die Zahlen unter *Abstand zwischen* u.a. weisen auf die Vorkommenshäufigkeit der [*Substantiv+Präposition*]-Verbindung im W-Archiv unter COSMAS II hin (Stand 24.10.2009).

Korpusbelege für die Argumente[160] im W-Archiv der geschriebener Sprache unter COSMAS II				
	Abstand zwischen: 2 282	**Harmonie zwischen: 1 168**	**Verbindung zwischen: 11 684**	**Vertrauen zwischen: 669**
E1	*Sonne und Erde*	*den beiden Menschen*	*Himmel und Erde*	*den Gruppenteilnehmern*
E2	*den Knien*	*den Ländern*	*zwei Punkten*	*den Regierungsparteien*
E3	*der Regierung und der Opposition*	*Chef und Belegschaft*	*Ursache und Wirkung*	*Ost und West*
E4	*den Zeilen*	*Peking und Berlin*	*Kunst und Schönheit*	*den Banken*
E5	*Profis*	*Rassen*	*ihren Kindern*	*Löw und Ballack*

160 Die genaue Quellenangabe für die einzelnen Belege (E1-E2-E3-E4-E5) im Kontext findet man im Anhang (siehe Tabelle 23).

Untersucht man die semantischen Eigenschaften der Argumente in der obigen Tabelle, dann kann man Folgendes feststellen. Die Lokalität erscheint als wechselseitige oder symmetrische Relation. Außerdem ist eine Art Wechselseitigkeit auch bei den Argumenten zu beobachten, die abstrakte Sachen ausdrücken, z.B. *Verbindung zwischen Herzerkrankungen und Depressionen*. Obwohl manches schon anhand der gezeigten Beispiele einzusehen ist, müssen diese Phänomene als eigener Untersuchungsgegenstand weiter untersucht werden. Auf die Verwendung dieser Präposition bei der Untersuchung universeller Gesetzmäßigkeiten habe ich schon unter Punkt 5.2 hingewiesen.

Zu (b): Argumente von *[PPA* mit *unter]*-Strukturen

Nach meinen Untersuchungsergebnissen stellen die PPA mit *unter* die dritthäufigste Argumentstruktur dar. 42 der 180 Substantive besitzen diese Struktur. Dabei haben die Argumente die gleichen thematischen Rollen. Die Anzahl der an der Handlung Beteiligten ist unbestimmt, sie sollten aber größer als zwei sein.[161]

Die Reziprozitätsverhältnisse untereinander sind nicht geklärt. Beispiele[162] für die Realisierungsmöglichkeiten der Argumente:

- Auseinandersetzung *unter Obdachlosen*
- Dialog *unter den Frauen*
- Diskussion *unter den Experten*
- Einigung *unter den Kriegsparteien*
- Freundschaft *unter Männern*
- Harmonie *unter den Leuten*
- Kooperation *unter den Unternehmen*
- Konkurrenz *unter den Krankenkassen*
- Streit *unter den Oppositionskräften*
- Treffen *unter den NATO-Mitgliedern*

Die reziproke Bedeutung von *unter* verweist auf Wechselbeziehungen, die zwischen den in der nachfolgenden NP genannten Personen bzw. Lebewesen bestehen. Aus diesem Grund muss die Nachfolger-NP immer im Dativ Plural stehen, oder es muss um ein Kollektivum gehen. Die reziproke Bedeutung kommt in

161 Vgl. Schierholz (2001: 263): In der Regel werden mehr als zwei Lebewesen denotiert, so dass semantisch eine Abgrenzung zu zwischen möglich ist. Trotzdem wird in den Korpusbelegen die PPA-Präposition unter durch zwischen ersetzt.

162 Aus der Sammlung von **som** und **hes**.

vielen Bedeutungsfeldern vor, z.B. besonders häufig bei *Beziehungen* und *Auseinandersetzungen.*

Zu (c): Argumente von *[PPA* mit *in]*-Strukturen

Im Laufe der Korpusuntersuchungen stellte sich heraus, dass die [*PPA* mit *in*]-Struktur in dieser Verwendungsweise nur als Kuriosität betrachtet werden muss. Es gab nur die folgenden drei Substantive als Kandidaten: *Divergenz, Harmonie* und *Einheit.* Zuerst betrachten wir einige Beispiele für die Argumente aus dem W-Archiv unter COSMAS II:

Korpusbelege für die Argumente[163] im W-Archiv der geschriebenen Sprache unter COSMAS II (? = kein richtiges Beispiel)			
	Divergenz in:[164] 10	**Harmonie in: 1 556**	**Einheit in: 2 595**
E1	*Koordinaten*	*Form und Farbe*	*Wahrheit und Liebe*
E2	*Sachen*	*Form und Funktion*	*Frieden und Freiheit*
E3	*religiösen Fragen*	*Beziehungen*	*Farbe und Stimmung*
E4	?	*den Aktionen*	?
E5	?	*Fragen*	?

Es war nicht einfach, Argumente für diese Verwendungsweise zu finden. Die Präposition *in* ist hier stark grammatikalisiert und hat eine übertragene Bedeutung. Die meisten Argumente kommen als koordinative Verknüpfungen ohne Artikel, fast wie lexikalisierte Formen, vor. Sie bezeichnen meistens abstrakte Sachen. Die Präposition *in* ist durch *zwischen* substituierbar, deshalb können diese Strukturen als Alternative für die [*PPA* mit *zwischen*]-Strukturen betrachtet werden. Dieses Phänomen wirft die Frage nach der Reziprozität in lexikalisierten Ausdrücken auf.

5.3.2.4 Morphosyntaktische Argumente in reziproken Strukturen

Die Problematik der morphosyntaktischen Argumente, die schon in Kapitel 3.1 angesprochen wurde, soll hier kurz berührt werden. Bei der Untersuchung der Argumente in den reziproken Strukturen fällt nicht nur auf der Satzebene, sondern

---

163 Die genaue Quellenangabe für die einzelnen Belege (E1-E2-E3-E4-E5) im Kontext findet man im Anhang (siehe **Tabelle 24**).

164 Die Zahl hinter der Struktur weist immer auf deren Vorkommenshäufigkeit (Zahl der Treffer insgesamt) im W-Archiv unter COSMAS II hin (Stand 24.10.2009).

auch schon auf der syntagmatischen Ebene auf, dass sie in den Plural-Strukturen syntaktisch und morphologisch als gebundene Morpheme erscheinen, z.B.:

- [*Gen im Pl*]: *Auseinandersetzung der Kind**er***
- [*von+D im Pl*]: *Auseinandersetzung von Kind**ern***
- [*zwischen+D im Pl*]: *Auseinandersetzung zwischen den Kind**ern***
- [*unter+D im Pl*]: *Auseinandersetzung unter den Kind**ern***

Das Pluralmorphem *[-er]* erscheint in diesen Syntagmen als Argument. Die Problematik der morphologischen Aktanten ist aus kontrastiver Sicht eigentlich schon längst bekannt, weil morphologische Aktanten[165] in vielen Sprachen existieren. Ágel (1995) beschreibt die möglichen Valenzrealisierungen anhand der ungarischen Zwei-Ebenen-Aktanten und weist daraufhin, dass morphologische Aktanten auch im Deutschen aufzufinden sind. Als Beispiel erwähnt er den deutschen Imperativ, in dem der Erstaktant auf der Mikroebene realisiert ist. Aber wie ist dies in den reziproken Strukturen auf der syntagmatischen Ebene zu deuten? Ohne eine Antwort auf diese Frage zu geben, werden hier nur einige Grundprobleme im Hinblick auf die Reziprozität formuliert. Wenn wir jetzt davon ausgehen, dass die Reziprozität auf der syntagmatischen Ebene mit zwei Argumenten beschrieben wird, dann stellt sich die Frage nach der Reihenfolge der Argumente.

Die Pluralflexion kann natürlich einige Funktionen erfüllen, wie Markierung der Zählbarkeit, Kontrastfunktion zum Singular oder eben Träger der Pluralinformation sein. Dies hilft uns aber in diesem Fall nicht weiter. Eine wechselseitige Relation, in der die Argumente auf verschiedenen Sprachebenen zusammengefasst werden, ist nicht einfach nachzuvollziehen. Ebenso problematisch sind die morphosyntaktischen Argumente in den reziproken Strukturen aus rein semantischer Sicht. Durch die Pluralmorpheme entstehen Gruppenprädikate, was die Beziehung der Argumente untereinander erheblich kompliziert, auch wenn die Argumente zählbar sind. Es muss in allen konkreten Fällen mengentheoretisch modelliert werden, wer mit wem und unter welchen Bedingungen in Verbindung treten kann. Die Frage der morphosyntaktischen Argumente hängt mit der Frage der Pluralsemantik eng zusammen. Es wird schon in verschiedenen Forschungsrichtungen[166] untersucht, wie *Massennomina*[167] gedeutet werden können. Wie weit aber diese Ergebnisse bei der Deutung

---

165 Vgl. László (1988): Aktanten auf der Mikroebene.

166 Vgl. Dalrymple et al. 1998: Reciprocal Expressions and the Concept of Reciprocity. *Linguistic and Philosophy* 21: 159–210, ferner: Hölzner 2007: 260 ff.

167 Vgl. Zifonun u.a. 1997: 1954.

der Reziprozität von deutschen Nomina anwendbar sind, soll noch in einem anderen Rahmen weiter untersucht werden.

5.3.3 Resümee

Die Untersuchung der Argumente in den reziproken Strukturen wirft die Frage auf, wie der Begriff *Reziprozität* definiert werden sollte. Geht es hier um eine wechselseitige Situation, die nur Lebewesen vollziehen können, oder geht es hier um eine symmetrische Relation, woran sich auch unbelebte Dinge und sogar abstrakte Erscheinungen „beteiligen"? Wird die Lokalität als allgemeingültiges Ordnungsprinzip angenommen oder nicht? Wie löst man das Problem der Reziprozität bei den *Massennomina*? Solche und ähnliche Fragen stellten sich bei der Analyse der Argumente von reziproken Strukturen.

All diese Segmente sind aber für ein besseres Verständnis des Phänomens Reziprozität wichtig. Bei der Untersuchung der Argumente in zweistelligen Strukturen stellte sich heraus, dass ihre morphosyntaktischen und semantischen Merkmale bei der Entstehung der Reziprozität ebenso wichtig sind, wie die Merkmale der anderen Elemente in der Struktur. Die formale Spezifizität (FOSP) der Argumente ist in der Bedeutungsstruktur des Bezugssubstantivs verankert. FOSP bedeutet, dass der Kasus und Präpositionalstatus der Argumente vom Bezugssubstantiv festgelegt ist. Die Argumente können syntaktisch als Genitivattribute (Genitivus subiectivus, Genitivus obiectivus und Genitivus possessivus), als PPA und teils als morphosyntaktische Argumente realisiert werden. Genitivattribute können prä- und postnuklear stehen, während die PPA immer postnuklear stehen. Die Genitivattribut-Argumente sind entweder koordinativ verknüpft, oder das Argument steht im Plural. Die Argumente treten in agentiver und beteiligter Rolle auf. Beim gleichzeitigen Auftreten von zwei Argumenten können die folgenden Relationen vorkommen: zwei Agentivargumente (bei Genitivphrasen), ein Agentivargument und ein Beteiligtenargument (bei *Gen+PPA*-Strukturen) und zwei (oder mehr) Beteiligtenargumente (bei *PPA*-Strukturen). Die Argumente bezeichnen meistens Lebewesen und Institutionen, neuerdings aber auch lokale und abstrakte Sachen. Bei Argumentrealisierung kommen oft Kollektivbezeichnungen vor. In wechselseitigen Situationen/Relationen sind die [*Gen+(mit+D)*]- und die [*zwischen+D*]-Strukturen am häufigsten vertreten. Dementsprechend kommt die *Reziprozität* meistens in antropozentrischen und lokalen Bedeutungen vor. Einige Strukturen sind im Kontext untereinander substituierbar, andere erscheinen als Alternative. Die *Gen-Argumente* werfen auf der syntagmatischen Ebene oft Lesartprobleme auf. Auf diese Fragen gehen wir noch im nächsten Punkt kurz ein.

5.4 Synthese: Reziproke Strukturen untereinander

Nach der Untersuchung der einzelnen Elemente reziproker Strukturen wird versucht, die Strukturvarianten miteinander in Verbindung zu setzen. Dabei gehe ich auf die folgenden Fragen ein:

1. Welches Verhältnis besteht zwischen den reziproken Strukturvarianten?
2. Wie können die in Kapitel 4 angegebenen Testbeispiele interpretiert werden?

Zu 1:

Anhand der ersten Frage werden die Alternativen, Substitutionsmöglichkeiten sowie Lesarten, zusammengefasst, die unter den reziproken Strukturvarianten theoretisch vorkommen können. Diese Phänomene sind teilweise schon bekannt, deshalb wird auf sie nur kurz eingegangen. Das Ziel dieser Analyse ist, diese Operationsmöglichkeiten zu systematisieren. Diese Phänomene werden anhand eines Wortartikels bzw. anhand einiger Einzelfälle dargestellt. Nehmen wir zur Analyse als Beispiel den Wortartikel *Beziehung* aus dem *Deutsch-ungarischen Wörterbuch zur Substantivvalenz* von Bassola 2012. Die für uns relevanten Teile dieses Wortartikels können vereinfacht wie folgt angegeben werden:[168]

In: bas2	**Deutung des Wortartikels *Beziehung***		**Strukturvarianten für Reziprozität**	**Beispiele**
In: Bedeutung 1	menschliche Verbindung	jmds Beziehung	**zu** jmdm = die Beziehung ist von A1 zu A2 gerichtet	*die Beziehung des Professors **zu** Frau Müller*
			mit jmdm = die Beziehung ist bidirektional	*die Beziehung des Professors **mit** Frau Müller*
In: Bedeutung 3	wechselseitiges Verhältnis	Es besteht eine Beziehung	**zwischen** zwei (o. mehr) Personen	*Beziehung **zwischen** den Kindern*
			zweier (o. mehr) Personen/**Gen**	*die Beziehung **der** Kinder*
			von zwei (o. mehr) Personen	*Beziehung **von** Kindern*
			unter mehr als zwei Personen	*Beziehung **unter** den Kindern*

168 Die Strukturvarianten sind für den schematischen Ausdruck der Reziprozität stark vereinfacht. Die Problematik von Lexem und Semem ist schon in Kapitel 5.1 diskutiert worden.

Vor der Analyse klären wir kurz, was hier unter *Alternative, Substitution und Lesart* verstanden wird. Unter Alternativen werden *entweder-oder*-Fälle erwähnt, die meistens wegen der gleichen Bedeutung fast uneingeschränkt gewählt werden können, z.B. PPA mit zwei Präpositionen gleicher Bedeutung. Substitution bedeutet soviel wie Ersetzbarkeit von Strukturen ohne Bedeutungsveränderung. Lesart bezeichnet die Möglichkeiten der semantischen Interpretation eines polysemen Ausdrucks.

Das Semem *Beziehung* hat drei Grundbedeutungen mit mehreren Strukturvarianten, von denen fünf (siehe oben) als reziprok betrachtet werden können. Zuerst betrachten wir immer, welche der drei „Operationen" bei dem Substantiv *Beziehung* vorkommen, und im Anschluss daran werden noch einige Einzelfälle erwähnt.

Alternativen:

1. *Gen/von*-Alternative, z.B. die Beziehung *der* Kinder **oder**: die Beziehung *von* Kindern. Der analytische Genitiv kann fast immer anstelle eines synthetischen Genitivs stehen, weil fast jedes Substantiv mit einer NP im Genitiv attribuiert werden kann.[169]
2. Alternative Präpositionen:
   - *unter/zwischen*, z.B. Beziehung *zwischen* Kindern **oder**: Beziehung *unter* Kindern. Als Alternative zur Präposition *unter+D* gilt die Präpositionen *zwischen+D*, weil sie in verschiedenen Kontexten für die Präposition *unter+D* substituiert werden kann, ohne dass die syntaktische Form verletzt wird und ohne dass der semantische Inhalt verändert wird.
   - Zwei Einzelfälle, z.B.

     gegen/mit: Krieg *gegen* die Türken **oder**:
Krieg *mit* den Türken
in /zwischen: Harmonie *in* Farbe und Form **oder**:
Harmonie *zwischen* Farbe und Form

Substitutionen:

- PPA mit *unter* kann durch ein Genitivattribut[170] substituiert werden, ohne dass es zu einer syntaktisch unkorrekten Form kommt, z.B.

  Beziehung *unter* den Kindern
→ Beziehung *der* Kinder.

169 Vgl. Schierholz 2001: 181, 207.

170 Vgl. Schierholz (2001: 269): Eine Substitutionsmöglichkeit der regierten Präposition *unter+D* hängt von ihrer Bedeutung sowie von der Bedeutung des jeweiligen Rekti-

Dabei spielt das Bedeutungsmerkmal der Präposition keine Rolle. Es muss aber in den einzelnen Fällen geprüft werden, ob Konstruktionen, die als Alternativen gelten und substituierbar sind, zur grundlegenden Veränderung der semantischen Struktur führen.

- PPA mit *mit* kann durch PPA mit *zwischen* substituiert werden, z.B.

  die Beziehung des Professors *mit* Frau Müller

  → die Beziehung *zwischen* dem Professor und Frau Müller.

  Diese Substitution wird wegen der wechselseitigen aber nicht symmetrische Relation auch als Lesart gedeutet.
- PPA mit *zu* kann durch PPA mit *mit* substituiert werden, z.B.

  die Beziehung des Professors *zu* Frau Müller

  → die Beziehung des Professors *mit* Frau Müller.

  Ob diese Substitution durchführbar ist oder nicht, hängt im großen Maße von der Bedeutung des jeweiligen Rektionssubstantivs in der reziproken Struktur ab.
- PPA mit *von* im Plural kann durch PPA mit *zwischen* im Plural substituiert werden,

  z.B. die Beziehung *von* Kindern

  → die Beziehung *zwischen* den Kindern.

  Ersetzt man ein Genitivattribut durch ein PPA, dann muss man annehmen, dass die *Beziehung* schon einen spezifischeren Sachverhalt darstellt.

Lesarten:

- *Genitiv-Strukturen* kommen als Lesarten am häufigsten vor, weil sie auf der syntagmatischen Ebene als reziprok und als nicht reziprok interpretiert werden können, z.B. die Beziehung *der* Kinder/die Beziehung *von* Kindern (als Genitiversatz). Es ist nicht eindeutig, ob es sich hier um eine *Beziehung der Kinder untereinander* oder um eine *Beziehung der Kinder mit anderen* handelt. Bei der Verwendung eines Genitivattributs wird die holistische Lesart des Sachverhalts betont, deshalb ist er nicht so präzise.
- Zwischen *Genitivus subiectivus* und *Genitivus obiectivus* kann nicht immer eindeutig unterschieden werden, z.B. Vereinigung *der Mieter*

  Die Frage ist, ob sich die Mieter selbst vereinigten oder ob sie jemand vereinigt hat.

---

onssubstantivs in der reziproken Struktur ab. Eine syntaktische Regelhaftigkeit kann daraus nicht gefolgert werden, da die Zusammenhänge zwischen den Präpositionen nur anhand aufwendiger semantischer Analyse bestimmt werden können.

– PPA mit *mit* kann auch als Lesart gedeutet werden, z.B.
die Beziehung *des Professors mit* Frau Müller.

Obwohl hier die Beteiligten über verschiedene thematische Rollen verfügen, kann die Beziehung nicht nur wechselseitig, sondern auch symmetrisch bewertet werden.

Da alle Alternativen, Substitutionsmöglichkeiten und Lesarten nur im Kontext eine Existenzberechtigung haben, ist es immer notwendig, eine aufwendige semantische Analyse der Strukturelemente durchzuführen.

Zu 2. Welche Strukturen sind reziprok?

Jetzt kommen wir auf die Strukturen zurück, die am Anfang des 4. Kapitels angegeben worden sind. Viele davon sind schon im Zusammenhang mit den verschiedenen Analysen teilweise oder im Ganzen erläutert worden, sodass an dieser Stelle auf eine lange Analyse verzichtet wird.[171] Die Zeichen „+" und „-" weisen auf die Einstufung der jeweiligen Struktur hin. Mit „+/-" markierte Strukturen sind Lesarten. Die Einstufung der Strukturen basiert auf meinen Untersuchungsergebnissen.

Welche Strukturen sind reziprok (R)?		**Kurze Erläuterungen**	**+/- R**
1.	*Ähnlichkeit des Vaters mit dem Sohn*	– inhärent reziprok = symmetrische Relation	+
2.	*Gemisch aus Sand und Kies*	– einwertig gebrauchtes Substantiv = Genitivus Partitivus (nicht reziprok)	-
3.	*Bündnis von SPD und CDU*	– zweiwertig gebrauchtes Substantiv = Genitivus Subiectivus	+/-
4.	*Streit des Vaters mit dem Sohn*	– diadisch reziprok wegen der Partner-Rolle	+
5.	*Beziehung zwischen dem Vater und dem Sohn*	– wechselseitige und symmetrische Relation	+
6.	*Abschied des Vaters von dem Sohn*	– Trennung, bidirektionale Beziehung	+
7.	*Abschied des Vaters von dem toten Sohn*	– Trennung, Ablösung	+
8.	*Abstand zwischen den beiden Häusern*	– symmetrische Relation	+
9.	*Angst der Hunde voreinander*	– Gruppenprädikat, mengentheoretisches Problem	+/-

171 Eine erweiterte Sammlung zur Strukturanalyse, worauf schon in Kapitel 4 Bezug genommen wurde, findet man im Anhang (siehe **Tabelle 3**).

	Welche Strukturen sind reziprok (R)?	Kurze Erläuterungen	+/- R
10.	*Wirkung des Lehrers auf die Schüler*	– völlig pragmatische Dimension, eine gegenseitige Wirkung ist nicht ausgeschlossen	-
11.	*Diskrepanz von X zu Y*	– direktiv, Richtung wird markiert	-
12.	*Diskrepanz der beiden Ergebnisse*	– Gen-Argumente, die sowohl reziprok als auch nicht reziprok interpretiert werden können.	+/-
13.	*Pech des Lehrers mit dem Regen*	– homonyme Struktur: [*Gen*+(*mit*+*D*)]	-
14.	*Beziehung des Vaters mit Frau Müller*	– Agens +Partner-Rolle	+
15.	*Beziehung des Vaters zu seinem Sohn*	– wechselseitige Beziehung, die Symmetrie ist kontextabhängig	+
16.	*Beziehung der Kinder*	– verschiedene Lesarten sind möglich	+/-
17.	*Beziehung unter den Kindern*	– Einordnen in eine Menge (unter = zwischen)	+
18.	*Zusammenfluss von Rhein und Neckar*	– Nektion (semantisch motivierte obligatorische Verknüpfung von zwei oder mehr Elementen derselben Kategorie (Heringer))	+/-
19.	*Der Mann mit dem Hut und mit dem Stock*	– syndetische Koordination (der Mann hat einen Hut und einen Stock)	-
20.	*Landstraße von München nach Nürnberg*	– Angabe der Richtung (es liegt keine wechselseitige Situation vor)	-
21.	*Ehe des Vaters*	– (mit jm) = virtuelles oder implizites Argument	+/-
22.	*Harmonie in Farbe und Form*	– *in* = *zwischen*, halb lexikalisierte Struktur	+

Nach dieser Strukturanalyse wird im nächsten Kapitel der Form- und Funktionstyp *Reziprozität* bestimmt und als Reziprok-Syntagma-Modus (R-S-M) beschrieben.

6 Reziprok-Syntagma-Modus (R-S-M)

Mit welchen sprachlichen Mitteln das Phänomen *Reziprozität* ausgedrückt werden kann, wurde in dieser Arbeit auf empirischer Grundlage untersucht. Nach der Bestimmung von reziproken Strukturen und der Beschreibung von Strukturelementen kommen wir in diesem Kapitel auf die Grundfrage zurück, wie die Reziprozität gedeutet werden kann. Im Anschluss daran wird versucht, die reziproken Syntagmen von den anderen NP valenter Substantive abzugrenzen.

6.1 Modus von reziproken Syntagmen (R-S-M)

Die empirischen Untersuchungen haben meine Hypothese bestätigt, wonach die Reziprozität am besten innerhalb eines funktionalen Modells zu beschreiben ist. Im Laufe der Untersuchungen stellte sich heraus, dass weder die morphosyntaktischen noch die semantischen Mittel alleine, aber auch beide zusammen, nicht immer ausreichen, dieses Phänomen angemessen zu beschreiben. Es gibt immer wieder homonyme Ausdrücke, die nicht reziprok sind, es gibt immer wieder implizite Argumente und verschiedene Lesarten, deren strukturelle Bedeutung sich als gering erweist.

Reziprozität der NP als ganzheitliches Phänomen bedeutet in dieser Arbeit, dass sie als eine funktionale Einheit bestimmt und morphosyntaktisch bzw. semantisch beschrieben wurde. Es wäre aber wegen der erwähnten Erscheinungen nicht gerechtfertigt, die pragmatische Seite völlig auszuschließen. Auch bei *Reziprozität* sind alle Sprachebenen betroffen. Es gibt nämlich keine Semantik ohne Syntax und umgekehrt, und es gibt keine Sprache ohne Benutzer. Deshalb wird die Reziprozität an dieser Stelle als Modus von reziproken Syntagmen (Reziprok-Syntagma-Modus: R-S-M) gedeutet. Wie kann aber der Modus von reziproken Syntagmen bestimmt werden? Der Reziprok-Syntagma-Modus erscheint auf der Ebene der Abstraktion (siehe auch Kapitel 3.2) als ein komplexes sprachliches Zeichen,[172] das den Formtyp *Reziproke*

172 Der Einfachheit halber werden hier einige Gedanken wiederholt: Ein funktionales Modell für *Reziprozität* ist mit Hilfe einer Grundeinstellung zu entwickeln, wobei der Formtyp *Reziproke* und der Funktionstyp *Wechselseitigkeit* aufeinanderbezogen untersucht und beschrieben werden. Das ermöglicht nun die reziproken Syntagmen als eine Subklasse der Nominalphrasen (NP) valenter Substantive zu qualifizieren und sie von den anderen NP abzugrenzen. Dieses Modell soll synchron als offenes Modell gelten und dazu dienen, die neuen Ergebnisse, soweit sie zu weiteren Spezifikation der *Reziprozität* beitragen, auf den verschiedenen Sprachebenen kontinuierlich einzubauen.Reziprozität wird innerhalb des Reziprok-Syntagma-Modus (R-S-M) als eine abstrakte Grundeinstellung funktional aufgefasst.

mit dem Funktionstyp *Wechselseitigkeit* unter der propositionalen Grundeinstellung *aufeinander bezüglich* verbindet. Schematisch ist es folgendermaßen darzustellen:

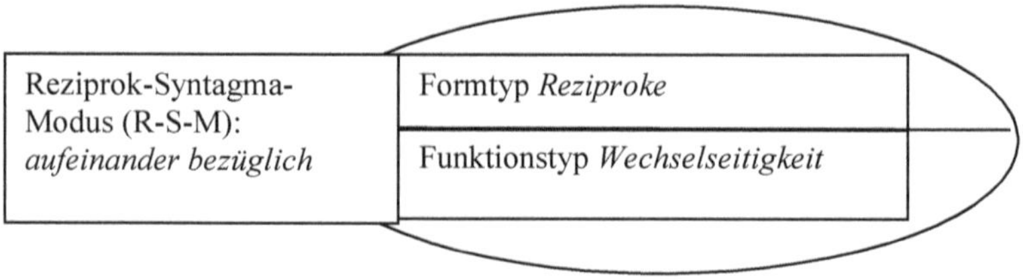

Der Formtyp *Reziproke* ist morphosyntaktisch definiert und umfasst die reziproken Strukturvarianten. Der Funktionstyp *Wechselseitigkeit* ist semantisch-pragmatisch definiert und umfasst die festen strukturellen Bedeutungselemente von reziproken Strukturen sowie verschiedene Lesarten. Der R-S-M als abstrakte Grundeinstellung bildet den gemeinsamen Nenner von Formtyp *Reziproke* und Funktionstyp *Wechselseitigkeit*, die immer aufeinanderbezogen untersucht und beschrieben werden. Da die reziproken Strukturen und deren morphosyntaktische und semantische Merkmale im Rahmen meiner Arbeit in diesem Sinn bestimmt worden sind, können der Formtyp *Reziproke* und der Funktionstyp *Wechselseitigkeit* innerhalb von R-S-M beschrieben werden.

6.2 Formtyp Reziproke

Wie ermittelt man den Formtyp *Reziproke*? Wie kann der Formtyp *Reziproke* beschrieben werden? Diese Grundfragen werden jetzt geklärt. Der Formtyp *Reziproke* umfasst die Bündelung von verschiedenen Strukturvarianten unter der Grundeinstellung *aufeinander bezüglich*. Die reziproken Strukturvarianten ergeben sich durch die folgenden Kombinationen von Strukturelementen:

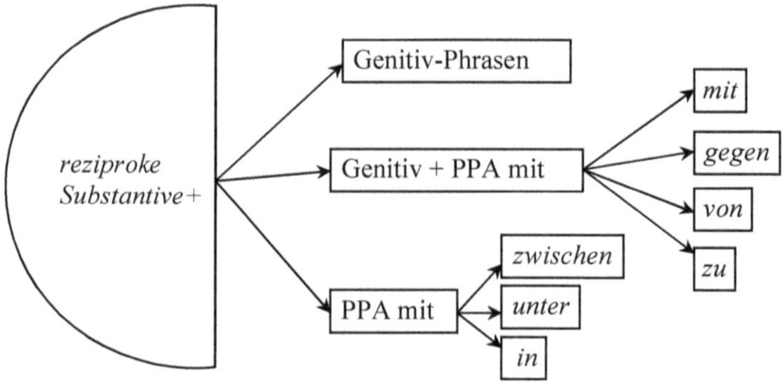

Der Formtyp *Reziproke* in zweistelligen Prädikaten kann mit Hilfe von morphosyntaktischen Merkmalen der reziproken Strukturvarianten und deren Elemente beschrieben werden. Diese Merkmale[173] sind im Folgenden angegeben:

- Die Substantive, die den Mittelpunkt von reziproken Syntagmen bilden, sollen valente Substantive sein, die mindestens zweiwertig sind. Als Rektionssubstantive regieren sie Kasus und Präpositionalstatus von Ergänzungen. Nach dem morphologischen Aufbau sind die meisten Bezugssubstantive deverbal, sie können aber nicht nur abgeleitet (deverbal und deadjektivisch), sondern auch nichtabgeleitet (genuin/originär) sein.
- Die Valenzpartner sollen formspezifisch sein. Mindestens zwei Ergänzungen[174] sollen auf einmal syntaktisch oder morphosyntaktisch realisiert werden. Sie können durch Genitivattribute, PPA oder durch die Kombination von beiden ausgedrückt werden. Genitivattribute können prä- und postnuklear stehen und oft durch *von-Fügung* ersetzt werden. Sie treten in der syntaktischen Rolle von Genitivus subiectivus, Genitivus obiectivus und Genitivus possessivus auf, wobei man auf der Formebene keinen Unterschied findet. Die Unterscheidung der syntaktischen Funktion basiert auf der Umbenennung von semantischen Rollen, die die Valenzpartner einnehmen.[175] Die PPA stehen immer postnuklear. In den PPA sind nicht nur die Präposition, sondern bei Wechselpräpositionen auch deren Kasus von dem Bezugssubstantiv im Dativ festgelegt. In den PPA kommen die folgenden primären Präpositionen vor: *mit, gegen, von, zu, zwischen, unter* und *in*. Einige Strukturen mit diesen Präpositionen sind untereinander substitutierbar.

6.3 Funktionstyp Wechselseitigkeit

Wie ermittelt man den Funktionstyp *Wechselseitigkeit*? Wie kann der Funktionstyp *Wechselseitigkeit* beschrieben werden? Der Funktionstyp *Wechselseitigkeit*, der die andere untrennbare Seite des R-S-M bildet, umfasst die festen strukturellen Bedeutungselemente (Inhaltsformulierung) und die verschiedenen Lesarten[176] ebenfalls unter der Grundeinstellung *aufeinander bezüglich*.

---

173 Die wichtigsten Merkmale sind: die Wertigkeit, Rektion und Morphologie des Substantivs; der Status, die Topologie und syntaktische Funktion von Ergänzungen; die Herkunft, der Status und Rektion von Präpositionen.

174 Auf der pragmatischen Ebene gibt es auch implizite Argumente, z.B. *Heirat des Vaters* ohne *mit jm.*

175 Vgl. Ágel 1993: 130 ff.

176 Keine im Syntagma selbst beruhenden festen Bedeutungen. Da die Deutung der verschiedenen Lesarten der Reziprozität nur in der Situation ausreichend zu deuten ist, kann diese Komponente der Beschreibung auf der syntagmatischen Ebene nur beschränkt mit einbezogen werden.

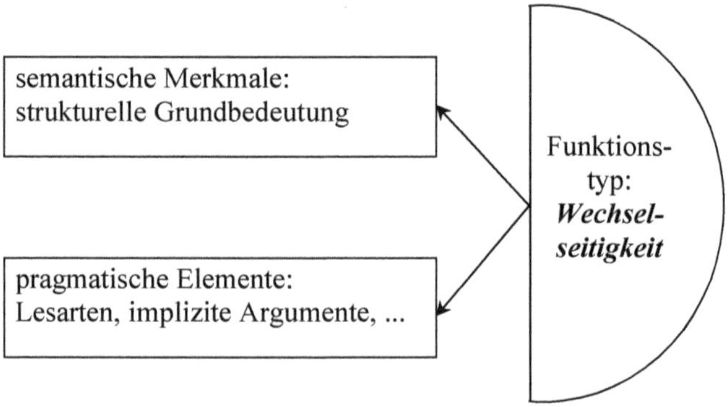

Der Funktionstyp *Wechselseitigkeit* ist die Bündelung von strukturellen Bedeutungselementen und deren Lesarten. Der Funktionstyp *Wechselseitigkeit* stellt eine mindestens zweistellige Relation dar, an der das Bezugssubstantiv mit mindestens zwei Argumenten teilnimmt. Alle beteiligten Elemente sollen bestimmte semantische Bedingungen erfüllen, damit die relationale Bedeutung *Wechselseitigkeit* entsteht. Die wichtigsten Bedingungen sind die folgenden:

- Bezugssubstantive mit reziproker Bedeutung können nur Handlungsbezeichnungen, Vorgangsbezeichnungen, Ergebnisbezeichnungen oder Zustandbezeichnungen sein. Sie können zu verschiedenen Bedeutungsfeldern gehören, die teilweise dann auch die Bedeutungselemente der *Wechselseitigkeit* mit bestimmen. Diese Bedeutungsfelder sind, z.B. gemeinsame Aktionen, Wettbewerb und Konkurrenzkampf, Trennung, Ähnlichkeit vs. Nicht-Ähnlichkeit, gegenseitige Beziehungen, symmetrische Relation, Auseinandersetzungen, menschliche Interaktionen usw. Dies ist eine offene Liste, die unter konkreten Bedingungen und nach tiefgreifenden Analysen der Bedeutungsstruktur von Bezugssubstantiven jederzeit erweiterbar ist.
- Die (mindestens) zwei Argumente können in agentiver und/oder beteiligter Rolle auftreten. Sie bezeichnen meistens Lebewesen und Institutionen, aber auch lokale und abstrakte Dinge.
- Wie die Präpositionen zu den Bedeutungselementen des Funktionstyps *Wechselseitigkeit* beitragen, wird innerhalb einer antropozentrischen und lokalen Deutung[177] gezeigt. In diesem Fall gehen wir von den reziproken Strukturvarianten aus, die eine Präposition enthalten. Sie sind unter dem Formtyp *Reziproke* zusammengefasst.

177 Vgl. Weinrich 1993: 609 ff.

- *Wechselseitigkeit* anhand der antropozentrischen Deutung von Präpositionen:

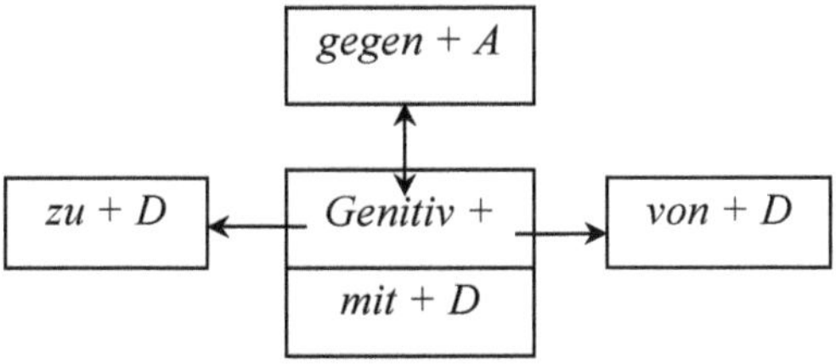

In [*Gen+PPA*]-Strukturen sind eine Agens- und eine Beteiligten-Rolle abgebildet. Die Argumente bezeichnen Lebewesen, fast immer Menschen. Die Beziehung zwischen dem Agens und dem Beteiligten ist in allen Fällen wechselseitig, obwohl das Agens immer eine andere *Beziehung* zum Beteiligten hat. Dies ist damit zu erklären, dass sie gegenseitig aufeinander angewiesen sind, um eine Handlung durchführen zu können. Demzufolge umfasst hier die *Wechselseitigkeit* anhand der antropozentrischen Deutung von Präpositionen die folgenden Bedeutungselemente:

- In [*Genitiv + (mit + D)*]-Strukturen: *Zusammenwirken*
- In [*Genitiv + (gegen + A)*]-Strukturen: *Gegensatz*
- In [*Genitiv + (von + D)*]- Strukturen: *Ablösung/Trennung*
- In [*Genitiv + (zu + D)*]- Strukturen: *Annäherung*

- *Wechselseitigkeit* anhand der lokalen Deutung von Präpositionen:

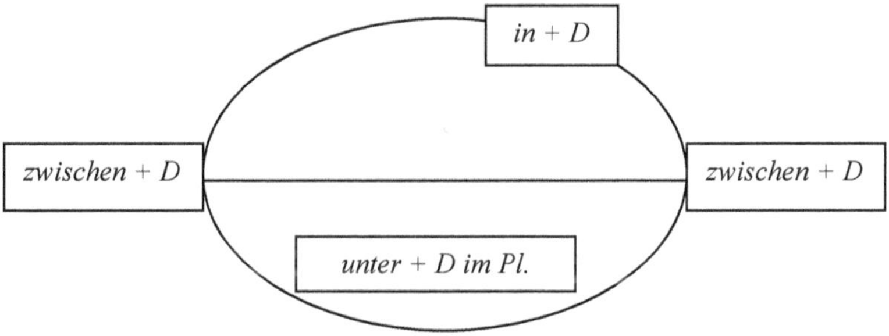

Diese Abbildung stellt die [*PPA*]-Strukturen dar, in denen mindestens zwei Beteiligte in gleicher thematischen Rolle vorkommen. *Zwischen* bedeutet eine *Spanne*. Die Präposition *unter* hat das Bedeutungsmerkmal *niedrig*. Die Präposition *in* bedeutet *innen*. Die Argumente mit *innen* bezeichnen abstrakte Dinge. *Unter* und *in* sind mit *zwischen* ersetzbar, und deshalb drücken sie meistens auch eine *symmetrische Relation* aus.

- *Wechselseitigkeit* anhand der antropozentrischen und lokalen Deutung von Präpositionen:

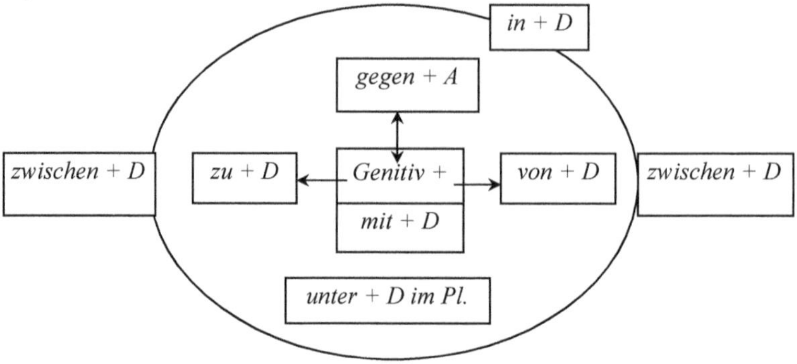

In dieser Abbildung sind die verschiedenen reziproken Strukturvarianten zur Veranschaulichung der Bedeutungselemente von Präpositionen dargestellt.

- Zuerst sei mir eine kognitive Anmerkung erlaubt: Ich sehe in der Mitte des Kreises einen „Menschen" mit allen seinen wichtigsten Beziehungen *(mit, gegen, von, zu)*, die nur wechselseitig fungieren können. Der Mensch lebt aber in seiner Umgebung *(zwischen)* und *in* seiner abstrakten Welt, aber trotzdem *unter* den Menschen, mit denen er in einer symmetrischen Relation steht. Nach dieser metaphorischen und persönlichen Deutung fassen wir zusammen, was uns diese Annäherungsweise im Hinblick auf die Bedeutungselemente von *Wechselseitigkeit* aussagt.
- Als strukturelle Bedeutungselemente von Präpositionen erscheinen *Zusammenwirken, Gegensatz, Ablösung/Trennung, Annäherung und symmetrische Relation.* Die Präpositionen in [*Gen+PPA*]-Strukturen liefern mehr differenzierte Bedeutungsmerkmale als die in [*PPA*]-Strukturen. Über die Strukturen hinaus kann man bestimmte Parallelitäten zwischen menschlichen Situationen und eher konkreten oder abstrakten Sachen/Relationen ziehen. Diese Bedeutungsmerkmale von Präpositionen sind mit den Bedeutungsfeldern von Bezugssubstantiven unter *Wechselseitigkeit* komplementär zu betrachten.
- Die Problematik von Lesarten ist schon erörtert worden (siehe Kapitel 5.3 und 5.4), deshalb wird jetzt nur kurz darauf hingewiesen, dass sie vor allem wegen der Unvollkommenheit von Gen-Strukturen auf der syntagmatischen Ebene und der unterschiedlichen Deutungen von *Wechselseitigkeit* und *Symmetrie* vorkommen.
- Das Phänomen von symmetrischen und asymmetrischen Beziehungen bzw. Relationen der Reziprozität ist in dieser Arbeit nicht erforscht worden. Die

Analyse der Übergänge birgt aber noch zahlreiche interessante Fragen in sich, die z.B. innerhalb eines Zentrum-Peripherie-Modells[178] morphosyntaktisch und semantisch weiter untersucht werden sollten.

Abschließend kommen wir auf den Grundgedanken zurück, in dem der Formtyp *Reziproke* und der Funktionstyp *Wechselseitigkeit* unter der Grundeinstellung *aufeinander bezüglich* die zwei Seiten des Reziprok-Syntagma-Modus bilden. Diese Bestimmung des R-S-M als funktionale Einheit/Kategorie soll ermöglichen, die reziproken Syntagmen als eigenständige Konstruktionen aufzufassen und sie von den anderen NP valenter Substantive abzugrenzen.

6.4 Abgrenzung der reziproken Syntagmen von den anderen NP

Es wird ferner diskutiert, wie die reziproken Syntagmen von den anderen NP valenter Substantive abgegrenzt werden können. Im Anschluss daran wird dafür argumentiert, die NP valenter Substantive in weitere funktionale Kategorien aufzuspalten.

Die reziproken Strukturen, die innerhalb des Reziprok-Syntagma-Modus (R-S-M) beschrieben wurden, bilden eine klassifizierte Subklasse von NP, die auf Grund eines gemeinsamen Ordnungsprinzips organisiert wurde. Der R-S-M bildet eine funktionale Einheit innerhalb des grammatischen Systems von NP. Der Reziprok-Syntagma-Modus existiert dementsprechend vor allem in der Opposition zu den anderen NP valenter Substantive.

Bei der Abgrenzung der reziproken Syntagmen von den anderen NP kann man sich auf die Klassifikation von Teubert (1979: 86 ff., 148 f.) stützen, der – wie schon erwähnt – 12 Substantivklassen, 17 denominale (adnominale) Ergänzungsklassen und 9 denominale Angabeklassen unterscheidet. Die 9 Angabeklassen (AK)[179] können von vorn herein auch dann ausgeschlossen werden, wenn sie stel-

---

178 Für diese Idee danke ich Herrn Attila Péteri.

179 Vgl. Teubert (1979: 148 f.): Die 9 Angabeklassen sind: AK1. Genitivus Possessivus als Teil-Ganzes-Beziehung und Verfügungsbeziehung, AK2. Genitivus qualitatis, AK3. Präpositionalangabe zur Bezeichnung des Ursprungs, des distinktiven Merkmals, des Materials, des Zwecks, der Art, der Zuordnung, des Kriteriums, des Grundes, des Beteiligten, der Lokalisierung, des Anlasses, des Wertes, des Maßes, der Bedingung, der Bezugseinheit, der Gattung, eines Beispiels, sonstiger Verhältnisse, AK4. Situativangabe zur Bezeichnung lokaler, temporaler und abstrakter Verhältnisse, AK5. Lose appositionelle Fügung, AK6. Qualitativangabe, AK7. Relativsatz, AK8. vorangestellte Adverbialangabe, AK9. nachgestellte Adverbialangabe.

lenweise formale Ähnlichkeiten[180] mit den reziproken Strukturen zeigen, weil sie nicht valenzgebunden sind. Welche Substantivklassen[181] und welche denominalen Ergänzungsklassen[182] sich in welchen Kombinationen an den reziproken Syntagmen beteiligen können, sind im Laufe der Arbeit (siehe Kapitel 5) schon bestimmt worden, deshalb kann man die restlichen Klassen ausschließen. Dementsprechend können *reziproke* Substantive nicht zu den folgenden 8 Substantivklassen gehören:[183] Eigenschaftsbezeichnungen, relationale Personenbezeichnungen, Täterbezeichnungen, Kategorialbezeichnungen, Maßbezeichnungen qualifizierende Mengenbezeichnungen, Motionsmittelbezeichnungen, benennbare Begriffe. Von den 17 Ergänzungsklassen[184] können 15 nicht in den reziproken Strukturen vorkommen. Die zwei Ergänzungsklassen, die sich an den reziproken Strukturen beteiligen, sind Agentivergänzungen und Beteiligtenergänzungen. Diese Abgrenzung ist aber nicht einwandfrei, weil die reziproken Syntagmen einerseits den ausgeschlossenen Bezugssubstantiven, andererseits den ausgeschlossenen Ergänzungen gegenübergestellt werden, die verschiedene Größen darstellen.

Die Abgrenzung sollte am besten auf funktionaler Grundlage erfolgen, damit der R-S-M seine Bedeutung als Gegensatz zu den anderen funktionalen Einheiten von NP zur Geltung bringen kann. Dazu sollte man aber vorher die NP valenter Substantive in weitere funktionale Kategorien aufspalten. Eine Möglichkeit wäre, funktionale Kategorien anhand der Wertigkeit der Substantive aufzustellen, wobei zwischen Valenzpotenz und Valenzrealisierung unterschieden werden muss.

Bei Substantiven mit zwei Aktanten könnte man neben der *Reziprozität* auch weitere Funktionen[185] definieren, wie z.B.

- Ausdruck zielgerichteter Tätigkeiten: *Vertrauen der Schüler zum Lehrer* **oder**:
- Ausdruck des Zustandes: *Stolz des Sportlers auf den Sieg*

---

180 Z.B. Präpositionalangabe zur Bezeichnung des Beteiligten: *Abend mit den Freunden.*

181 Es gibt vier Substantivklassen, die sich an reziproken Strukturen beteiligen können: Handlungsbezeichnungen, Vorgangsbezeichnungen, Ergebnisbezeichnungen und Zustandsbezeichnungen.

182 Es gibt 2 Ergänzungsklassen, die sich an den reziproken Strukturen beteiligen können: Agentivergänzungen und Beteiligtenergänzungen.

183 Vgl. Teubert 1979: 82 ff.

184 Ergänzungsklassen, die nicht in den reziproken Strukturen vorkommen können, sind Objektivergänzung, Experientivergänzung, Explikativergänzung, Stoffergänzung, Themaergänzung, Zielergänzung, Instrumentalergänzung, Sachergänzung, Benefaktivergänzung, Situativergänzung, Direktivergänzung, Maßergänzung, Benennungsergänzung und Gleichsetzungsergänzung.

185 Vgl. Sommerfeldt/Schreiber 1977/1983: 24 ff.

Bei Substantiven mit drei Aktanten könnte man ebenfalls zwischen mehreren funktionalen Kategorien unterscheiden, z. B.

- Mitteilung: *Bericht der Polizei an die Behörde über den Unfall* **oder**:
- Übergabe von etw. an einen Partner: *Lieferung der Ware an die Geschäfte durch den Großhandel*

Hier muss hervorgehoben werden, dass einige Substantive, abhängig von der Anzahl ihrer Valenzstellen, gleichzeitig auch in verschiedene funktionale Kategorien eingeordnet werden können, z. B.

- Bei zweistelligen Realisierungen handelt es sich um eine reziproke Funktion, wie in: *Diskussion des Vaters mit dem Sohn*
- Bei dreistelligen Realisierungen entsteht aber die Funktion sprachliche Tätigkeit über etw., wie in: *Diskussion des Vaters mit dem Sohn über die Schule*

Einen Beitrag zum Thema lieferten schon Bassola/Bernáth (1998) mit dem Titel *Realisierung der Valenzstruktur* sowie Muzikant (2002), der die *Geschehenssubstantive* mit einem, mit zwei und mit drei Aktanten aus semantischer Sicht klassifizierte.

Diese Phänomene sollten aber noch weiter untersucht werden, um die Zusammenhänge innerhalb von NP, aber auch unter den verschiedenen Subsystemen einer Sprache besser verstehen und adäquater beschreiben zu können. Hierzu soll auch diese Arbeit einen Beitrag leisten.

7 Zusammenfassung und Ausblick

Das zentrale Anliegen meiner Arbeit war, die reziproken Strukturen valenter Substantive zu bestimmen und deren morphosyntaktische und semantische Merkmale auf der syntagmatischen Ebene mit zwei Argumenten zu beschreiben, um sie von den anderen NP valenter Substantive abgrenzen zu können.

Vor der Diskussion der Ergebnisse möchte ich vor allem die Neuartigkeit des Themas hervorheben. Während das Phänomen *Reziprozität* im verbalen Bereich schon längst als universales Phänomen gilt, ist sie im nominalen Bereich völlig unerforscht. Da bis jetzt keine konkreten Ergebnisse zu diesem Thema vorliegen, kann diese Arbeit als Pilotstudie betrachtet werden.

Unter *Forschungsstand* (Kapitel 2) wurde der theoretische Rahmen dieser Untersuchung mit Hilfe von den wichtigsten Fragen der Substantivvalenzforschung dargestellt. Als neue theoretische Elemente (Kapitel 3) möchte ich hier die Untersuchung der substantivischen Valenz auf der syntagmatischen Ebene mit mindestens zwei Argumenten erwähnen. Die Bedeutung von *Reziprozität* ist in den verschiedenen Theorien und Wissenschaften uneinheitlich. Die vorliegenden sprachtypologischen Untersuchungen zur *Reziprozität* im verbalen Bereich lieferten nützliche Informationen zur Frage der Terminologie und Definition. Diese Analysen zeigten bestimmte Parallelitäten zwischen den Argumentstrukturen von Verben und deverbalen Substantiven mit reziproker Bedeutung.

In der *Vorstudie* (Kapitel 3.1) stellte sich heraus, dass die *Reziprozität* weder mit rein syntaktischen noch mit rein semantischen Mitteln beschrieben werden kann. Ob zwischen *Wechselseitigkeit* und *Symmetrie* ein Bedeutungsunterschied vorliegt, kann nur im Kontext entschieden werden. Von den Schlüssen der *Vorstudie* ausgehend, wurde die *Reziprozität* in dieser Arbeit neu definiert und als ganzheitliches Phänomen auf der syntagmatischen Ebene innerhalb eines funktionalen Modells beschrieben.

Mit dieser Untersuchung wurden die reziproken Strukturen valenter Substantive auf empirischer Grundlage (Kapitel 4) bestimmt.

Bei der Bestimmung spielte nicht nur das Bezugssubstantiv mit reziproker Bedeutung eine wichtige Rolle, sondern auch die mindestens zwei Argumente, deren kognitive Basis die Proposition *aufeinander bezüglich* ist. Die idiosynkratische Anbindung der Präposition an das Bezugssubstantiv bedeutete eine große methodische Hilfe bei der computergestützten Bestimmung der Strukturen.

Im Laufe der korpusbasierten Untersuchungen sind nicht nur die reziproken Strukturen der *Vorstudie* als valid bewiesen worden, sondern es konnten auch weitere Strukturen für die *Reziprozität* bestimmt werden. Es sind dies die *Genitiv-Strukturen*, die *PPA-Strukturen* mit *zwischen*, *unter* und *in* sowie die *(Gen+PPA* mit *mit/gegen/von/zu)-Strukturen*. Diese Herangehensweise an die Bestimmung von Strukturen war zwar sehr zeitaufwendig, hat aber im großen Maße dazu beigetragen, neue Zusammenhänge entdecken und abgesicherte Strukturen präsentieren zu können. Meine Untersuchungen basieren auf den in Kapitel 4 angegebenen Quellen, deshalb ist es nicht auszuschließen, dass noch weitere Strukturen für die *Reziprozität* im nominalen Bereich entdeckt werden können.

In Kapitel 5 sind die morphosyntaktischen und semantischen Merkmale der reziproken Strukturelemente unter der Grundeinstellung *aufeinander bezüglich* untersucht worden, um mit Hilfe dieser Eigenschaften den *Reziprok-Syntagma Modus* (R-S-M) bestimmen zu können. Bei den morphosyntaktischen Analysen der Substantive hat sich gezeigt, dass es unter den 180 reziproken Substantiven sowohl abgeleitete (63 %) als auch nicht-abgeleitete (14 %) Substantive, aber auch (23 %) Komposita (meistens mit deverbalem Kopf) gibt. Es konnte festgestellt werden, dass der abgeleitete bzw. nicht-abgeleitete Charakter der Substantive ihre reziproke Argumentstruktur nur wenig beeinflusst. Es stellte sich heraus, dass die meisten Substantive auch über andere, nicht reziproke Strukturen verfügen, was mit der Unterscheidung zwischen Lexem und Semem erklärt werden kann. Über diese Unterschiede hinaus kann die Reziprozität der Substantive als graduelles Phänomen betrachtet werden. Anhand der Untersuchungen ist bewiesen worden, dass es unter den inhärent reziproken Substantiven sowohl abgeleitete (z.B. *Gespräch, Streit*) als auch nicht-abgeleitete (z.B. *Krieg, Vertrag*) Substantive gibt. Die Analysen haben gezeigt, dass die Valenzvererbung in den reziproken Strukturen der deverbalen Nomina eine wichtige Rolle spielt. Sie wurde bei nominalisierten Infinitiven (NI), bei aus transitiven, reflexiven und reziproken Verbvarianten gebildeten Nomina, bei *ung*-Nominalisierungen sowie bei Komposita mit deverbalem Kopf untersucht. Bei den wenigen NI stellte sich heraus, dass sie die Argumentstruktur ihrer Basisverben erben. Die lexikalisierten Konversionen (z.B. *Vertrauen*) gehören aber nicht zu den NI (Teubert 1979: 79 ff.). Unter den Nomina, die auf transitive, reflexive und reziproke Verbvarianten zurückgehen, gibt es solche, die die Valenz des zugrundeliegenden Verbs im Ganzen (z.B. *Unterschied*) übernehmen, aber auch solche, die dessen Valenz nur zum Teil (z.B. *Vergleich*) erben. Die *ung*-Nominalisierungen sind nicht lexikalisierte deverbale Substantive, deren reziproke Argumentstruktur aus der des Basisverbs zu erschließen ist. Bei Komposita kann der verbale Kopf seine Argumentstruktur an das Gesamtwort vererben. Sie stimmen aber nicht immer überein, weil die Valenzeigenschaften durch die Wortbildung teilweise verloren gehen. Die Bedeutungsstruktur der reziproken Substantive mit zwei Argumenten, die eine Handlung, einen Vorgang, ein Ergebnis oder einen Zustand bezeichnet, ist innerhalb eines semantischen Modells zu erklären (Teubert 1979: 81 ff.). Zur Bestimmung der Bedeutungsfelder dieser Substantive gibt es Hypothesen (Haspelmath 2007) und einige Analysen (Schierholz 2001), die aber noch nicht ausreichen. Anhand der zur Verfügung stehenden Ergebnisse drücken die Substantive am häufigsten zwischenmenschliche Aktionen und Relationen aus, wie z.B. Auseinandersetzung, Trennung, Ähnlichkeit und Nicht-Ähnlichkeit, menschliche Beziehungen und Interaktionen. Im Laufe der empirischen Analysen konnten die folgenden 7 Präpositionen für die reziproke Funktion herausgefiltert werden: *mit, zwischen, von, unter, gegen, zu* und *in.*

Sie sind primäre, substantivregierte Präpositionen, die meistens homonym sind. Es wurde untersucht, wie weit sie in dieser Funktion grammatikalisiert sind, und anhand welcher Bedeutungselemente sie an den reziproken Strukturen beteiligt sind. Es konnte festgestellt werden, dass die Präpositionen *mit* und *zwischen* in dieser Funktion am häufigsten vorkommen. Die Präposition *mit* hat eine komitative Bedeutung und drückt Wechselseitigkeit aus. Die Präposition *zwischen* ist inhärent reziprok und stellt eine symmetrische Relation dar. Mit diesen Präpositionen stehen vor allem die antropozentrischen und lokalen Bedeutungen im Vordergrund. Das gleichzeitige Auftreten von mindestens zwei Argumenten ist die Voraussetzung für die Entstehung der *Reziprozität* auf der syntagmatischen Ebene. Die Formen der Argumentrealisierung sind auf empirischer Grundlage bestimmt worden. Dementsprechend können die Argumente von *Genitiv*-Strukturen in *Agens-Rollen*, die Argumente von [*Genitiv+PPA*]-Strukturen in [*Agens+Beteiligten*]-Rollen und die Argumente von *PPA*-Strukturen in *Beteiligten-Rollen* auftreten. Die INSP von Argumenten wurde anhand von Korpusbelegen unter COSMAS II überprüft und dabei festgestellt, dass die Argumente meistens Lebewesen und Institutionen, aber auch lokale und abstrakte Dinge bezeichnen. Aus semantischer Sicht stellen die morphologischen Aktanten für die Reziprozität ein besonderes Problem dar, weil sie wegen der Gruppenprädikate nur mengentheoretisch zu deuten sind.

Die empirischen Analysen haben gezeigt, dass es Strukturen gibt, die als Alternativen, Substitutionen oder Lesarten erscheinen können (Kapitel 4 und 5). Deshalb wurde das Phänomen *Reziprozität* auf der syntagmatischen Ebene innerhalb eines funktionalen Modells als Reziprok-Syntagma-Modus (R-S-M) beschrieben, das alle Sprachebenen zulässt (Kapitel 6). Der Modus von reziproken Syntagmen, der eine abstrakte funktionale Einheit darstellt, umfasst unter der Grundeinstellung *aufeinander bezüglich* den Formtyp *Reziproke* und den Funktionstyp *Wechselseitigkeit*. Der R-S-M ermöglicht, die reziproken Syntagmen als eigenständiges Phänomen zu betrachten. Um eine durchgängige Abgrenzung durchführen zu können, muss man noch weitere funktionale Kategorien von deutschen NP bestimmen.

Zuletzt möchte ich noch einige Aufgaben kurz ansprechen, auf die ich innerhalb dieser Arbeit nicht eingehen konnte, die aber künftig noch weiter zu diskutieren und zu untersuchen wären.

- Im Laufe meiner empirischen Untersuchungen bin ich auf das Problem gestoßen, dass die substantivischen Valenzmarkierungen (regierte Präposition) in den verschiedenen Wörterbüchern uneinheitlich, inkonsequent und unvollständig sind. Es ist wünschenswert, auf diesem Gebiet weitere Fortschritte zu machen, weil zunehmend Spezialwörterbücher gebraucht werden, in denen die Valenzinformationen im Vordergrund stehen.
- Die morphologischen Aktanten, die mit der Pluralsemantik eng zusammenhängen, machen die Reziprozitätsverhältnisse zwischen den Beteiligten ambig und oft unübersichtlich. Besonders hervorzuheben sind hier die Aktanten mit *unter (z. B. Streit unter den Kindern)*, wobei es sich in der Regel um mehr als zwei Aktanten handelt oder um die anaphorischen Argumente, z. B. die *Angst der Hunde voreinander*. Es ist sinnvoll, diese *Gruppenprädikate* oder die *Massennomina* in den reziproken Strukturen tiefgreifend zu untersuchen und einige Fälle zu modellieren.
- Da die reziproke Funktion von NP valenter Substantive auf der syntagmatischen Ebene mit syntaktischen und semantischen Mitteln nicht immer eindeutig zu bestimmen ist, ist es wünschenswert die Rolle des Kontextes in die Analyse mit einzubeziehen und die verschiedenen Lesarten (z. B. in *Gen*-Strukturen oder in wechselseitigen, aber nicht symmetrischen Relationen) sowie die impliziten Argumente (z. B. *Heirat des Vaters (mit jm)*) zu untersuchen.
- Für die Bestimmung der Bedeutungsfelder von Substantiven mit reziproker Bedeutung sollten Einzelanalysen durchgeführt werden. Im Anschluss daran könnte man die Gruppe von lexikalisch reziproken Substantiven bestimmen und untersuchen.
- Eine vertiefte Untersuchung der kognitiven Linie von Reziprozität, wobei die örtliche/räumliche Vorstellung (z. B. *Abstand der beiden Häuser/Abstand*

zwischen den beiden Häusern) und die abstrakte Vorstellung (z. B. *Harmonie in Form und Farbe*) zum Ausdruck kommen, könnte auch dazu beitragen, dieses Phänomen auf der syntagmatischen Ebene besser zu verstehen.

- Neben den einzelsprachlichen Untersuchungen ist es sinnvoll, die Reziprozität auch kontrastiv zu studieren, um die sprachtypologischen Unterschiede auch in diesem Bereich zu Tage zu fördern.
- Die Analyse der reziproken Konfigurationen (z. B. *Diskussion des Vaters mit dem Sohn über etw.)* könnte bei der funktionalen Aufspaltung von NP valenter Substantive helfen.

Diese Untersuchungen könnten interessante Ergebnisse nicht nur für die Forschung, sondern auch für das Lernen von Fremdsprachen liefern.

8 Literatur

8.1 Die wichtigsten Grundlagen, Hilfsmittel und Quellen

(1) Zu den empirischen Untersuchungen (Kapitel 4):

BASSOLA, Péter (Hrsg.) (2003): *Deutsch-ungarisches Wörterbuch zur Substantivvalenz 1. Band.* (Német – magyar főnévi valenciaszótár). Szeged.

BASSOLA, Péter (Hrsg.) (2012): *Deutsch-ungarisches Wörterbuch zur Substantivvalenz 2. Band* (Német-magyar főnévi valenciaszótár). Szeged.

COSMAS II: http://www.ids-mannheim.de/cosmas2/referenz/virtuell.html

LISTE der mit-Phrasen aus dem Projekt von Schierholz (2001), Mail von Schierholz am 12.10.2005 (unveröffentlichtes Manuskript).

HESSKY, Regina (2000): *Deutsch-ungarisches Handwörterbuch.* Budapest-Szeged. + elektronische Form des Wörterbuches im XML-Format und im MobiMouse-Plus-Programm.

SOMMERFELDT, Karl-Ernst/SCHREIBER, Herbert (1977/1983): *Wörterbuch zur Valenz und Distribution der Substantive.* Leipzig.

(2) Zur Untersuchung der morphosyntaktischen und semantischen Merkmale von reziproken Substantiven (Kapitel 5.1):

AUGST, Gerhard (1998): Wortfamilienwörterbuch der deutschen Gegenwartssprache. Tübingen.

DUDEN Band 10 (2002): *Das Bedeutungswörterbuch.* Mannheim/Leipzig/Wien/Zürich.

FLEISCHER, Wolfgang/BARZ, Irmhild (1995): *Wortbildung der deutschen Gegenwartssprache. 2.* durchgesehene und ergänzte Auflage.Tübingen.

NAUMANN, Bernd (1986): *Einführung in die Wortbildungslehre des Deutschen. 2.* neubearbeitete Auflage. Werner Ottmar u.a. (Hrsg.): Germanistische Arbeitshefte 4. Tübingen

(3) Zur Untersuchung der morphosyntaktischen und semantischen Merkmale von Präpositionen (Kapitel 5.2):

DUDEN Band 10 (2002): Das Bedeutungswörterbuch. Mannheim/Leipzig/Wien/Zürich.

HELBIG, Gerhard/BUSCHA, Joachim (1993): *Deutsche Grammatik. Ein Handbuch für den Ausländerunterricht.* Leipzig/Berlin/München/Wien/Zürich/New York, 401–444.

Schröder, Jochen (1990): *Lexikon deutscher Präpositionen.* Leipzig.
W-Archiv und TAGGED- Archiv unter COSMAS II

(4) Zur Bestimmung der semantischen Merkmale von Argumenten (Kapitel 5.3):

Die Beispiele aus Zeitungen und Zeitschriften befinden sich in den folgenden Belegen des W-Archivs unter COSMAS II:

Zu: ***Begegnung von:*** Nürnberger Nachrichten 2008

E1: NUN08/JAN.02791 Nürnberger Nachrichten, 25.01.2008, S. 17; Am Rand der Theologie – Was macht eigentlich ein Religionswissenschaftler

E2: NUN08/MAR.00468 Nürnberger Nachrichten, 07.03.2008, S. 10; Fotowettbewerb: Kulturen begegnen sich – Bilder sollen das Miteinander von Menschen unterschiedlicher Herkunft zeigen

E3: NUN08/MAR.01866 Nürnberger Nachrichten, 21.03.2008, S. 8; Die Flamme des Bruders – Peter Hedges Liebeskomödie „Dan – Mitten im Leben"

E4: NUN08/MAI.02132 Nürnberger Nachrichten, 21.05.2008, S. 10; „Das Niveau des Dialogs ist gestiegen" Hans-Martin Gloël über den Start der zwölften christlich-islamischen Woche am 26

E5: NUN08/JUN.00365 Nürnberger Nachrichten, 04.06.2008, S. 1; Start zum Streetsoccer Cup am Riesenkicker – Der Wettbewerb für Kinder und Jugendliche im Alter von 8 bis 17 Jahren findet vom 6

Zu: ***Ähnlichkeit von:*** Frankfurter Rundschau 1997/1998/1999 + Nürnberger Zeitung 2006

E1: R98/FEB.10911 Frankfurter Rundschau, 10.02.1998, S. 15, Ressort: SPORT; Dritte Goldmedaille für den 31jährigen Berchtesgadener / Der „Berufsrodler" feilt selbst an seinen Kufen

E2: R97/JUL.58152 Frankfurter Rundschau, 26.07.1997, S. 6, Ressort: WISSENSCHAFT UND TECHNIK

E3: R97/NOV.92335 Frankfurter Rundschau, 21.11.1997, S. 33, Ressort: FREIE AUSSPRACHE; Nie behauptete Haeckel, der Embryo auf seinen Zeichnungen sei naturgetreu

E4: R99/SEP.70204 Frankfurter Rundschau, 02.09.1999, S. 8, Ressort: FEUILLETON; Germanophobie hat wieder Konjunktur in Frankreich

E5: NUZ06/JAN.01483 Nürnberger Zeitung, 16.01.2006; Hunde und Herrchen – Gesucht – und gefunden

Zu: ***Krieg von:*** Tiroler Tageszeitung 1998 + Nürnberger Nachrichten 1994

E1: I98/MAR.08476 Tiroler Tageszeitung, 03.03.1998, Ressort: Kultur; Gefühl und Pathos in der Familiengruft

E2: 98/SEP.34721 Tiroler Tageszeitung, 01.09.1998, Ressort: Wirtschaft; Turbulenter Markt der Autohersteller

E3: (http://de.wikipedia.org/wiki/Krieg_der_Sterne)

E4: UN94/AUG.02325 Nürnberger Nachrichten, 31.08.1994, S. 22; Von dessen Bart Weissagung troff – Enttäuschter Moralist: Zum 100

E5: NUN94/NOV.01940 Nürnberger Nachrichten, 26.11.1994, S. 3; Brasilien schickt jetzt Soldaten in die Favelas, weil korrupte und unfähige Politiker in der Zwölf-Millionen-Stadt an der Copacabana völlig versagt haben

Zu: ***Spiel gegen:*** Hamburger Morgenpost 2008

E1: *HMP08/JAN.02028 Hamburger Morgenpost, 23.01.2008, S. 36; Gille-Brüder sind heiß*

E2: *HMP08/JAN.00917 Hamburger Morgenpost, 11.01.2008, S. 35; Funkel verlängert, Hiddink sagt ab, Pagelsdorf streicht*

E3: *HMP08/FEB.01344 Hamburger Morgenpost, 14.02.2008, S. 30–31; Jetzt will er auch einen Titel mit dem HSV*

E4: *HMP08/JUN.01450 Hamburger Morgenpost, 16.06.2008, S. 1–11; „Es gibt nicht alle 14 Tage ein Wunder"*

E5: *HMP08/APR.01761 Hamburger Morgenpost, 21.04.2008, S. 1-4-5; Stevens in der Königsklasse!*

Zu: ***Kampf gegen:*** Hamburger Morgenpost 2008

E1: *HMP08/MAI.01957 Hamburger Morgenpost, 23.05.2008, S. 26–27; Roter Teppich für einen Revolutionär*

E2: *HMP08/SEP.02714 Hamburger Morgenpost, 25.09.2008, S. 38; Formel 1 Hamiltons Kampf gegen Massa und den Frust*

E3: *HMP08/JUN.00093 Hamburger Morgenpost, 03.06.2008, Beilage S. 8; Vorsicht vor der Überdosis!*

E4: *HMP08/OKT.02288 Hamburger Morgenpost, 23.10.2008, S. 28; Glückseligkeit*

E5: *HMP08/SEP.00642 Hamburger Morgenpost, 07.09.2008, S. 2–3; Ein Verbrecher als Präsident?*

Zu: ***Gefecht gegen:*** Frankfurter Rundschau 1998/1999

E1: *R98/JAN.06296 Frankfurter Rundschau, 24.01.1998, S. 3, Ressort: LOKAL-RUNDSCHAU; In Hornau erinnert noch viel an die Familie von Gagern / Der berühmteste Sohn kam nur zur Stippvisite*

E2: *R98/FEB.08540 Frankfurter Rundschau, 02.02.1998, S. 24, Ressort: SPORT; Nur Italien steht vorm deutschen Florett-Team*

E3: *R98/NOV.92082 Frankfurter Rundschau, 17.11.1998, S. 33, Ressort: REGIONALSPORT*

E4: *R99/MAR.16588 Frankfurter Rundschau, 01.03.1999, S. 31, Ressort: SPORT; Meisterin Simone Bauer besticht mit dem Florett*

E5: *R99/APR.28844 Frankfurter Rundschau, 12.04.1999, S. 33, Ressort: SPORT; Monika Weber gewinnt in Offenbach Gazzera-Turnier*

Zu: ***Schlacht gegen:*** Hannoversche Allgemeine 2007/2008

E1: HAZ07/SEP.06861 Hannoversche Allgemeine, 22.09.2007, S. 22; Die verbannte Prinzessin

E2: HAZ07/NOV.06980 Hannoversche Allgemeine, 24.11.2007, S. 21; Das könnten die „Leuchtenden Vorbilder" sein: Stimmen Sie ab!

E3: HAZ08/NOV.04844 Hannoversche Allgemeine, 27.11.2008, S. 4; Der Anführer macht gute Geschäfte

E4: AZ07/OKT.08928 Hannoversche Allgemeine, 31.10.2007, S. 6; Die verbannte Prinzessin

E5: HAZ07/OKT.07293 Hannoversche Allgemeine, 25.10.2007, S. 1; In der Türkei wächst die Kriegsbegeisterung

Zu: ***Beziehung zu:*** Hamburger Morgenpost 2008

E1: HMP08/JUL.00852 Hamburger Morgenpost, 09.07.2008, S. 48; Drew Barrymore Aus und vorbei

E2: HMP08/JUL.02795 Hamburger Morgenpost, 30.07.2008, S. 35; Olli & Simone Kahn bauen Traumvilla für ihre neue Liebe

E3: HMP08/JUL.02181 Hamburger Morgenpost, 23.07.2008, S. 18; Kinohit mit Knackis & Kläffern

E4: HMP08/DEZ.02829 Hamburger Morgenpost, 31.12.2008, S. 7; Bonjour Sagan

E5: HMP08/OKT.00789 Hamburger Morgenpost, 09.10.2008, S. 8–9; La Silence de Lorna – Lornas Schweigen

Zu: ***Distanz zu:*** Hannoversche Allgemeine 2008 + Braunschweiger Zeitung 2007

E1: HAZ08/JAN.02115 Hannoversche Allgemeine, 12.01.2008, S. 5; ... und noch eine Frage an den Ministerpräsidenten

E2: HAZ08/JAN.02673 Hannoversche Allgemeine, 15.01.2008, S. 3; Die CDU ist der Schnellschüsse aus der Kochkiste müde

E3: HAZ08/JAN.05435 Hannoversche Allgemeine, 29.01.2008, S. 4; Von bürgerlichen und solidarischen Mehrheiten

E4: HAZ08/DEZ.02548 Hannoversche Allgemeine, 13.12.2008, S. 18; Die letzte Chance der Christine

E5: BRZ07/DEZ.11685 Braunschweiger Zeitung, 31.12.2007;

Zu: ***Liebe zu:*** Hamburger Morgenpost 2008

E1: HMP08/SEP.01775 Hamburger Morgenpost, 17.09.2008, S. 17; Senta Berger hat ein Problem mit dem Alter

E2: HMP08/SEP.02096 Hamburger Morgenpost, 20.09.2008, S. 12–13; Ohlsdorfs berühmte Gräber

E3: HMP08/DEZ.00079 Hamburger Morgenpost, 01.12.2008, S. 17; Schöne Mariella spricht über ihre Liebe zu alten Menschen

E4: HMP08/OKT.01178 Hamburger Morgenpost, 12.10.2008, S. 55; Der traurige Abschied von Thomas Dörflein

E5: HMP08/JUN.01466 Hamburger Morgenpost, 16.06.2008, S. 17; „Ich war immer anders"

Zu: ***Verbindung zu:*** Hannoversche Allgemeine 2008 + St. Galler Tagblatt 2008

E1: HAZ08/SEP.01543 Hannoversche Allgemeine, 08.09.2008, S. 13; Haft, weil 250 Euro zu spät kamen

E2: HAZ08/SEP.05581 Hannoversche Allgemeine, 27.09.2008, S. 27; „96 ist kein Aufbaugegner"

E3: 08/OKT.03147 St. Galler Tagblatt, 10.10.2008, S. 38; Buch und Hilfsaktion zum Jubiläum

E4: A08/SEP.04468 St. Galler Tagblatt, 13.09.2008, S. 52; Neue Pro Senectute Ortsvertreterinnen

E5: A08/APR.00143 St. Galler Tagblatt, 01.04.2008, S. 51; Mehr Siege als Niederlagen

Zu: ***Abstand zwischen:*** Hannoversche Allgemeine 2008

E1: HAZ08/MAI.04264 Hannoversche Allgemeine, 23.05.2008, S. 18; Wellen, die den Raum verformen

E2: HAZ08/JUN.01129 Hannoversche Allgemeine, 09.06.2008, S. 23; Trotz MS in Bewegung bleiben

E3: HAZ08/MAR.02206 Hannoversche Allgemeine, 11.03.2008, S. 4; Sieg für die Sozialisten - doch kein Triumph

E4: HAZ08/NOV.00145 Hannoversche Allgemeine, 01.11.2008, S. 19; Nette Typen

E5: HAZ08/SEP.04944 Hannoversche Allgemeine, 25.09.2008, S. 8; Objektiv betrachtet

Zu: ***Harmonie zwischen:*** Hannoversche Allgemeine 2008

E1: HAZ08/MAR.05146 Hannoversche Allgemeine, 28.03.2008, S. 12; Begegnungen wie Hammerschläge

E2: HAZ08/APR.01223 Hannoversche Allgemeine, 08.04.2008, S. 3; Olympische Fackel und olympisches Feuer

E3: HAZ08/JUN.03877 Hannoversche Allgemeine, 21.06.2008, S. 1; Psychoterror gegen den Chef

E4: HAZ08/JUN.02659 Hannoversche Allgemeine, 16.06.2008, S. 3; Auf der Suche nach der Harmonie

E5: HAZ08/APR.00526 Hannoversche Allgemeine, 03.04.2008, S. 3; Mugabe – vom Befreier zum Tyrannen

Zu: ***Verbindung zwischen:*** Hannoversche Allgemeine 2008

E1: HAZ08/NOV.00092 Hannoversche Allgemeine, 01.11.2008, S. 4; Der Weg ist das Ziel

E2: HAZ08/JUL.04875 Hannoversche Allgemeine, 25.07.2008, S. 7; Letzte Station Inari

E3: HAZ08/JAN.04121 Hannoversche Allgemeine, 22.01.2008, S. 1; Unwohlsein

E4: HAZ08/APR.03080 Hannoversche Allgemeine, 17.04.2008, S. 7; „Die Kunst besteht im Weglassen"

E5: HAZ08/JAN.00218 Hannoversche Allgemeine, 03.01.2008, S. 6; Die verbannte Prinzessin

Zu: ***Vertrauen zwischen:*** Hannoversche Allgemeine 2008

E1: HAZ08/FEB.03631 Hannoversche Allgemeine, 20.02.2008, S. 17; Auf die nüchterne Art

E2: HAZ08/JUN.00020 Hannoversche Allgemeine, 02.06.2008, S. 24; Positive Ausstrahlung

E3: HAZ08/AUG.03159 Hannoversche Allgemeine, 15.08.2008, S. 2; Dreist

E4: HAZ08/OKT.01635 Hannoversche Allgemeine, 09.10.2008, S. 13; Aktienkurse fallen trotz Zinssenkung

E5: HAZ08/NOV.00284 Hannoversche Allgemeine, 01.11.2008, S. 28; Erst der Anfang

Zu: ***Divergenz in:*** Wikipedia URL: http://de.wikipedia.org: Wikipedia, 2005+ Mannheimer Morgen 2003+ Nürnberger Nachrichten 2005

E1: WPD/DDD.05943 Stefan Kühn; Paddy; Wfstb; u.a.: Divergenz (Mathematik), In: Wikipedia URL: http://de.wikipedia.org: Wikipedia, 2005

E2: M03/JUL.48364 Mannheimer Morgen, 23.07.2003; Viel Einigkeit, eine Enttäuschung

E3: NUN05/MAI.02101 Nürnberger Nachrichten, 21.05.2005; Aufstieg und Fall der Pfälzer Kurfürsten – Neue Dauerschau im Stadtmuseum Amberg dokumentiert Geschichte der Residenzstadt

E4: –

Zu: ***Harmonie in:*** Tiroler Tageszeitung 2000 + Salzburger Nachrichten 1992/1999/2000 + Niederösterreichische Nachrichten 2008

E1: NON08/MAR.02308 Niederösterreichische Nachrichten, 04.03.2008, S. 49; Bilder voller Harmonie

E2: Tiroler Tageszeitung, 15.01.2000, Ressort: Motor; Harmonie in Form und Funktion

E3: (N00/JUN.26100 Salzburger Nachrichten, 08.06.2000, Ressort: WETTER / TAGESSPIEGEL; ASTROLOGIE:: Donnerstag, 8. Juni 2000)

E4: Salzburger Nachrichten, 02.05.1992; Perfektion statt Anpassung

E5: N99/NOV.50289 Salzburger Nachrichten, 26.11.1999, Ressort: Kopf Story; Schwarzblaue Herzlichkeit

Zu: ***Einheit in:*** Kleine Zeitung 1999 + Berliner Morgenpost 1999 + Die Südostschweiz 2006

E1: K99/NOV.81787 Kleine Zeitung, 28.11.1999, Ressort: Lokal; „Gemeinsames muss das Trennende überwiegen"

E2: L99/NOV.78536 Berliner Morgenpost, 05.11.1999, S. 2, Ressort: POLITIK; Rau: Deutsche brauchen das Mahnmal zum Holocaust

E3: SOZ06/DEZ.02517 Die Südostschweiz, 13.12.2006; Flimslicht ist entzündet

8.2 Gesamtliteratur

ABNEY, Steven (1987): The Englisch Noun Phrase in íts Sentential Aspect. Cambridge (Mass): MIT (PhD. Diss.).

ÁGEL, Vilmos (1993): Gebt endlich die Grenze zwischen Wortbildung und Syntax frei. Aktiv und Passiv in der deutschen Nominalphrase. In: Deutsche Sprache H.2, 28–142.

ÁGEL, Vilmos (1995): Valenzrealisierung, finites Substantiv und Dependenz in der deutschen Nominalphrase. (KLAGE 29) Hürth.

ÁGEL, Vilmos (2000): Valenztheorie. Narr Studienbücher, Tübingen: Narr.

ÁGEL, Vilmos (2004): Prinzipien der Valenztheorie(n). In: Stanescu, Speranta (Hrsg.): Die Valenztheorie. Bestandaufnahme und Perspektiven. Frankfurt am Main, 11–30.

ALBERTI, Gábor (1997): Argument selection. Frankfurt am Main.

APRESZJAN, Jurij D./PÁLL, Erna (1982): Orosz ige-magyar ige. Budapest.

AUGST, Gerhard (1998): Wortfamilienwörterbuch der deutschen Gegenwartsprache. Tübingen.

BASSOLA, Péter (Hrsg.) (2003): Német – magyar főnévi valenciaszótár. Deutsch-ungarisches Wörterbuch zur Substantivvalenz. Szeged, 1. Band

BASSOLA Péter (2005): Vielfalt der deutschen Sprache aus ungarischer Sicht. In: Ludwig M. Eichinger, Werner Kallmeyer (Hrsg.) Standardvariation. Wie viel Variation verträgt die deutsche Sprache? Berlin-New York: Walter de Gruyter, 306–323 (= Institut für Deutsche Sprache Jahrbuch 2004).

BASSOLA, Péter (2006a): Strukturtypen nicht abgeleiteter deutscher Substantive im Vergleich zum Ungarischen. In: Hass, Ulrike/Kallmeyer, Werner/Wassner, Ulrich (Hrsg.): Studien zur Deutschen Sprache. Forschungen des Instituts für Deutsche Sprache. Bd. 36. Tübingen, 111–132.

BASSOLA, Péter (2006b): Valenzinformationen in zweisprachigen Wörterbüchern. In: Ágel, Vilmos u.a. Dependenz und Valenz. Ein internationales Handbuch der zeitgenössischen Forschung (HSK- Band 25.2.). Berlin/ New York, 1387 1396.

BASSOLA, Péter (2009): Stellung der Komplemente des prädikativen Substantivs. In: Claudio Di Meola et al. (Hrsg.): Perspektiven Drei. Akten der 3. Tagung.

Deutsche Sprachwissenschaft in Italien (Rom, 14.–16. Februar 2008). [Italienische Studien zur deutschen Sprache 4].

Bassola, Péter (Hrsg.) (2012): Német – magyar főnévi valenciaszótár. Deutsch-ungarisches Wörterbuch zur Substantivvalenz. Szeged, 2. Band.

Bassola, Péter/Bernáth, Csilla (1998): Realisierung der Valenzstruktur von deutschen und ungarischen Substantiven. In: Bassola, Péter (Hrsg.): Acta Germanica 6. Beiträge zur Nominalphrasensyntax. Szeged, 173–196.

Bassola, Péter/Kubczak, Jacqueline/László, Sarolta (2004): Zweisprachige Substantivvalenz in Theorie und Praxis. In: Stanescu, Speranta (Hrsg.): Die Valenztheorie. Bestandaufnahme und Perspektiven. Frankfurt am Main, 179–191.

Behaghel, Otto (1923): Deutsche Syntax. Bd. I. Heidelberg.

Bhatt, Christa (1989): Parallels in the Syntactic Realization of the Arguments of Verbs and their Sentences. Amszterdam, 17–37.

Bierwisch, Manfred (1989): Event Nominalizations: Proposals and Problems. In: Linguistische Studien, 1–73.

Blume, Kerstin (1993) Valenz und (Nicht-)Notwendigkeit. Arbeiten des SFB 282. Nr. 48. Wuppertal.

Blume, Kerstin (2004): Nominalisierte Infinitive. Eine Studie zum Deutschen. LA- Reihe. Tübingen.

Bondzio, Wilhelm (1967): Untersuchungen zum attributiven Genitiv und zur Nominalgruppe in der deutschen Gegenwartsprache. Universität-Berlin.

Bondzio, Wilhelm (1976/1977/1978): Abriß der semantischen Valenztheorie als Grundlage der Syntax. In: Zeitschrift für Phonetik, Sprachwissenschaft und Kommunikationsforschung (4/1976, 3/1977, 1/1978). Tübingen.

Breindl, Ewa (1989): Präpositionalobjekte und Präpositionalobjektsätze im Deutschen. Tübingen.

Bresson, Daniel (1991): Zur Analyse nominaler relationaler Komposita im Deutschen im Hinblick auf die maschinelle Sprachverarbeitung. In: Cahier d'Etudes Germaniques 21, 179–187.

Bresson, Daniel/Kubczak, Jacqueline (Hrsg.) (1998): Abstrakte Nomina: Vorarbeiten zu ihrer Erfassung in einem zweisprachigen syntagmatischen Wörterbuch. Tübingen.

Brinkmann, Hennig (1962): Die deutsche Sprache. Gestalt und Leistung. Düsseldorf.

Brugmann, Claudia M. (1983): Story of „Over". Trier.

Butt, Miriam (2003): The Light Verb Jungle. Workshop on Multi-Verb Constructions (http://ling.uni-konstanz.de/pages/home/butt/harvard-work.pdf) Harvard Working Papers in Linguistics, 9–49.

Chomsky, Noam (1965): Aspects of the Theory of Syntax. Cambridge/MA: The MIT Press.

COSMAS II: http://www.ids-mannheim.de/cosmas2/referenz/virtuell.html

Cresswell, Max J. (1978): Prepositions and Points of View. In: Linguistics and Philosophy 2, 1–41.

Dalrymple, Mary et.al. (1998): Reciprocal Expressions and the Concept of Reciprocity. Linguistic and Philosophy 21, 159–210.

DDUw (1989): Duden. Deutsches Universalwörterbuch A-Z. 2. völlig neu bearbeitete und stark erweiterte Auflage. Mannheim/Wien/Zürich.

Der kleine Duden (1988): Deutsche Grammatik. Mannheim/Leipzig/Wien/ Zürich.

Dimitriadis, Alexis (2002): Discontinuous reciprocals. Manuskript.

Dirven, Rene (1981): Spatial Relations in English. In: Anglistik und Englischunterricht 14, 103–132.

Duden (10) (2002): Das Bedeutungswörterbuch. Mannheim/Leipzig/Wien/ Zürich.

Ehrich, Veronika (1991): Nominalisierungen. In: von Stechow, Armin/ Wunderlich, Dieter (Hrsg.): Semantik: Ein internationales Handbuch der zeitgenössischen Forschung (HSK 6). Berlin/New York, 441–458.

Ehrich, Veronika/Rapp, Irene (2000): Sortale Bedeutung und Argumentstruktur: ung-Nominalisierungen im Deutschen. In: Zeitschrift für Sprachwissenschaft 19, 245–303.

Eisenberg, Peter (1986): Grundriß der deutschen Grammatik. Erste Auflage. Metzler: Stuttgart.

Eisenberg, Peter (1994): Grundriß der deutschen Grammatik 3. überarbeitete Auflage. Metzler: Stuttgart.

Eisenberg, Peter (1998): Grundriß der deutschen Grammatik. Band 1: Das Wort. Metzler: Stuttgart/Weimar.

Eisenberg, Peter (1999): Grundriß der deutschen Grammatik. Band 2: Der Satz. Metzler: Stuttgart/Weimar, 384–410.

Eisenberg, Peter (1999/2001): Grundriß der deutschen Grammatik. Band 2: Der Satz. Metzler: Stuttgart/Weimar.

Eisenberg, Peter u.a. (1998): Duden. Grammatik der deutschen Gegenwartsprache. 6. Auflage. Mannheim/Leipzig/ Wien/Zürich.

Elst, Gaston Van der (1992): Syntaktische Analyse. Erlangen.

Engel, Ulrich (1974): Zur dependenziellen Beschreibung von Nominalphrasen. In: Engel, Ulrich u.a. (Hrsg.): Sprachsystem und Sprachgebrauch. Festschrift für Hugo Moser zum 65. Geburtstag. Teil 1. Düsseldorf 1974. Sprache der Gegenwart Bd. 33, 58–89.

Engel, Ulrich (1991): Deutsche Grammatik. 2. Auflage. Heidelberg.

Engel, Ulrich (1994): Syntax der deutschen Gegenwartsprache. 3. neu bearbeitete Auflage. Berlin.

Engel, Ulrich (1996): Deutsche Grammatik. 3. korrigierte Auflage. Heidelberg.

Eroms, Hans-Werner (1981): Valenz Kasus und Präpositionen. Untersuchungen zur Syntax und Semantik präpositionaler Konstruktionen in der deutschen Gegenwartsprache. Heidelberg.

Eroms, Hans-Werner (1988): Der Artikel im Deutschen und seine dependenzgrammatische Darstellung. In: Sprachwissenschaft 13, 257–308.

Eroms, Hans-Werner (2000): Syntax der deutschen Sprache. Berlin/New York.

Eroms, Hans-Werner (2004): Die Ausweitung der Dependenzzone. In: Czicza u.a. (Hrsg.): Festschrift für Péter Bassola zum 60. Geburtstag, Szeged, 151–165.

Fillmore, Charles J. (1968): The Case for Case. In: Bach, E./Harms, R. T. (eds.): Universals in Linguistik Theory. New York, 1–88. [Deutsche Fassung: Ein Plädoyer für Kasus. In: Abraham, Werner (1971) (Hrsg.): Kasustheorie. Frankfurt (am Main), 1–118].

Fleischer, Wolfgang/Barz, Irmhild (1995): Wortbildung der deutschen Gegenwartsprache. 2. durchgesehene und ergänzte Auflage. Tübingen.

Frege, Gottlob (1980): Funktion und Begriff. In: Patzig, Günther (Hrsg.): Funktion, Begriff, Bedeutung. Fünf logische Studien. 5. Auflage. Göttingen, 17–39.

Golonka, Joanna (2002): Ihre Meinung dazu oder: Wie denken Sie darüber? Zur Vererbung verbaler Valenzmerkmale in Nominalphrasen des Deutschen und des Polnischen. Mannheim.

Greenberg, Joseph H. (1966): Some universals of grammar with particular reference to the order of meaningsful elements. In: Greenberg, Joseph H. (ed.): Universals of language. MIT Press, Cambridge, 73–113.

Grimm, Jacob (1898): Deutsche Grammatik. 4.Theil. Neuer vermehrter Abdruck. Gütersloh.

Grimshaw, Jane (1990/1992): Argument Structure (Linguistic Inquiry Monographs 18). Cambridge Mass./London.

Gross, Gaston (1989): Les Constructions converses du francais. Genf.

Haider, Hubert (1985) : Von SEIN oder nicht SEIN: Zur Grammatik des Pronomens „sich". In: Abraham, Werner (Hrsg.): Erklärende Syntax des Deutschen. Tübingen, 223–254.

Haider, Hubert (1988): Die Struktur der deutschen Nominalphrase. In: Zeitschrift für Sprachwissenschaft 7, 32–59.

Haspelmath, Martin (2007): Further remarks on reciprocal constructions. In: Nedjalkov, Vladimir P. (ed.): Reciprocal constructions. Amsterdam, 1–30.

Hawkins, Bruce W. (1986): The Semantic of English Spatial Prepositions. Trier.

Heidolph, Karl Erich/Flämig, Walter/Motsch, Wolfgang (1981): Grundzüge einer deutschen Grammatik. Berlin.

Helbig, Gerhard (1976): Zur Valenz verschiedener Wortklassen. In: Deutsch als Fremdsprache 13, 131–146.

Helbig, Gerhard (1986): Zu umstrittenen Fragen der substantivischen Valenz. In: DaF 4/1986, 200–207.

Helbig, Gerhard (1992): Probleme der Valenz- und Kasustheorie. Konzepte der Sprach- und Literaturwissenschaft. Tübingen.

Helbig, Gerhard (1995): Erweiterungen des Valenzmodells? In: Eichinger, Ludwig M./Eroms, Hans-Werner (Hrsg.) Dependenz und Valenz. Beiträge zur germanistischen Sprachwissenschaft 10. Hamburg, 259–274.

Helbig, Gerhard/Buscha, Joachim (1986): Deutsche Grammatik. Ein Handbuch für den Ausländerunterricht. Leipzig.

Helbig, Gerhard/Buscha, Joachim (1993): Deutsche Grammatik. Ein Handbuch für den Ausländerunterricht. Leipzig/Berlin/München/Wien/Zürich/New York, 401–444.

Helbig, Gerhard/Schenkel, Wolfgang (1973): Wörterbuch zur Distribution deutscher Verben. 2. Auflage. Leipzig.

Helbig, Gerhard/Schenkel, Wolfgang (1991): Wörterbuch zur Distribution deutscher Verben. 8. durchgesehene Auflage. Tübingen.

Heringer, Hans Jürgen (1996): Deutsche Syntax dependenziell. Tübingen.

Hessky, Regina (2000): Deutsch-ungarisches Handwörterbuch. Budapest-Szeged. + elektronische Form des Wörterbuches im XML-Format und im MobiMouse-Plus-Programm.

Hölzner, Matthias (2007): Substantivvalenz. Korpusgestützte Untersuchungen zu Argumentrealisierungen deutscher Substantive. Reihe Germanistische Linguistik (RGL) 274. Tübingen.

Hum, Rozália (2006a): Vorstudie zur Untersuchung von reziproken Strukturen valenter Substantive. In: Gárgyán, Gabriella/Hum, Rozália/Molnár, Petra

(Hrsg.): Linguistische Beiträge ungarischer Nachwuchsgermanisten. Acta Germanica Reihe. Szeged, 63–84.

HUM, Rozália (2006b): Interferenzfehler bei der Bildung von Präpositionalattributen valenter Substantive in deutsch-ungarischer Relation. In: DUfU 1–2. (21. Jahrgang), Miskolc, 15–36.

JACKENDOFF, Ray (1977): X-bar-Syntax. A study of phrase structure. Cambridge.

JACOBS, Joachim (1986/1994a): Kontra Valenz. Linguistisch-Philologische Studien. Fokus Band 12. Trier.

JACOBS, Joachim (1994b): Das lexikalische Fundament der Unterscheidung von obligatorischen und fakultativen Ergänzungen. Zeitschrift für Germanistische Linguistik 22, 284–319.

KAUFMANN, Ingrid (2003): Infinitivnominalisierungen von reflexiven Verben: Evidenz gegen Argumentstrukturvererbung? In: Claudia Maienborn (Hrsg.) (A)Symmetrien-(A)Symmetries. Beiträge zu Ehren von Ewald Lang – Papers in Honor of Ewald Lang. Tübingen, 203–232.

KEMPCKE, Günter (Hrsg.) (2000): Wörterbuch Deutsch als Fremdsprache. Berlin/New York.

KIEFER, Ferenc (1998): Nominale Komposita und Argumentstruktur. In: Péter Bassola (Hrsg.): Beiträge zur Nominalphrasensyntax, Acta Germanica Bd. 6. Szeged: JATE, 45–61.

KOHVAKKA, Hannele/LENK, Hartmut E. H. (2007): Streiter für Gerechtigkeit und Teilnehmer am Meinungsstreit? Zur Valenz von Nomina agentis im Deutschen und Finnischen. In: Lenk, Hartmut E. H. /Walter, Maik (Hrsg.): Wahlverwandtschaften. Valenzen – Verben – Varietäten. Festschrift für Klaus Welke zum 70. Geburtstag. Germanistische Linguistik 188–189, 195–218.

KOMLÓSY András (1992): Régensek és vonzatok. In: Kiefer Ferenc szerk. Strukturális magyar nyelvtan 1. Mondattan, Budapest, 299–528.

KOMLÓSY, András (1994): Complements & Adjuncts. In: Kiefer, Ferenc-É. Kiss, Katalin (Hrsg.): The syntactic structure of Hungarian, Syntax and Semantics 27, San Diego, Academic Press, 91–178.

KUBCZAK, Jacqueline/COSTANTINO, Sylvie (1998): Über ein französisch-deutsches Kooperationsprojekt: Syntagmatisches Wörterbuch Deutsch-Französisch, Französisch-Deutsch. In: Péter Bassola (Hrsg.): Acta Germanica 6. Beiträge zur Nominalphrasensyntax. Szeged, 63–128.

KUBCZAK, Jacqueline/SCHUMACHER Helmut (1998): Verbvalenz – Nominalvalenz. In: Bresson, Daniel/Kubczak, Jacqueline (Hrsg.): Abstrakte Nomina: Vorarbeiten zu ihrer Erfassung in einem zweisprachigen syntagmatischen Wörterbuch. Studien zur deutschen Sprache, Band 10. Tübingen, 273–286.

KUBCZAK, Jacqueline (2006): Valenzinformationen in den großen deutschen einbändigen Wörterbüchern. In: Ágel, Vilmos et. al. (Hrsg.): Dependenz und Valenz. Ein internationales Handbuch der Zeitgenössischen Forschung (HSK: 25.2). Berlin/New York, 1379–1386.

KULIKOV, Leonid (2003): The labile syntactic type in a diachronic perspective: the case of Vedic. In: SKY Journal of Linguistics 16, 93–112.

KUNZE, Jürgen (1992): Einige Betrachtungen zum Komitativ und zu verwandten Konstruktionen. In: Zimmermann, Ilse/Strigin, Anatoli (Hrsg.): Fügungspotenzen. (studia grammatica XXXIV) Berlin, 111–131.

KUNZE, Jürgen (1997): Typen der reflexiven Verbverwendung im Deutschen und ihre Herkunft. In: Zeitschrift für Sprachwissenschaft 16.(1/2), 83–180.

LANGACKER, Ronald W. (1982): Space Grammar, Analysability, and the English Passive. In: Language 58, 22–80.

LANGACKER, Ronald W. (1987): Foundations of Cognitive Grammar. Vol. 1. Stanford: University Press.

LANGENSCHEIDTS Schulwörterbuch (1996) von Pertsch, Erich u.a. (Hrsg.): Latein, Lateinisch-Deutsch, Deutsch-Lateinisch. Berlin-München-Wien-Zürich-New York.

LÁSZLÓ, Sarolta (1988): Mikroebene. In: Mrazović, Pavica/Teubert, Wolfgang (Hrsg.): Valenzen im Kontrast. Ulrich Engel zum 60. Geburtstag. Heidelberg, 218–233.

LAUTERBACH, Stefan (1993): Genitiv, Komposition und Präpositionalattribut: Zum System nominaler Relationen im Deutschen. München.

LEHMANN, Christian (1985): „Grammaticalization: Synchronic Variation and Diachronic Change“ In: Lingua e. Stile 20, 303–318.

LEHMANN, Christian (2004): Funktionale Grammatikographie, Manuskript: http://www.uni-erfurt.de/sprachwissenschaft/personal/lehmann/CL_Publ/funkt_gramm.pdf (29.12.2003).

LINDAUER, Thomas (1995): Genitivattribute. Tübingen.

MEOLA, di Claudio (2000): Die Grammatikalisierung deutscher Präpositionen. Studien zur deutschen Grammatik 62. Tübingen.

MUZIKANT, Mojmír (2002): Die Geschehenssubstantive des Deutschen. Vorstudien zu einem kleinen Valenzlexikon. Masarykova Univerzita Pedagogická Fakulta. Brno.

NAUMANN, Bernd (1986): Einführung in die Wortbildungslehre des Deutschen. 2. neubearbeitete Auflage. Werner Ottmar u.a. (Hrsg.): Germanistische Arbeitshefte 4.Tübingen.

Nedjalkov, Vladimir (2007): Reciprocal derivation involving non-verbals. In: Nedjalkov, Vladimir P. (ed.): Reciprocal constructions. Amsterdam.

Olsen, Susan (1991): Die deutsche Nominalphrase als „Determinansphrase". In: Olsen, Susan/Fanselow, Gisbert (Hrsg.): „DET, COMP und INFL". Zur Syntax funktionaler Kategorien und grammatischer Funktionen (Linguistische Arbeiten 263). Tübingen, 35–56.

Polenz, Peter (1988): Deutsche Semantik. Das Zwischen-den-Zeilen-Lesen. Berlin, New York.

Pons (2001): Großes Schulwörterbuch Deutsch. Stuttgart.

Radden, Günter (1981): Die übertragene Bedeutung der englischen Raumpräpositionen. In: Anglistik und Englischunterricht 14, 133–179.

Rákosi, György (2005): Diadikus reciprok predikátumok a magyarban, In: Sinkovics Balázs szerk. LingDok4: Nyelvész-doktoranduszok dolgozatai. SZTE Nyelvtudományi Doktori Iskola, Szeged, 127–149.

Randow, Elise von (1986): Valente Substantive des Englischen. Tübingen.

Sandberg, Bengt (1979): Zur Repräsentation, Besetzung und Funktion einiger zentraler Leerstellen bei Substantiven (Acta Universitatis Gothoburgensis. Göteborger germanistische Forschungen 18). Göteborg.

Sandberg, Bengt (1982): Zur Valenz der Substantive. In: Deutsch als Fremdsprache 19, 272–279.

Schierholz, Stefan J. (1996a): Grammatische Informationen zu Substantiven in einsprachigen deutschen Wörterbüchern. In: Wiegand, Herbert E. (Hrsg.): Wörterbücher in der Diskussion II. Tübingen, 140–203.

Schierholz, Stefan J. (1996b): Grammatik im Wörterbuch. Zur Wörterbuchbenutzung aus fremdsprachlicher Perspektive. In: Deutsch als Fremdsprache. 33. Jg. H. 4, 223–232.

Schierholz, Stefan J. (1998): Die Grammatik der Substantive in „Langenscheidts Großwörterbuch Deutsch als Fremdsprache". In: Wiegand, Herbert E. (Hrsg.): Perspektiven der pädagogischen Lexikographie des Deutschen. Untersuchungen anhand von „Langenscheidts Großwörterbuch Deutsch als Fremdsprache". Tübingen, 88–103.

Schierholz, Stefan J. (2001): Präpositionalattribute. Syntaktische und semantische Analysen. Linguistische Arbeiten 447, Tübingen.

Schierholz, Stefan J. (2002): Die Grammatik der Substantive im „de Gruyter Wörterbuch Deutsch als Fremdsprache". In: Wiegand, Herbert E. (Hrsg.): Perspektiven der pädagogischen Lexikographie des Deutschen II. Untersuchungen anhand des de Gruyter Wörterbuches Deutsch als Fremdsprache. Tübingen.

SCHIERHOLZ, Stefan J. (2003): Die Grammatik der Substantive im GWDS. In: Herbert E. Wiegand (Hrsg.): Untersuchungen zur kommerziellen Lexikographie der deutschen Gegenwartssprache I. „Duden. Das große Wörterbuch der deutschen Sprache in zehn Bänden. Print- und CD-ROM-Version." (Lexicographica. Series Maior 113), Tübingen, 337–351.

SCHIERHOLZ, Stefan J. (2004): Valenzvererbung? Präpositionalattributkonstruktionen und ihre Herleitung. In: Stanescu, Speranta (Hrsg.): Die Valenztheorie. Bestandaufnahme und Perspektiven. Frankfurt am Main, 79–96.

SCHIERHOLZ, Stefan J. (2005/2001): Mit-Tabelle/Mail von Schierholz S. J. vom 12. Oktober 2005 (unveröffentlichtes Manuskript).

SCHREIBER, Herbert /SOMMERFELDT, Karl-Ernst /STARKE, Günter (1993): Deutsche Substantive. Wortfelder für den Sprachunterricht. Leipzig.

SCHRÖDER, Jochen (1990): Lexikon deutscher Präpositionen. Leipzig.

SILONI, Tal (2001): Reciprocal verbs. In: Yehuda N. Falk (Hrsg.): Proceedings of the Israel Association of Theoretical Linguistics 17. [http://atar.mscc.huji.ac.il/~english/IATL/17].

SOMMERFELDT, Karl-Ernst (1968): Struktur und Leistung der Substantivgruppe in der deutschen Sprache der Gegenwart. Erfurt.

SOMMERFELDT, Karl-Ernst (1973): Zur Besetzung der Leerstellen von Valenzträgern. In: Deutsch als Fremdsprache 2.

SOMMERFELDT, Karl-Ernst/SCHREIBER, Herbert (1977/1983): Wörterbuch zur Valenz und Distribution der Substantive. Leipzig.

SOMMERFELDT, Karl-Ernst/SCHREIBER, Herbert (1996): Wörterbuch der Valenz etymologisch verwandter Wörter. Tübingen.

STEGBAUER, Christian (2002): Reziprozität. Wiesbaden.

STEIN, Achim (1996): Zur Valenz komplexer Prädikate am Beispiel deutscher und französischer Ver-Substantiv-Verbindungen. In: Gréciano, Gertrud/Schumacher, Helmut (Hrsg.): Lucien Tesnière – Syntaxe structurale et opérations mentales. Akten des deutsch-französischen Kolloguiums anlässlich der 100. Wiederkehr seines Geburtstages, Strasbourg 1993 (Linguistische Arbeiten 348). Tübingen, 191–202.

STORRER, Angelika (1996): Wie notwendig sind obligatorische Valenzstellen?- Faktoren der Weglassbarkeit von Valenzstellen im Text. In: Gréciano, Gertrud/Schumacher, Helmut (Hrsg.): Luciaen Tesnière – Syntaxe structurale et opérations mentales. Akten des deutsch-französischen Kolloquiums anlässlich der 100. Wiederkehr seines Geburtstages Strassbourg 1993. Tübingen, 225–238.

Tamássy-Bíró, Magda (1998a): Einige Gedanken zur Valenz der ungarischen Substantive. In: Bassola, Péter (Hrsg.): Acta Germanica 6. Beiträge zur Nominalphrasensyntax. Szeged, 143–172.

Tamássy-Bíró, Magda (1998b): Valente Substantive mit Aktanten auf Mikroebene. Valente Substantivklassen im Deutschen und Ungarischen. In: Sprachwissenschaft Band 23. Heft 3, 317–339.

Teubert, Wolfgang (1979): Valenz des Substantivs. Attributive Ergänzungen und Angaben. Sprache der Gegenwart IdS. Schriften des Instituts für deutsche Sprache 49. Düsseldorf.

Teubert, Wolfgang (1999): Substantivvalenz. Unveröffentlichtes Manuskript.

Teubert, Wolfgang (2003): Die Valenz nichtverbaler Wortarten: das Substantiv. In: Ágel, Vilmos u.a. (Hrsg.): Dependenz und Valenz. Ein internationales Handbuch der zeitgenössischen Forschung. [Handbücher zur Sprach- und Kommunikationswissenschaft Band 25.1. Halbband] Berlin, New York, 820–835.

Uzonyi, Pál (2004): Valenz kontra Subklassenspezifik. In: D. Czicza, Dániel u.a. (Hrsg.): Wertigkeiten, Geschichten und Kontraste. Festschrift für Péter Bassola zum 60. Geburtstag. Szeged, 233–237.

Vater, Heinz (1991): Determinantien in der DP. In: Olsen, Susan/Fanselow, Gisbert (Hrsg.): „DET, COMP und INFL". Zur Syntax funktionaler Kategorien und grammatischer Funktionen (Linguistische Arbeiten 263). Tübingen, 15–34.

Vendler, Zeno (1957): Verbs and times. In: Philosophical review, 143–160.

Viehweger, Dieter (1977): Probleme der semantischen Analyse. (Studia Grammatica XV). Berlin.

Wahrig, Gerhard (2006): Deutsches Wörterbuch. Hrsg. von Renate Wahrig-Burfeind. (Neuausgabe) Tübingen.

Weinrich, Harald (1993): Textgrammatik der deutschen Sprache. Mannheim/Leipzig/Wien/Zürich.

Welke, Klaus (1988): Einführung in die Valenz- und Kasustheorie. Leipzig.

Welke, Klaus (1995): Wortbildung und Valenz. In: Der Ginko-Baum 13, 228–236.

Wiegand, Herbert Ernst (1996): Über primäre, von Substantiven „regierte" Präpositionen in Präpositionalattributkonstruktionen. In: Harras, Gisela/Bierwisch, Manfred (Hrsg.): Wenn die Semantik arbeitet. Klaus Baumgärtner zum 65. Geburtstag, Tübingen, 109–147.

Wunderlich, Dieter (1982): Sprache und Raum. 1. Teil. In: Studium Linguistik 13, 1–19.

ZHU, Jin (1999): Wortbildung und Valenz des Substantivs im Deutschen und Chinesischen (Europäische Hochschulschriften. Reihe XXI: Linguistik 215). Frankfurt am Main.

ZIFONUN, Gisela u.a. (1997): Grammatik der deutschen Sprache. IDS- Grammatik Band 1–3. Berlin.

ZIFONUN, Gisela (2003a): Grundlagen der Valenz. In: Ágel, Vilmos u.a. (Hrsg.): Dependenz und Valenz. Ein internationales Handbuch der zeitgenössischen Forschung (HSK 25.1), Berlin/New York, 352–377.

ZIFONUN, Gisela (2003b): Grammatik des Deutschen im europäischen Vergleich: Das Pronomen. Teil I: Reflexiv und Reziprokpronomen. Mannheim.

9 Anhang

Liste der Tabellen:

Tabelle 1: Zusammenfassungen und Rezensionen über die Substantivvalenz und PPA-Konstruktionen

Zusammenfassungen und Rezensionen zu PPA- Konstruktionen, In: Schierholz 2001	Zusammenfassungen und Rezensionen zur Substantivvalenz, In: Hölzner 2007
bzw. in beiden Arbeiten	
Monographien	
Droop (1977): Das präpositionale Attribut	
Teubert (1979): Valenz des Substantivs	
Sandberg (1979): Zur Repräsentation, Besetzung und Funktion einiger zentraler Leerstellen bei Substantiven	
Lauterbach (1993): Genitiv, Komposition und Präpositionalattribut	
Schmidt (1993): Die deutsche Substantivgruppe und die Attribuierungskomplikation	
	Golonka (2002): Zur Vererbung verbaler Valenzmerkmale in NP des Deutschen und Polnischen
	Blume (2004): Nominalisierte Infinitive
Grammatiken und syntaktische Beschreibungen	
Blatz (1896): Neuhochdeutsche Grammatik	
Grimm (1898): Deutsche Grammatik	
Glinz (1952): Die innere Form des Deutschen	
Paul (1957): Deutsche Grammatik	
Eggers (1957): Beobachtungen zum präpositionalen Attribut in der deutschen Sprache der Gegenwart	
Bondzio (1977): Abriss der semantischen Valenztheorie als Grundlage der Syntax	
Admoni (1982): Der deutsche Sprachbau	
Lehmus (1983): Attribut oder Satzglied?	
Hertel (1983): Präpositionen in fixierten Fügungen	
Heidolph/Flämig/Motsch (1984): Grundzüge einer deutschen Grammatik	
Wolf (1984): Einige Überlegungen zur substantivischen Valenz	
Schaeder (1985): Die Beschreibung der Präpositionen im einsprachigen deutschen Wörterbuch	

Zusammenfassungen und Rezensionen zu PPA- Konstruktionen, In: Schierholz 2001	Zusammenfassungen und Rezensionen zur Substantivvalenz, In: Hölzner 2007
bzw. in beiden Arbeiten	
Tarvainen (1986): Deutsche Satzstruktur und ihre Entwicklung	
Helbig/Buscha (1986): Ein Handbuch für den Ausländerunterricht	
Welke (1988): Einführung in die Valenz und Kasustheorie	
Grammatiken und syntaktische Beschreibungen	
Hentschel/Weydt (1990): Handbuch der deutschen Grammatik	
Zhu/Best (1991): Zur Strukturanalyse adnominaler attributiver Konstruktionen	**Engel** (1991): Deutsche Grammatik
Bresson (1992): Syntax der rechts von N stehenden Elemente bei rektionalen Nomina	
Schanen (1992): Präpositionalgruppen rechts von N	
Weinrich (1993): Textgrammatik der deutschen Sprache	
Eisenberg (1994): Grundriß der deutschen Grammatik	
DUDEN- Grammatik (1995)	
Heringer (1996): Deutsche Syntax dependentiell	
Engel (1996): Deutsche Grammatik	
Wiegand (1996): Über primäre, von Substantiven regierte Präpositionen in Präpositionalattributkonstruktionen	
Zifonun/Hoffmann/Strecker (1997): Grammatik der deutschen Sprache	
	Ágel (2000): Valenztheorie
	Eroms (2000): Syntax der deutschen Sprache
	Eisenberg (2001): Grundriss der deutschen Grammatik
Wörterbücher	
Spezialwörterbücher	
	Sommerfeldt/Schreiber (1974/1983): Wörterbuch zur Valenz und Distribution deutscher Adjektive

Zusammenfassungen und Rezensionen zu PPA- Konstruktionen, In: Schierholz 2001	**Zusammenfassungen und Rezensionen zur Substantivvalenz, In: Hölzner 2007**
bzw. in beiden Arbeiten	
Sommerfeldt /Schreiber (1977/1983): Wörterbuch zur Valenz und Distribution der Substantive	
Schröder (1986): Lexikon deutscher Präpositionen	
Sommerfeldt/Schreiber (1996): Wörterbuch der Valenz etymologisch verwandter Wörter	
einsprachige Wörterbücher	
Deutsches Wörterbuch von **Wahrig** (1986)	
Duden-Universalwörterbuch (DDUw 1989)	
Langenscheidts Großwörterbuch Deutsch als Fremdsprache (LGwDaF 1994)	
zweisprachige Wörterbücher	
Schierholz (1996): Grammatik im Wörterbuch. Deutsch-Englisch, Deutsch-Portugiesisch	**Bassola** (2003, 2012): Deutsch-ungarisches Wörterbuch zur Substantivvalenz Band1und 2

Tabelle 2: Syntaktisch reziproke Strukturen im Deutsch-ungarischen Wörterbuch zur Substantivvalenz (Bassola 2003)

		A1	**A2**	**Beispiele**
Seite 36	Angst	jmds	– vor jmdm/etw – gegenüber jmdm/etw	die Angst der Schweden vor den Deutschen/oder gegenüber der EU
S. 52	Aufmerk-samkeit	jmds	– gegenüber jmdm	die Aufmerksamkeit der Veranstalter mir gegenüber
S. 53	Auftrag	jmds	– an jmdn	der Auftrag des Umweltministeriums an den Ausschuss
S. 57	Auskunft	jmds	– an jmdn – gegenüber jmdm	die Auskunft der Behörden an Betroffene/oder gegenüber der Presse
S. 64	Bitte	jmds	– an jmdn – gegenüber jmdm	die Bitte der Kommission an alle Beteiligten/oder gegenüber dem Generalsekretär
S. 69	Dank	jmds	– gegenüber jmdm – an jmdn	der Dank der Kinder gegenüber den Eltern/oder an die Lehrer
S. 78	Frage	jmds	– an jmdn	die Frage der Journalisten an die CDU

		A1	A2	Beispiele
S. 84	Gedanke	jmds	– zu jmdm	die Gedanken der Bundespräsidentin zum Volk
S. 109	Schuld	jmds	– gegenüber jmdm	die Schuld der Deutschen gegenüber den Opfern
S. 114	Schwierig-keit	jmds	– mit jmdm	die Schwierigkeit der Studenten mit den Dozenten

Tabelle 3: Welche Strukturen sind reziprok? Sind alle Strukturen reziprok? [Quellen für die Beispiele: som, hes, sch, bas1+2]
Kursiv markierte Beispiele siehe unter 4.1

Nr.	Strukturen	Rezi-prok: +/-	Lösungsvorschläge
(1)	**Gen+(mit +D)-Struktur**		**Komitativ, diskontinuierlich**
	Streit des Vaters mit dem Sohn	R+	diadisch R.= Partner-Rolle
	Ähnlichkeit des Vaters mit dem Sohn	R+	inhärent Rez.= symmetrisch
	Beziehung des Vaters mit Frau Müller	R+	Agens + Partner-Rolle
	Grenze Deutschlands mit Frankreich	R+	wechselseitig und symmetrisch
	Pech des Lehrers mit dem Regen	R-	homonyme Struktur [Gen+(mit+D)] (-INSP)
	Ehe des Vaters (mit Frau XY)= nicht genannt!(implizites Argument laut Haspelmath (2007: 4))	R+/-	virtuelles Argument oder implizites Argument
(2)	**Gen+(zu D)-Struktur**		**Richtung der Beziehung**
	Ähnlichkeit des Vaters zu seinen Vorbildern	R+	Größe der Beziehung
	Beziehung des Vaters zu seinem Sohn	R+	wechselseitig, Symmetrie ist die Frage der Lesart.
(3)	**Gen+(von+D)-Struktur**		**Trennung**
	Abschied des Vaters von dem Sohn	R+	Trennung, bidirektional
	Abschied des Vaters von dem toten Sohn	R-	Trennung, nicht symmetrisch
(4)	**Gen/von+(mit+D/gegen+A)-Struktur**		**Reziproke Konfiguration mit der Möglichkeit eines impliziten Arguments**

Nr.	Strukturen	Rezi-prok: +/-	Lösungsvorschläge
	Krieg der/von Hooligans (mit den/gegen die Polizisten	R+/-	adversativ: mit = gegen, sonst sind sie Lesarten
(5)	**(zwischen+*D*)-Struktur**		**symmetrische Beziehungen**
	Beziehung zwischen dem Vater und dem Sohn /den Eltern und Kindern	R+	wechselseitig und symmetrisch
	Vertrauen zwischen den Menschen	R+	Gegenseitigkeit
	Abstand zwischen den beiden Häusern	R+	symmetrische Relation
(6)	**Gen-Struktur**		**Wechselseitigkeit/ oder Reihung?** Mehrere Lesarten sind möglich?
	Beziehung der Kinder	R+/-	untereinander oder: mit/zu den anderen?
	Unterschied der Ansichten	R+	voneinander
	Peters und Marias Auseinandersetzung	R+/-	gegeneinander oder: miteinander gegen jmdn
	Diskrepanz der beiden Ergebnisse	R+/-	Gen-Argumente, die sowohl reziprok als auch nicht-reziprok interpretiert werden können.
(7)	**(*von*+D) teils als Genitiversatz**		**siehe teils Gen-Struktur**
	Beziehung von Individuum und Gesellschaft/ von Lebenspartnern/Kindern	R+/-	untereinander oder: zu den anderen?
	Zusammenfluss von Rhein und Neckar (Verknüpfung von zwei oder mehreren Elementen derselben Kategorie = Nektion bei Heringer)	R+	Nektion = semantisch motivierte obligatorische Verknüpfung
	Bündnis von CDU und SPD	R+/-	zweiwertiges Substantiv = Genitivus Subiectivus
(8)	**(unter+D im Pl.) – immer im Plural**		**Gruppenprädikat/ mengentheoretisch zu lösen**
	Streit unter den Kindern	R+	Einordnen in eine Menge: unter = zwischen
	Beziehung unter den Kindern	R+	siehe *Streit*
(9)*	**(aus+D)** *ignoriert		**keine reziproke Struktur**

Nr.	Strukturen	Rezi-prok: +/-	Lösungsvorschläge
	Bündnis aus CDU und SPD (Valenzpotenz des Substantivs wird hier einwertig realisiert.)	R-	einwertig gebrauchtes Substantiv in dieser Bedeutung = Genitivus Partitivus
	Gemisch aus Sand und Kies	R-	siehe oben
(10)	**(in+D) + koordinative Verknüpfung**		**Alternative zu *zwischen***
	Harmonie in Farbe und Form	R+	in = zwischen, halb lexikalisierte Struktur
	Einheit in Frieden und Freiheit	R+	siehe oben
(11)*	**(mit+D) als koordinative Verknüpfung *ignoriert**		**keine reziproke Struktur**
	der Mann mit dem Hut und mit dem Stock	R-	Der Mann hat einen Hut und einen Stock./ syndetische Koordination
(12)	**Gen+(auf +A) – nicht behandelt**		**völlig pragmatische Dimension, eine gegenseitige Wirkung ist aber nicht ausgeschlossen;**
	Wirkung des Vaters auf den Sohn	-	siehe oben
(13)	**Gen+(vor +D) – nicht behandelt**		**Teilreziprok = Argumente sind austauschbar**
	Angst der Schweden vor den Deutschen	1/2R	nur syntaktische Argumente im Hinblick auf die Reziprozität
(14)	**Argument als Pronominaladverb – nicht behandelt**		**Anapher als Argument**
	Angst der Hunde voreinander	R+	Gruppenprädikat, mengentheoretisches Problem
	Verhältnis zueinander/untereinander	R+	siehe oben
(15)*	**Argumente von ... nach ... *ignoriert**		**keine reziproke Struktur**
	Landstraße von München nach Nürnberg	R-	Es liegt keine wechselseitige Situation vor. Das ist eine Einheit.
(16)*	**Argumente von ... zu ... *ignoriert**		**keine reziproke Struktur**
	Diskrepanz von X zu Y	R-	*direktiv, Richtung wird markiert*

*ignoriert

Tabelle 4: 16 valente Substantive mit reziproken Strukturen
In: bas1+2 (2003, 2012)

		Gen	mit	von	zwischen	unter	Sonstiges
1.	Besuch				+		
2.	Beziehung	+	+	+	+	+	
3.	Diskussion	+	+		+	+	
4.	Gegensatz	+		+	+		
5.	Gespräch	+	+	+	+		
6.	Grenze	+	+	+	+		
7.	Krieg	+	+	+	+		gegen/mit
8.	Liebe				+		
9.	Lösung				+		
10.	Streit	+	+		+		
11.	Unterschied	+		+	+		
12.	Vergleich	+	+	+	+		
13.	Verhältnis	+	+	+	+		
14.	Vertrag	+	+	+	+	+	
15.	Vertrauen				+		
16.	Zusammenhang	+	+	+	+		

Tabelle 5: Ein Beispiel für die <ValenzD>-Markierung

[Wortartikel *Verhandlung* in der **xml-Datenbank** von Prószéky *mit* <*ValenzD*>-Markierung vs. im **MoBiMouse Plus-Programm** *ohne* <*ValenzD*>-Markierung (Wortartikel im Deutsch-ungarischen Handwörterbuch von R. Hessky 2000)]

Wortartikel *Verhandlung* in der **xml-Datenbank** von Prószéky ***mit*** **<*ValenzD*>**Markierung

```
<entry>
<Kopf>
<OrthLemma>Verhandlung</OrthLemma>
<Artikel>die</Artikel>
<Flex>-en</Flex>
<Wkl>fn</Wkl>
</Kopf>
<Korper>
<Beden>
<BedNr>1</BedNr>
<Bedeu>
<ValenzD>(mit+D/zwischen+D, über+A)</ValenzD>
<Angabe>gyakr tbsz</Angabe>
<Aquiv>
<Aqu>tárgyalás</Aqu>
<ValenzM>(vkivel v vkik között vmirõl)</ValenzM>
<Koll>
<Kollokation><mixed>mit jm in ~en eintreten<Kollokationnt>mit
jm in Verhandlungen eintreten</Kollokationnt></
mixed><Kollokationn>mit jm in Verhandlungen eintreten</
Kollokationn></Kollokation>
<Ubers>tárgyalásokat/tárgyalni kezd vkivel<Ubersn>tárgyalásokat
kezd vkivel</Ubersn><Ubersn>tárgyalni kezd vkivel</Ubersn></Ubers>
</Koll>
<Koll>
<Kollokation><mixed>mit jm in ~ stehen<Kollokationnt>mit jm in
Verhandlung stehen</Kollokationnt></mixed><Kollokationn>mit jm in
Verhandlung stehen</Kollokationn></Kollokation>
<Ubers>tárgyal vkivel</Ubers>
</Koll>
<Koll>
<Kollokation><mixed>zur ~ kommen<Kollokationnt>zur Verhandlung
kommen</Kollokationnt></mixed><Kollokationn>zur Verhandlung
kommen</Kollokationn></Kollokation>
<Glosse>kérdés</Glosse>
<Ubers>tárgyalásra kerül</Ubers>
<Ubers>tárgyalják</Ubers>
</Koll>
</Aquiv>
</Bedeu>
</Beden>
<Beden>
```

```
<BedNr>2</BedNr>
<Bedeu>
<Aquiv>
<Glosse>bírósági</Glosse>
<Aqu>tárgyalás</Aqu>
<Ver>
<VerwBeisp>Die Verhandlung ist für morgen angesetzt.</VerwBeisp>
<Ubers>Holnapra tûzték ki a tárgyalást.</Ubers>
</Ver>
<Ver>
<VerwBeisp>eine Verhandlung kurz unterbrechen/
vertagen<VerwBeispn>eine Verhandlung kurz unterbrechen</
VerwBeispn><VerwBeispn>eine Verhandlung kurz vertagen</
VerwBeispn></VerwBeisp>
<Ubers>rövid idõre felfüggeszti/elnapolja a
tárgyalást<Ubersn>rövid idõre felfüggeszti a tárgyalást</
Ubersn><Ubersn>rövid idõre elnapolja a tárgyalást</Ubersn></Ubers>
</Ver>
</Aquiv>
</Bedeu>
</Beden>
</Korper>
</entry>
```

vs.

Wortartikel *Verhandlung* im **MoBiMouse Plus-Programm** ***ohne*** **<*ValenzD*>** - Markierung

Verhandlung die, -en <fn> 1. (mit+D/zwischen+D, über+A) <gyakr tbsz> tárgyalás (vkivel v vkik között vmiről) || mit jm in Verhandlungen eintreten tárgyalásokat/tárgyalni kezd vkivel · mit jm in Verhandlung stehen tárgyal vkivel · zur Verhandlung kommen (kérdés) tárgyalásra kerül / tárgyalják 2. (bírósági) tárgyalás: Die Verhandlung ist für morgen angesetzt. Holnapra tüzték ki a tárgyalást. * eine Verhandlung kurz unterbrechen/vertagen rövid időre felfüggeszti/elnapolja a tárgyalást

Tabelle 6: Untersuchung der *Reziprozität* im D-U-HWB von Hessky (2000)

Ursprüngliche Nummerierung von 18 Präp. von Schierholz, siehe Kapitel 4.2		7	9	10	14	15	17	18	rez. Präp. 7/18
Nr.	**521<ValenzD>-markierte Subst. in Hessky/40 Substantive in rez. Strukturen**	**gegen Insg. (60)**	**in (25)**	**mit (37)**	**unter (1)**	**von (47)**	**zu (85)**	**zw. (26)**	**281/696**
1.	Abhängigkeitsverhältnis	-	-	-		-		zw.	1
2.	Abkommen	-	-	mit		-	-	-	1
3.	Abmachung	-	-	mit		-	-	-	1
4.	Abschied	-	-	-		von	-	-	1
5.	Affinität	-	-	-		-	zu	zw.	2
6.	Ähnlichkeit	-	-	mit		-	-	zw.	2
7.	Analogie	-	-	-		-	-	zw.	1
8.	Annäherung	-	-	-		-	-	zw.	1
9.	Assoziierung	-	-	mit		-	-	-	1
10.	Auseinandersetzung	-	-	mit	unter	-	-	zw.	3
11.	Bruch	-	-	mit		-	-	-	1
12.	Differenz	-	-	-		von	-	zw.	2
13.	Distanz	-	-	-		-		zw.	1
14.	Divergenz	-	in	-		-	-	zw.	2
15.	Einigung	-	-	mit		-	-	zw.	2
16.	Größenunterschied	-	-			-	-	zw.	1
17.	Identifizierung	-	-	mit		-	-	-	1
18.	Identität	-	-	mit		-	-	-	1
19.	Interessengegensatz	-	-	-		-	-	zw.	1
20.	Kampf	gegen	-	mit		-	-	-	2
21.	Konfrontation	-	-	mit		-	-	-	1
22.	Kontakt	-	-	mit		-		-	1
23.	Missverhältnis	-	-			-	-	zw.	1
24.	Parallele	-	-	-		-	zu	zw.	2
25.	Relation	-	-	-		-	-	zw.	1
26.	Rücksprache	-		mit		-	-	-	1
27.	Trennung	-	-	-		von	-	-	1
28.	Unterschied	-	in	-		-	-	zw.	2
29.	Verabredung	-	-	mit		-	-	zw.	2
30.	Verabschiedung	-	-	-		von	-	-	1
31.	Verbindung	-	-	mit		-	zu	zw.	3

Nr.	521<ValenzD>-markierte Subst. in Hessky/40 Substantive in rez. Strukturen	gegen Insg. (60)	in (25)	mit (37)	unter (1)	von (47)	zu (85)	zw. (26)	281/696
32.	Verbundenheit	-	-	mit		-	-	-	1
33.	Vereinbarung	-	-	mit		-	-	zw.	2
34.	Vergleich	-	-	mit		-	-	zw.	2
35.	Verhältnis	-	-	mit		-	zu	zw.	3
36.	Verhandlung	-	-	mit		-	-	zw.	2
37.	Vermittlung	-	-	-		-	-	zw.	1
38.	Versöhnung	-	-	mit		-	-	-	1
39.	Vertrag	-	-	mit		-	-	zw.	2
40.	Verwandtschaft	-	-	mit		-	-	zw.	2
	Insgesamt:	**1**	**2**	**24**	**1**	**4**	**4**	**26**	**62**
Von den 521 [<ValenzD>.*...]-markierten Substantiven kommen in hes anhand der regierten Präpositionen in reziproken Strukturen 40 Substantive vor.									

Tabelle 7: Ergebnisse der Untersuchung von Reziprozität in Sommerfeldt /Schreiber (1977/1983)

[Von **717** valenten Substantiven kommen **60 = ca. 8,4 %** aller **Substantive** in reziproken Strukturen vor. Zeichenerklärung: ° = *[Gen+(mit+Dat)]*-Struktur ist mit *(zwischen+Dat)*-Struktur ersetzbar]

Nr.	Seite im WB	Substantive	Bedeutung	Argumentstrukturen					
				Gen	Gen +mit	von	zwi-schen	un-ter	andere
1.	52	Abkommen°	Vereinbarung		+		+		
2.	56	Abmachung°	Vereinbarung		+		+		
3.	60	Absprache°	Verabredung		+		+		
4.	62	Abstand	Entfernung	+			+		
5.	63	Abstimmung°	Absprache		+		+		
6.	67	Ähnlichkeit°	teilweise Übereinstimmung		+		+		
7.	100	Aussöhnung°	Versöhnung		+		+		
8.	110	Begegnung°	Zusammentreffen		+		+		
9.	115	Bekanntschaft°	gute persönliche Kenntnis		+		+		
10.	127	Besprechung	Beratung		+				

Nr.	Seite im WB	Substantive	Bedeutung	Argumentstrukturen					
				Gen	Gen +mit	von	zwi-schen	un-ter	andere
11.	132	Beziehung	wechselseitiges Verhältnis				+		Gen+ zu
12.	135	Bündnis°	Zusammenschluss		+		+		
13.	137	Debatte°	Besprechung/ Diskussion		+		+		
14.	141	Diskrepanz	Missverhältnis				+		
15.	141	Diskussion°	Meinungsaustausch		+		+	+	
16.	144	Duell°	Wettbewerb/ Redestreit		+		+		
17.	152	Einigung°	Übereinkommen		+		+		
18.	196	Freundschaft°	Verbundenheit		+		+		Gen+ zu
19.	201	Gespräch°	Unterhaltung		+		+		
20.	214	Identifizierung	Gleichsetzen		+	+			
21.	220	Kameradschaft°	Verbundenheit von Menschen		+		+		
22.	220	Kampf	Auseinandersetzung		+				Gen+ gegen
23.	224	Kollision°	Zusammenstoß/ Widerstreit		+		+		
24.	225	Kombinierung	Verbindung		+				
25.	226	Konferenz	Besprechung		+				
26.	227	Kooperation	Zusammenarbeit		+				
27.	242	Missverständ-nis°	Irrtum		+		+		
28.	245	Mühe	Anstrengung/ Belastung		+				
29.	254	Paarung	geschlechtliche Vereinigung von Tieren		+				
30.	278	Rendezvous°	Verabredung/ Zusammenführung		+		+		
31.	283	Rücksprache	Gespräch/ Besprechung		+				
32.	299	Solidarität	Zusammengehörigkeits-gefühl/ gegenseitige Hilfe		+				

Nr.	Seite im WB	Substantive	Bedeutung	Argumentstrukturen					
				Gen	Gen +mit	von	zwi-schen	un-ter	andere
33.	302	Spiel	Vergnügen/ Wettkampf		+				Gen+ mit/ gegen
34.	310	Streit	Auseinandersetzung/ Meinungsverschieden-heit		+				
35.	319	Treffen°	Zusammenkunft/ Beratung/ Versammlung		+		+		
36.	329	Trennung	Sonderung/Scheidung / Abschied						Gen+ von
37.	325	Übereinkunft°	Vereinbarung/ Vertrag		+		+		
38.	325	Übereinstim-mung°	Identität/ völlige Gleichheit		+		+		
39.	345	Unterhaltung°	Gespräch/ Meinungsaustausch/ Konversation		+		+		
40.	347	Unterredung°	Gespräch/ Meinungsaustausch		+		+		
41.	348	Unterschied	das Anderssein/ Abweichung						Gen+ von
42.	353	Verabredung	Vereinbartes Zusammentreffen		+				
43.	357	Verbindung°	Verknüpfung/ Vereinigung		+		+		
44.	359	Vereinbarung°	gemeinsame Festlegung/Abmachung		+		+		
45.	360	Vereinigung°	Zusammenschluss/ das Zusammenfügen		+		+		
46.	364	Vergleich°	wertende Gegenüberstellung		+		+		
47.	368	Verhandlung°	zielgerichtete Beratung/ Besprechung		+		+		
48.	376	Verlobung	Versprechen zur Ehe		+				
49.	387	Versetzung	Mischung		+				

Nr.	Seite im WB	Substantive	Bedeutung	Argumentstrukturen					
				Gen	Gen +mit	von	zwi-schen	un-ter	andere
50.	389	Versöhnung°	Einigung/ Überwindung der Differenzen		+		+		
51.	390	Verständigung°	Übereinkunft/ Gedankenaustausch		+		+		
52.	395	Vertrag°	Vereinbarung/ Kontakt		+		+		
53.	396	Vertrauen	Fester Glaube				+		
54.	399	Verwandt-schaft°	Beziehung/ Ähnlichkeit		+		+		
55.	407	Wahl	Auswahl/Selektion				+		
56.	413	Wettbewerb°	Wettstreit/ Kampf um die besten Ergebnisse		+		+		
57.	413	Wette°	Abmachung/ Absprache		+		+		
58.	427	Zusammen-hang°	Verbindung zwischen Sachverhalten/Relation		+		+		
59.	427	Zusammen-kunft°	Zusammentreffen/ Begegnung/ Versammlung		+		+		
60.	428	Zusammen-stoß	Zusammenprall/ Kollision/Streit		+				

Bemerkungen zur Tabelle *Reziprozität* in Sommerfeldt/Schreiber (1977/1983):
Zu 4: Abstand der Häuser (Bezeichnung gleichartiger Gegenstände)
Zu 20: Identifizierung der Regierung mit der Bevölkerung, *auch* Identifizierung von Regierung und Bevölkerung
Zu 23: Kollision des Sohnes mit dem Vater
Zu 33: Das Spiel des Jungen mit dem Freund/gegen den Freund (Wenn das Substantiv zweiwertig ist!)
Zu 36: Trennung des Kindes von der Mutter vs. Trennung des Vaters von der Kirche
Zu 49: Versetzung des Zinkchlorids mit Schwefelsäure

Tabelle 8: mit-Phrasen von Schierholz (2001/2005)

Anmerkungen: 231– 3= 228 (3 Substantive 2x: Auseinandersetzung, Handel, Zusammenstoß)			
Nicht reziprok: 68 (markiert mit Minus)			
Reziprok: 228– 68 = 160 in sch/*anhand der Artikelstruktur*			
Nr.	**Substantiv**	**Beispiele**	**rezi-prok**
1.	Abenteuer	Abenteuer mit gefährlichen Tieren | das politische Abenteuer mit der Bundeswehr	-
2.	Abkommen	das Abkommen mit der Regierung | das Abkommen mit Moskau	+
3.	Abmachung	die Abmachungen mit dem Senat | die Abmachung mit den Regierungsvertretern	+
4.	Abrechnung	die Abrechnung mit der Vergangenheit	-
5.	Abschluß	ein Abschluß mit Finnland | der Abschluß mit der Deutschen Angestellten-Gewerkschaft	+
6.	Absprache	die Absprache mit Bonn | die Absprache mit den Regierungsparteien | die Absprachen mit den Plattenfirmen	+
7.	Abstimmung	die Abstimmung mit der Regierung | die Abstimmung mit Anwohnern, Senat und Bürgerschaft	+
8.	Affäre-1	eine Affäre mit einer Feministin | die Affäre mit Viktor	+
9.	Ähnlichkeit	die Ähnlichkeit mit einer Marionette | die Ähnlichkeit mit dem Vater	+
10.	Allianz	die Allianz mit den Grünen | Allianzen mit den Rechtsextremen	+
11.	*Arbeit*	die Arbeit mit der Mannschaft | die Arbeit mit den Asylbewerbern	-
12.	*Arbeitsverhältnis*	ihr Arbeitsverhältnis mit der Armee | sein Arbeitsverhältnis mit dem „Stern" wiederherzustellen	+
13.	*Ärger*	Ärger mit der Polizei | der Ärger mit dem Chef	-
14.	*Argument*	das Argument mit dem Eisernen Vorhang	-
15.	*Arrangement*	das Arrangement mit den Mächtigen | das Arrangement mit der Macht	+
16.	*Assoziation*	Assoziationen mit Slums in der New-Yorker Bronx | die Assoziation mit den Grünen	+

Nr.	Substantiv	Beispiele	rezi-prok
17.	*Auseinanderset-zung-1*	die Auseinandersetzung mit der Opposition | die Auseinandersetzung mit einer Frau	+
18.	*Auseinanderset-zung-2*	die Auseinandersetzung mit der Geschichte | die Auseinandersetzung mit der Politik	
19.	*Ausgleich*	ein Ausgleich mit den Nachbarn	+
20.	*Ausrüstung*	die Ausrüstung mit Defensivwaffen | die Ausrüstung mit Computern	-
21.	*Aussöhnung*	die Aussöhnung mit den Nachbarländern | die Aussöhnung mit der Kirche | die Aussöhnung mit der Natur	+
22.	*Aussprache*	die Aussprache mit dem Mann | die Aussprache mit der Frau	+
23.	*Ausstattung*	die Ausstattung mit Lehrmitteln | die Ausstattung mit Personalcomputern	-
24.	*Austausch*	der Austausch mit anderen Teams | der Austausch mit der Welt	-
25.	*Auszeichnung*	die Auszeichnung mit dem Nobelpreis | die Auszeichnung mit dem Bundesverdienstkreuz	-
26.	*Bebauung*	die Bebauung mit Büros | die Bebauung mit Wohnungen	-
27.	*Begegnung*	die Begegnung mit Fremden | die Begegnung mit dem Präsidenten | die Begegnung mit der Weltgeschichte	+
28.	*Behandlung*	die Behandlung mit Ersatzdrogen | die Behandlung mit Insektiziden	-
29.	*Beischlaf*	der Beischlaf mit einer Fremden	+
30.	Bekanntschaft	die Bekanntschaft mit dem Pianisten | seine Bekanntschaften mit männlichen Teenagern	+
31.	Belastung	die Belastung mit Quecksilber | die Belastung mit Schwermetallen	-
32.	Belegung	die Belegung mit Strafzöllen | bei der Belegung mit 20 Kindern	-
33.	Beratung	die Beratung mit dem Dalai Lama | die Beratung mit den Kollegen	+
34.	Berührung	die Berührung mit den Zuschauern | Berührungen mit der Umwelt	+

Nr.	Substantiv	Beispiele	rezi-prok
35.	Berührungsangst	die Berührungsangst mit der Emotionalität | Berührungsängste mit dem Thema | die Berührungsängste mit dicken Frauen	-
36.	Berührungspunkt	der Berührungspunkt mit dem Gestänge | die Berührungspunkte mit dem Unbekannten | ihre Berührungspunkte mit Armut	+
37.	Beschäftigung	die Beschäftigung mit dem Thema | die Beschäftigung mit der Malerei	-
38.	Besetzung	die Besetzung mit Frauen | die Besetzung mit dem Fernsehstar	-
39.	Besprechung	die Besprechung mit meinem Bruder | die Besprechung mit dem US-Botschafter	+
40.	Betrug	der Betrug mit Anzeigen | der Betrug mit Kreditkarten	-
41.	Beziehung	eine Beziehung mit einem Mann | die Beziehung mit Peking | die Beziehung mit Ausländern	+
42.	Briefwechsel	der Briefwechsel mit ihrem Vater | der Briefwechsel mit Katharina	+
43.	Bruch	der Bruch mit der Familie | der Bruch mit der Tradition	+
44.	Bündnis	das Bündnis mit den USA | das Bündnis mit der Armee	+
45.	Deal	der Deal mit Hollywood | der Deal mit der Atom-Mafia | der Deal mit humanitären Gütern	+
46.	Debatte	die Debatte mit der Bundesregierung | die Debatte mit den Bürgerrechtlern	+
47.	Dialog	der Dialog mit dem Publikum | der Dialog mit der Bevölkerung	+
48.	Dialogbereitschaft	seine Dialogbereitschaft mit der Opposition	-
49.	Differenzen	die Differenzen mit der Regierung | die Differenzen mit den USA	+
50.	Ding	das Ding mit dem Sparkassenbrief | das Ding mit dem Knick	-
51.	Diskussion	die Diskussion mit den Bürgerinnen | die Diskussion mit dem Autor	+
52.	Diskussionsrunde	die Diskussionsrunde mit Senatsvertretern	-

Nr.	Substantiv	Beispiele	rezi-prok
53.	Disput	ein Disput mit den Nachbarn | Dispute mit dem Präsidenten	+
54.	Drohung	die Drohung mit der Guillotine | Drohungen mit einer Militärintervention	-
55.	Ehe	die Ehe mit einem Deutschen | die Ehe mit Mary	+
56.	Eheschließung	die Eheschließung mit seiner Sekretärin | Eheschließungen mit Ausländern	+
57.	Einheit	die Einheit mit dem Kosmos | die Einheit mit den Kräften der Natur	+
58.	Einigung	die Einigung mit der Opposition | die Einigung mit der Regierung	+
59.	Einvernehmen	das Einvernehmen mit den Zuschauern | das Einvernehmen mit den Akademiekritikern	+
60.	Einverständnis	das Einverständnis mit dem Gatt-Ergebnis | das Einverständnis mit der türkischen Regierung	+
61.	Erbarmen	sein Erbarmen mit den bettelnden Geschöpfen | das Erbarmen mit den besserverdienenden Herrschaften	-
62.	Erfahrung	die Erfahrung mit dem Rassismus | ihre Erfahrung mit Machtpositionen	-
63.	Erlebnis	seine Erlebnisse mit der Justiz | seine Erlebnisse mit den Indios | ihre Erlebnisse mit Fremdenhaß	-
64.	Experiment	die Experimente mit Atomenergie | das Experiment mit dem Fötus	-
65.	Flirt	der Flirt mit den Grünen | der Flirt mit einer Zigeunerin	+
66.	Föderation	eine Föderation mit anderen Völkern | eine Föderation mit China	+
67.	Forschung	die Forschung mit Fötalgewebe | die Forschungen mit Marihuana	-
68.	Freundschaft	die Freundschaft mit den Menschen | ihre Freundschaft mit dem Schriftsteller	+
69.	Frieden	der Frieden mit den Nachbarn | der Frieden mit dem Staat	+
70.	Friedensschluß	der Friedensschluß mit den Nachbarstaaten | der Friedensschluß mit den Machthabern	+

Nr.	Substantiv	Beispiele	rezi-prok
71.	Fusion	die Fusion mit den Grünen | die Fusion mit dem Hoesch-Konzern	+
72.	Geduld	die Geduld mit den Kindern | die Geduld mit der Presse	-
73.	Gefecht	das Gefecht mit der Armee | ein Gefecht mit UN-Soldaten	+
74.	Gemeinsamkeit	die Gemeinsamkeit mit dem Kanzler | die Gemeinsamkeiten mit den Gewerkschaften	+
75.	Gemeinschaft	eine friedliche Gemeinschaft mit allen Völkern | eine Gemeinschaft mit Frankreich	+
76.	Geschäft	das Geschäft mit der Weiterbildung | das Geschäft mit der Gesundheit	+
77.	Geschichte	die Geschichte mit dem Rücktritt | die Geschichte mit den Kurden	-
78.	Gespräch	das Gespräch mit der Regierung | das Gespräch mit der Autorin	+
79.	Gleichberechtigung	die Gleichberechtigung mit Deutschen | die Gleichberechtigung mit der stärksten Volksgruppe	+
80.	Gleichstellung	die Gleichstellung mit Heterosexuellen | die Gleichstellung mit den männlichen Kollegen	+
81.	Gruppenbild	ein Gruppenbild mit Heinrich Heine, Heiner Müller, Rimbaud, Ibsen und Brecht | zum Gruppenbild mit Bunker zusammen | Gruppenbild mit wechselnden Fremden	-
82.	Handel-1	der Handel mit Nordeuropa	+
83.	Handel-2	der Handel mit Diamanten | der Handel mit Dienstleistungen	
84.	Handgemenge	das Handgemenge mit den Demonstranten | das Handgemenge mit den Ausländern	+
85.	Harmonie	die Harmonie mit der Natur | die Harmonie mit dem Kosmos	+
86.	Heirat	die Heirat mit einer Deutschen | die Heirat mit dem Model	+
87.	Hochzeit	die Hochzeit mit der Schauspielerin | die Hochzeit mit Madeleine	+
88.	Idee	die Idee mit den Gratispostkarten | die Idee mit dem Schnullerthermometer	-

Nr.	Substantiv	Beispiele	rezi-prok
89.	Identifikation	die Identifikation mit den Figuren | die Identifikation mit den Spielern	-
90.	Identifizierung	die Identifizierung mit dem Täter | die Identifizierung mit Frankreich	-
91.	Identität	die Identität mit dem Ganzen | seine Identität mit „Iwan dem Schrecklichen“	+
92.	Interaktion	dessen Interaktionen mit nationalistischen Strömungen | ein Ort der Interaktion mit vielen verschiedenen Medien	+
93.	Interview	das Interview mit der Tageszeitung | das Interview mit dem Minister | Interviews mit Frauen	+
94.	Kampf	der Kampf mit der Maschine | der Kampf mit den Institutionen	+
95.	Koalition	die Koalition mit der Arbeiterpartei | eine Koalition mit dem Präsidenten	+
96.	Kollaboration	die Kollaboration mit den Besatzern | Kollaborationen mit Musikern	+
97.	Kollision	eine Kollision mit dem Kometen | die Kollision mit einem Fährschiff | Kollisionen mit Vögeln	+
98.	Kommunikation	die Kommunikation mit den Menschen | die Kommunikation mit Delphinen	+
99.	Kompromiß	der Kompromiß mit der Koalition | ein Kompromiß mit der Opposition	+
100.	Konferenz	die Konferenz mit den Ministerpräsidenten | eine Konferenz mit jungen Führungskräften	+
101.	Konflikt	der Konflikt mit dem Vater | der Konflikt mit der Bundesregierung	+
102.	Konfrontation	die Konfrontation mit den Mächtigen | die Konfrontation mit dem Tod | die Konfrontation mit dem Staat	+
103.	Konkurrenz	die Konkurrenz mit privaten Unternehmen | die Konkurrenz mit den Japanern	+
104.	Kontakt	der Kontakt mit anderen Menschen | der Kontakt mit diesen Stoffen	+
105.	Kontaktaufnahme	die Kontaktaufnahme mit einem Anwalt | die Kontaktaufnahme mit der Bevölkerung	-

Nr.	Substantiv	Beispiele	reziprok
106.	Kontamination	die Kontamination mit den Giftstoffen | eine Kontamination mit Mikroben	-
107.	Kontrakt	die Kontrakte mit ausländischen Großkonzernen | der Kontrakt mit dem Kabelsender	+
108.	Kontroverse	die Kontroverse mit der Opposition | die Kontroversen mit dem großen Nachbarn	+
109.	Konzert	Konzerte mit renommierten KünstlerInnen | das Konzert mit drei europäischen Orchestern	-
110.	Kooperation	die Kooperation mit dem Osten | die Kooperation mit der Regierung	+
111.	Koordination	die Koordination mit den anderen Verhandlungspartnern | die Koordination mit den UNO-Truppen vor Ort	+
112.	Kopplung	eine Kopplung mit anderen Wissenschaften | die Kopplung mit einer Mini-Windanlage	+
113.	Koproduktion	die Koproduktion mit dem Staatstheater | die Koproduktionen mit Stadt- und Staatstheatern	+
114.	Korrespondenz	ihre Korrespondenz mit Freunden	+
115.	Krach	Krach mit den Generälen | Krach mit den Produzenten	+
116.	Kraftprobe	die Kraftprobe mit den Gewerkschaften | die Kraftprobe mit dem Parlament	+
117.	Krieg	der Krieg mit dem Irak | der Krieg mit einer Supermacht	+
118.	Leben	das Leben mit dem Tod | das Leben mit meiner Frau	+
119.	Lesung	eine Lesung mit den Autoren Rajo Djuric und Bertolt Bengsch | eine Lesung mit fünf Schauspielern	+
120.	Liaison	seine Liaison mit einer Schauspielerin | die Liaison mit den Sozialisten	+
121.	Liebe	die Liebe mit Andrea | die Liebe mit einem Astralleib	+
122.	Lösung	eine Lösung mit vier großen Pylonen und einem alles überspannenden Zeltdach à la München | die Lösung mit sechs Typen erschien den Urlaubsforschern	-
123.	Meinungsaustausch	der Meinungsaustausch mit der Opposition	+
124.	Meinungsverschiedenheit	Meinungsverschiedenheiten mit der Regierung | Meinungsverschiedenheit mit dem Präsidenten	+

Nr.	Substantiv	Beispiele	rezi-prok
125.	Mißbrauch	der Mißbrauch mit der Werbung | der Mißbrauch mit Daten	-
126.	Mitgefühl	das Mitgefühl mit den Flüchtlingen | das Mitgefühl mit den Aidskranken	-
127.	Mitleid	das Mitleid mit einer Sünderin | das Mitleid mit dem Geschlagenen	-
128.	Nachsicht	Nachsicht mit den Fremden	-
129.	Pakt	der Pakt mit den Erpressern | der Pakt mit dem Teufel	+
130.	Panne	die Panne mit dem eigenen Fahrzeug | Panne mit einer Kobaltprobe	-
131.	Parallele	die Parallele mit den Frauen | eine Parallele mit Jamaika	+
132.	Partnerschaft	die Partnerschaft mit ihrem Mann | die Partnerschaft mit Peking | die Partnerschaften mit Osteuropa	+
133.	Pech	das Pech mit dem Regen | das Pech mit dem Satelliten	-
134.	Plausch	der Plausch mit den Nachbarn | der Plausch mit den Journalisten	+
135.	Pleite	die Pleite mit der verpatzten Urabstimmung | die große Pleite mit der Ausstellung	-
136.	Problem	das Problem mit dem Recycling | das Problem mit dem kleinen Unterschied | das Problem mit Kunststudenten	-
137.	Querele	die Querelen mit Anwohnern | die Querelen mit der spanischen Polizei	+
138.	Regelung	die Regelungen mit der Gewerkschaft | die Regelung mit der Uni-Klinik	-
139.	Reiberei	die Reibereien mit dem Regime | die Reibereien mit den beiden großen Kommerzsendern	+
140.	Rücksprache	die Rücksprache mit dem Versicherungsvertreter | die Rücksprache mit einem Rechtsanwalt	+
141.	Sache	die Sache mit den Boxhandschuhen | die Sache mit dem Kanzler	-
142.	Schererei	die Scherereien mit der Nukleartechnik | die Scherereien mit der Polizei	-
143.	Schießerei	die Schießerei mit der Polizei | eine Schießerei mit Sicherheitskräften	+

Nr.	Substantiv	Beispiele	rezi-prok
144.	Schlacht	die Schlacht mit der Polizei | in den Schlachten mit Moslems und Kroaten	+
145.	Schlagabtausch	der Schlagabtausch mit einem Taxifahrer	+
146.	Schlägerei	die Schlägerei mit der Polizei | die Schlägerei mit Ausländern	+
147.	Schriftverkehr	der Schriftverkehr mit den Behörden	+
148.	Schriftwechsel	der Schriftwechsel mit Ankara | ein Schriftwechsel mit der Anstaltsleitung	+
149.	Schulterschluß	der Schulterschluß mit seinem Freund | der Schulterschluß mit der Industrie	+
150.	Schußwechsel	der Schußwechsel mit der Polizei | der Schußwechsel mit den Leibwächtern	+
151.	Schwierigkeit	die Schwierigkeiten mit ihrem Mann | die Schwierigkeiten mit dem Regime	-
152.	Sex	Sex mit Strichern | der Sex mit Frauen	+
153.	Sexualität	Sexualität mit dem Partner | Sexualität mit Jugendlichen	+
154.	Sitzung	die Sitzung mit Intellektuellen | die Sitzung mit der Zauberin	+
155.	Solidarisierung	die Solidarisierung mit den Streikenden | die Solidarisierung mit den Opfern	-
156.	Solidarität	die Solidarität mit Ausländern | die Solidarität mit den Verfolgten	+
157.	Spaß	der Spaß mit dem Gas | der Spaß mit dem Unsinn	-
158.	Spekulation	die Spekulation mit Grund und Boden | die Spekulation mit dem neuen Plastikchip	-
159.	Spiel	das Spiel mit der Angst | das Spiel mit dem Zuschauer	+
160.	Spielerei	die Spielerei mit dem Genre | die Spielerei mit dem Computer	+
161.	Streit	der Streit mit den Eigentümern | der Streit mit der Industrie	+
162.	Streiterei	die Streitereien mit seinem Vater | die Streitereien mit der Frau	+
163.	Streitigkeit	die Streitigkeiten mit den Kollegen | Streitigkeiten mit den Politikern	+
164.	Streß	der Streß mit der Tradition | der Streß mit den Eltern	-

Nr.	Substantiv	Beispiele	rezi-prok
165.	Sympathie	die Sympathie mit dem Betroffenen | Sympathien mit Rechtsradikalismus	-
166.	Tagung	die Tagung mit Juristen, Politikern und Fachleuten | die Tagung mit Teilnehmern aus elf Ländern	+
167.	Tanz	der Tanz mit seiner Leibwächterin	+
168.	Telefonat	das Telefonat mit dem Komponisten | das Telefonat mit seinem „Freund“	+
169.	Termin	die Termine mit Industrievertretern | ein Termin mit einer Studentin	+
170.	Test	die Tests mit radioaktivem Material | die Tests mit dem Impfserum	-
171.	Therapie	die Therapie mit Amalgamfüllungen | die Therapie mit Elektroschocks	-
172.	Treffen	das Treffen mit dem Minister | das Treffen mit einer Studentendelegation	+
173.	Trick	der Trick mit den Erinnerungsagenturen | der Trick mit dem Wort „Berlin“	-
174.	Übereinkunft	die Übereinkunft mit dem Arbeitgeber | die Übereinkunft mit der Regierung	+
175.	Übereinstimmung	die Übereinstimmung mit dem Umweltreferenten | seine philosophische Übereinstimmung mit dem Verdammungsurteil des Ayatollah	+
176.	Umgang	der Umgang mit dem Thema | der Umgang mit dem Gesetz	-
177.	Unfall	die Unfälle mit Kampfhunden | bei Unfällen mit Trabant und Wartburg | Unfälle mit Radfahrern	-
178.	Unstimmigkeit	Unstimmigkeiten mit der deutschen Industrie | Unstimmigkeiten mit dem Coach	+
179.	Unterredung	die Unterredung mit dem Minister | die Unterredungen mit den Politikern	+
180.	Unzufriedenheit	die Unzufriedenheit mit der Gesamtsituation | die Unzufriedenheit mit der Politik	-
181.	Verabredung	die Verabredung mit einer Frau | die Verabredung mit einer Freundin	+
182.	Veranstaltung	die Veranstaltung mit dem Romanautor | eine Veranstaltung mit dem ehemaligen Buchenwaldhäftling	-

Nr.	Substantiv	Beispiele	rezi-prok
183.	Verbindung	seine Verbindung mit den Kerlen | die Verbindung mit der Vergangenheit	+
184.	Verbundenheit	die Verbundenheit mit der Natur | ihre Verbundenheit mit den Armen	+
185.	Vereinbarung	die Vereinbarung mit der UNO | die Vereinbarung mit der Regierung	+
186.	Vereinigung	die Vereinigung mit dem Nachbarland | Vereinigung mit dem Mutterland	+
187.	Verflechtung	die Verflechtung mit diesem Projekt | Verflechtungen mit der Industrie	+
188.	Vergleich	der Vergleich mit ähnlichen Vorfällen | der Vergleich mit Frankreich | der Vergleich mit dem Faschismus	+
189.	Verhältnis	ein Verhältnis mit einer viel jüngeren Frau	+
190.	Verhandlung	die Verhandlungen mit den UNO-Vertretern | die Verhandlungen mit den Parteien	+
191.	Verhandlungser-gebnis	wo mir meine Partei ein Verhandlungsergebnis mit den Grünen zumutet | Durch die Verhandlungsergebnisse mit Schweden und Finnland kam auch Österreich unter Druck	-
192.	Verhandlungs-runde	die dritte Verhandlungsrunde mit den USA über die | eine ergebnislose Verhandlungsrunde mit den Gewerkschaften	+
193.	Verknüpfung	eine Verknüpfung mit den Gesetzesänderungen | eine Verknüpfung mit der Analyse | eine Verknüpfung mit der islamischen Welt	+
194.	Verlobung	die Verlobung mit einem Spanier | die Verlobung mit dem Fotomodell	+
195.	Vermählung	die Vermählung mit der Künstlerin | seine Vermählung mit der Filmemacherin	+
196.	Vermengung	die Vermengung mit dem tatarischen Element | die Vermengung mit Waschmitteln | die Vermengung mit der Frage	-
197.	Vermischung	seine Vermischung mit den vorchristlichen Frühlingsritualen | die Vermischung mit neuem Material	-
198.	Vernetzung	die Vernetzung mit anderen Systemen | die Vernetzung mit anderen Gruppen	+

Nr.	Substantiv	Beispiele	rezi-prok
199.	Versammlung	die Versammlung mit dem Lehrerkollegium | eine Versammlung mit dem Sozialdemokraten	+
200.	Verschmelzung	die Verschmelzung mit Gott und dem Kosmos | die Verschmelzung mit der Stadtbank	+
201.	Verseuchung	die Verseuchung mit Pestiziden | die Verseuchung mit Uran	-
202.	Versöhnung	die Versöhnung mit der Vergangenheit | die Versöhnung mit den UreinwohnerInnen	+
203.	Versorgung	die Versorgung mit Nahrungsmitteln | die Versorgung mit Trinkwasser	-
204.	Verständigung	die Verständigung mit den Verbündeten | die Verständigung mit Ausländern	+
205.	Versteckspiel	das Versteckspiel mit der Polizei | das Versteckspiel mit der Macht	+
206.	Verstrickung	die Verstrickung mit der kriminellen Szene | die Verstrickung mit historischer Schuld	-
207.	Versuch	die Versuche mit interaktivem Fernsehen | Versuche mit geistig Behinderten | der erste Versuch mit dem Satelliten | Versuche mit radioaktivem Material	-
208.	Vertrag	der Vertrag mit dem Fernsehen | der Vertrag mit Polen	+
209.	Vertrautheit	die Vertrautheit mit der Materie | die Vertrautheit mit dem Werk	-
210.	Verwandtschaft	die Verwandtschaft mit afrikanischer Plastik | die Verwandtschaft mit Anne Teresa	+
211.	Verwechslung	die Verwechslung mit dem Kampagnen-T-Shirt der Bundesregierung | Verwechslungen mit den gelben Behältern des Dualen Systems	+
212.	Verzahnung	die Verzahnung mit dem sozialen Bereich | die Verzahnung mit der Einrichtung	+
213.	Wettbewerb	der Wettbewerb mit der Konkurrenz | der Wettbewerb mit den Japanern	+
214.	Wettlauf	der Wettlauf mit dem Tod | der Wettlauf mit dem eigenen Körper | der Wettlauf mit den Beatles	+
215.	Wiedersehen	das Wiedersehen mit Bekannten | das Wiedersehen mit seiner Familie	+

Nr.	Substantiv	Beispiele	rezi-prok
216.	Wortwechsel	der Wortwechsel mit einem Gast | der Wortwechsel mit den Jugendlichen	+
217.	Zerwürfnis	das Zerwürfnis mit dem Vorgesetzten | ein Zerwürfnis mit dem Trainer	+
218.	Zufriedenheit	die Zufriedenheit mit dem Studium | die Zufriedenheit mit dem eigenen Leben	-
219.	Zusammenarbeit	die Zusammenarbeit mit Unternehmen | die Zusammenarbeit mit dem Regisseur	+
220.	Zusammenhang	der Zusammenhang mit mütterlicherlichem Rauchen | der Zusammenhang mit der globalen Umweltkatastrophe	+
221.	Zusammenkunft	die Zusammenkunft mit dem Militärstrategen | die Zusammenkunft mit dem Präsidenten	+
222.	Zusammenleben	das Zusammenleben mit anderen Kulturen | das Zusammenleben mit AusländerInnen	+
223.	Zusammenlegung	die Zusammenlegung mit anderen Inhaftierten | die Zusammenlegung mit dem Institut für Psychologie	+
224.	Zusammenprall	der Zusammenprall mit dem Eisberg | der Zusammenprall mit dem Tanker	+
225.	Zusammenschluß	der Zusammenschluß mit den Grünen | die Zusammenschlüsse mit anderen Airlines	+
226.	Zusammensein	das Zusammensein mit Behinderten | das Zusammensein mit den Opfern	+
227.	Zusammenspiel	das Zusammenspiel mit dem Organismus | das Zusammenspiel mit den Gewerkschaften | das Zusammenspiel mit dem Orchester	+
228.	Zusammenstoß-1	der Zusammenstoß mit einem Eisberg	
229.	Zusammenstoß-2	die Zusammenstöße mit der Polizei	+
230.	Zwischenfall	blutige Zwischenfälle mit Kampfhunden | die Zwischenfälle mit der Polizei	+
231.	Zwist	der Zwist mit Deutschland | der Zwist mit seinem Boß	+

Tabelle 9: Alle valenten/valenzmarkierten Substantive in den untersuchten Quellen

som	=	Sommerfeldt, Karl-Ernst/Schreiber, Herbert (1977/1983): Wörterbuch zur Valenz und Distribution der Substantive
hes	=	Hessky, Regina (2000): Német-magyar kéziszótár (= Deutsch-ungarisches Handwörterbuch).
sch	=	Schierholz, Stefan J. (2001/2005): mit-Tabelle von S. J. Schierholz (12. Oktober 2005).
bas1	=	Bassola, Péter (2003): Deutsch-ungarisches Wörterbuch zur Substantivvalenz. Teil 1.
bas2	=	Bassola, Péter (2012): Deutsch-ungarisches Wörterbuch zur Substantivvalenz. Teil 2.

Nr.	Substantiv	som	hes	sch	bas1	bas2
1.	Abänderung	1.				
2.	Abbau	2.				
3.	Abbild	3.				
4.	Abbruch	4.				
5.	Abdruck	5.				
6.	Abenteuer			1.		
7.	Aberkennung	6.				
8.	Abfahrt	7.				
9.	Abfall	8.	1.			
10.	Abgabe	9.				
11.	Abgang		2.			
12.	Abgeordnete	10.				
13.	Abhandlung	11.	3.			
14.	Abhängigkeit	12.	4.			
15.	Abhängigkeitsverhältnis		5.			
16.	Abhärtung	13.				
17.	Abkehr	14.	6.			
18.	Abkommen	15.	7.	2.		
19.	Abkürzung	16.				
20.	Ablauf	17.				
21.	Ablehnung	18.				
22.	Ableitung	19.	8.			
23.	Ablieferung	20.				
24.	Ablösung	21.	9.			

Nr.	Substantiv	som	hes	sch	bas1	bas2
25.	Abmachung	22.	10.	3.		
26.	Abmarsch	23.				
27.	Abnahme	24.				
28.	Abneigung	25.	11.			
29.	Abonnement		12.			
30.	Abrechnung		13.	4.		
31.	Abreise	26.				
32.	Absage		14.			
33.	Abschaffung	27.				
34.	Abscheu		15.			
35.	Abschied	28.	16.			
36.	Abschluss			5.		
37.	Abschrift	29.				
38.	Absicht				1.	
39.	Absolvent	30.				
40.	Absonderung		17.			
41.	Absprache	31.		6.		
42.	Abstammung	32.				
43.	Abstand	33.				
44.	Abstieg	34.				
45.	Abstimmung	35.		7.		
46.	Abstoß		18.			
47.	Abteilung	36.				
48.	Abwanderung	37.				
49.	Abzug	38.				
50.	Achtung	39.	19.			
51.	Ader		20.			
52.	Affäre			8.		
53.	Affinität		21.			
54.	Affront		22.			
55.	Aggression		23.			
56.	Agitation		24.			

Nr.	Substantiv	som	hes	sch	bas1	bas2
57.	Ähnlichkeit	40.	25.	9.		
58.	Ahnung		26.			
59.	Alibi		27.			
60.	Alleinberechtigung		28.			
61.	Alleinherrschaft		29.			
62.	Alleinrecht		30.			
63.	Alleinschuld		31.			
64.	Allergie		32.			
65.	Allianz			10.		
66.	Alternative		33.			
67.	Altersgrenze		34.			
68.	Analogie		35.			
69.	Analyse	41.				
70.	Anatomie	42.				
71.	Anbau	43.	36.			
72.	Andenken		37.			
73.	Änderung		38.			
74.	Aneignung	44.				
75.	Anerkennung	45.				
76.	Anfall		39.			
77.	Anfang	46.				
78.	Anflug		40.			
79.	Anfrage	47.	41.			
80.	Anführer	48.				
81.	Angebot		42.		2.	
82.	Angewohnheit	49.				
83.	Angleichung	50.				
84.	Angliederung	51.				
85.	Angriff	52.	43.			
86.	Angst	53.	44.		3.	
87.	Anhalt		45.			
88.	Anhaltspunkt		46.			

Nr.	Substantiv	som	hes	sch	bas1	bas2
89.	Anhänger	54.				
90.	Animosität		47.			
91.	Anklage		48.			
92.	Anklang		49.			
93.	Ankunft	55.				
94.	Anlass		50.			
95.	Anlegen	56.				
96.	Anlehnung		51.			
97.	Anleitung		52.			
98.	Anmeldung	57.	53.			
99.	Annäherung		54.			
100.	Annahme	58.				
101.	Annexion	59.				
102.	Anpassung		55.			
103.	Anpflanzung	60.				
104.	Anrechnung		56.			
105.	Anrecht	61.	57.			
106.	Anregung		58.			
107.	Anreiz		59.			
108.	Ansatz		60.			
109.	Anschaffung	62.				
110.	Anschaulichkeit		61.			
111.	Anschauung		62.			
112.	Anschlag		63.			
113.	Anschluss	63.	64.			
114.	Ansicht	64.	65.		4.	
115.	Anspielung		66.			
116.	Ansporn		67.			
117.	Ansprache	65.				
118.	Anspruch	66.	68.			1.
119.	Anstiftung		69.			
120.	Anstoß		70.			

Nr.	Substantiv	som	hes	sch	bas1	bas2
121.	Ansturm		71.			
122.	Anteil	67.	72.			
123.	Anteilnahme	68.				
124.	Antipathie		73.			
125.	Antrag	69.	74.		5.	
126.	Antwort	70.	75.		6.	
127.	Anwärter	71.	76.			
128.	Anwendung		77.			
129.	Anziehung		78.			
130.	Anziehungskraft		79.			
131.	Appell	72.	80.			
132.	Appetit	73.				
133.	Applaus	74.				
134.	Äquivalent		81.			
135.	Arbeit	75.		11.		
136.	Arbeitsaufwand		82.			
137.	Arbeitsverhältnis			12.		
138.	Ärger			13.		
139.	Argument	76.	83.	14.		
140.	Argwohn		84.			
141.	Armut	77.	85.			
142.	Arrangement			15.		
143.	Arsenal		86.			
144.	Assoziation			16.		
145.	Assoziierung		87.			
146.	Attacke	78.	88.			
147.	Attentat	79.	89.			
148.	Attest		90.			
149.	Aufbau	80.				
150.	Aufdeckung	81.				
151.	Aufenthalt	82.				
152.	Auffassung		91.			

Nr.	Substantiv	som	hes	sch	bas1	bas2
153.	Aufforderung	83.	92.			
154.	Aufgabe		93.		7.	
155.	Aufgebot		94.			
156.	Aufhänger		95.			
157.	Aufkauf	84.				
158.	Aufklärung		96.			
159.	Auflehnung	85.				
160.	Aufmerksamkeit		97.		8.	
161.	Aufnahme	86.				
162.	Aufruf		98.			
163.	Aufschluss		99.			
164.	Aufsicht		100.			
165.	Aufstand		101.			
166.	Aufstieg	87.				
167.	Auftrag		102.		9.	
168.	Aufwand		103.			
169.	Aufzucht	88.				
170.	Ausarbeitung	89.				
171.	Ausbau	90.	104.			
172.	Ausbruch	91.	105.			
173.	Auseinandersetzung		106.	17.		
174.	Ausfall	92.	107.			
175.	Ausflug	93.				
176.	Ausfuhr	94.				
177.	Ausgeliefertsein		108.			
178.	Ausgestaltung	95.				
179.	Ausgleich		109.	18.		
180.	Auskunft		110.		10.	
181.	Auslassung		111.			
182.	Auslieferung	96.				
183.	Ausnahme				11.	
184.	Ausrichtung		112.			

Nr.	Substantiv	som	hes	sch	bas1	bas2
185.	Ausrottung	97.				
186.	Ausrüstung	98.		19.		
187.	Ausschluss		113.			
188.	Ausschnitt	99.	114.			
189.	Aussicht	100.	115.			
190.	Aussöhnung	101.		20.		
191.	Aussprache			21.		
192.	Ausstattung	102.		22.		
193.	Ausstieg		116.			
194.	Austausch			23.		
195.	Austritt		117.			
196.	Auswahl		118.			
197.	Auszeichnung	103.		24.		
198.	Auszug		119.			
199.	Autor	104.				
200.	Aversion		120.			
201.	Bammel		121.			
202.	Bau	105.				
203.	Beachtung	106.				
204.	Beantwortung	107.				
205.	Bearbeiter	108.				
206.	Bearbeitung	109.				
207.	Beauftragung	110.				
208.	Bebauung	111.		25.		
209.	Bedarf	112.	122.			
210.	Bedenken		123.			
211.	Bedeutung	113.				
212.	Bedingung					2.
213.	Bedrohung	114.				
214.	Bedürfnis		124.			
215.	Befähigung	115.				
216.	Befangenheit	116.				

Nr.	Substantiv	som	hes	sch	bas1	bas2
217.	Befehl		125.			
218.	Befehlsgewalt		126.			
219.	Beförderung	117.	127.			
220.	Befreiung	118.	128.			
221.	Befugnis		129.			
222.	Begabung		130.			
223.	Begegnung	119.		26.		
224.	Begeisterung	120.				
225.	Begierde		131.			
226.	Begleiter	121.				
227.	Begriff	122.				
228.	Begründung	123.				
229.	Behandlung	124.		27.		
230.	Behauptung	125.				
231.	Beherrschung	126.				
232.	Beischlaf			28.		
233.	Beitrag	127.	132.			
234.	Beitritt		133.			
235.	Bekanntschaft	128.		29.		
236.	Bekenntnis		134.			
237.	Belastung			30.		
238.	Beleg		135.			
239.	Belegung			31.		
240.	Belehrung		136.			
241.	Beliebtheit	129.				
242.	Belieferung	130.				
243.	Belohnung	131.	137.			
244.	Bemerkung		138.			
245.	Bemühung	132.				
246.	Benennung	133.				
247.	Benutzung	134.				
248.	Beobachter	135.				

Nr.	Substantiv	som	hes	sch	bas1	bas2
249.	Beobachtung	136.				
250.	Beratung	137.		32.		
251.	Berechtigung	138.	139.			
252.	Bereitschaft	139.	140.			
253.	Bericht	140.	141.			3.
254.	Berufung	141.	142.			
255.	Berührung			33.		
256.	Berührungsangst			34.		
257.	Berührungspunkt			35.		
258.	Beschäftigung		143.	36.		
259.	Bescheid		144.			
260.	Bescheinigung		145.			
261.	Beschränkung	142.				
262.	Beschreibung	143.				
263.	Beschuldigung	144.				
264.	Beschuss	145.				
265.	Beschützer	146.				
266.	Beschwerde	147.	146.			
267.	Beseitigung	148.				
268.	Besetzung			37.		
269.	Besinnung		147.			
270.	Besitzer	149.				
271.	Besorgnis		148.			
272.	Besprechung	150.	149.	38.		
273.	Bestimmung		150.			
274.	Bestreben		151.			
275.	Bestrebung	151.				
276.	Bestürzung	152.	152.			
277.	Besuch	153.				4.
278.	Beteiligung	154.	153.			
279.	Beteuerung	155.				
280.	Betrug			39.		

Nr.	Substantiv	som	hes	sch	bas1	bas2
281.	Beurteilung	156.				
282.	Beweis	157.	154.			
283.	Bewerbung	158.	155.			
284.	Bezeichnung	159.				
285.	Beziehung	160.		40.		5.
286.	Bild				12.	
287.	Bindung		156.			
288.	Bitte	161.			13.	
289.	Blick		157.			6.
290.	Blindheit	162.				
291.	Briefwechsel			41.		
292.	Bruch	163.	158.	42.		
293.	Bruder	164.				
294.	Bulletin		159.			
295.	Bündnis	165.		43.		
296.	Bürge		160.			
297.	Bürgerschaft		161.			
298.	Chance		162.		14.	
299.	Charakter	166.				
300.	Charakterisierung	167.				
301.	Dank	168.			15.	
302.	Dankbarkeit	169.				
303.	Danke		163.			
304.	Deal			44.		
305.	Debatte	170.		45.		
306.	Deckung	171.				
307.	Degradierung	172.				
308.	Delegierung	173.				
309.	Demonstration	174.				
310.	Dialog			46.		
311.	Dialogbereitschaft			47.		
312.	Differenz		164.	48.		

Nr.	Substantiv	som	hes	sch	bas1	bas2
313.	Ding			49.		
314.	Diskrepanz	175.				
315.	Diskussion	176.		50.		7.
316.	Diskussionsrunde			51.		
317.	Disposition		165.			
318.	Disput			52.		
319.	Distanz		166.			
320.	Divergenz		167.			
321.	Drang	177.	168.			
322.	Drehung		169.			
323.	Dringlichkeit	178.				
324.	Drohung	179.		53.		
325.	Druck	180.	170.			8.
326.	Duell	181.				
327.	Durchblick		171.			
328.	Durchführung	182.				
329.	Durst	183.	172.			
330.	Echo		173.			
331.	Ehe			54.		
332.	Eheschließung			55.		
333.	Ehrfurcht		174.			
334.	Ehrgeiz	184.				
335.	Ehrung	185.				
336.	Eid	186.				
337.	Eifersucht	187.	175.			
338.	Eignung	188.	176.			
339.	Einbau	189.				
340.	Einbeziehung		177.			
341.	Einblick		178.			
342.	Einbruch	190.				
343.	Einbuße		179.			
344.	Eindruck	191.				9.

Nr.	Substantiv	som	hes	sch	bas1	bas2
345.	Einfall	192.	180.			
346.	Einfluss	193.	181.			10.
347.	Einflussnahme		182.			
348.	Einfuhr	194.				
349.	Einführung	195.				
350.	Eingang	196.				
351.	Eingriff	197.	183.			
352.	Einheit			56.		
353.	Einigkeit		184.			
354.	Einigung	198.	185.	57.		
355.	Einkauf	199.				
356.	Einkerbung		186.			
357.	Einkünfte		187.			
358.	Einladung	200.	188.			
359.	Einlagerung		189.			
360.	Einleitung		190.			
361.	Einlieferung	201.				
362.	Einmischung	202.				
363.	Einmündung	203.				
364.	Einplanung	204.				
365.	Einrichtung		191.			
366.	Einsicht	205.	192.			
367.	Einsichtnahme		193.			
368.	Einsteiger		194.			
369.	Einstellung	206.	195.			
370.	Einstieg		196.			
371.	Einteilung		197.			
372.	Eintreten	207.				
373.	Eintritt	208.	198.			
374.	Einvernehmen			58.		
375.	Einverständnis			59.		
376.	Einwand	209.	199.			

Nr.	Substantiv	som	hes	sch	bas1	bas2
377.	Einweisung	210.				
378.	Einwirkung	211.				
379.	Eitelkeit	212.				
380.	Ekel	213.	200.			
381.	Elementarkenntnis		201.			
382.	Empfang	214.				
383.	Empfänglichkeit	215.				
384.	Empfinden		202.			
385.	Empfindlichkeit	216.	203.			
386.	Empörung	217.	204.			
387.	Engagement		205.			
388.	Enkel	218.				
389.	Entbindung	219.	206.			
390.	Entfernung	220.				
391.	Enthüllung	221.				
392.	Entlassung	222.	207.			
393.	Entrüstung	223.				
394.	Entscheidung	224.				11.
395.	Entschlossenheit	225.				
396.	Entschuldigung	226.				
397.	Entwicklung	227.				
398.	Entzücken	228.				
399.	Erbarmen			60.		
400.	Erbitterung	229.				
401.	Erfahrung			61.		12.
402.	Erfinder	230.				
403.	Erfolg					13.
404.	Erforschung	231.				
405.	Erhaltung	232.				
406.	Erhebung	233.				
407.	Erinnerung	234.	208.			14.
408.	Erklärung	235.	209.		16.	

Nr.	Substantiv	som	hes	sch	bas1	bas2
409.	Erkrankung	236.				
410.	Erkundung	237.				
411.	Erlass	238.				
412.	Erlebnis			62.		
413.	Erlösung	239.				
414.	Ermächtigung	240.				
415.	Ermäßigung	241.				
416.	Ernennung	242.				
417.	Eröffnung	243.				
418.	Erschließung	244.				
419.	Erschütterung	245.				
420.	Erstaunen	246.				
421.	Ersuchen	247.				
422.	Erteilung	248.				
423.	Erweiterung	249.				
424.	Erwerbung	250.				
425.	Erwiderung	251.				
426.	Erzeuger	252.				
427.	Erzeugung	253.				
428.	Experiment			63.		
429.	Fachmann		210.			
430.	Fähigkeit	254.				
431.	Fahndung	255.				
432.	Fahrer	256.				
433.	Fahrt	257.	211.			15.
434.	Fahrverbot		212.			
435.	Fall	258.				
436.	Fälscher	259.				
437.	Falschheit	260.				
438.	Fassung	261.				
439.	Feeling		213.			
440.	Fehler					16.

Nr.	Substantiv	som	hes	sch	bas1	bas2
441.	Feind	262.				
442.	Feldzug		214.			
443.	Fertigkeit	263.				
444.	Festrede		215.			
445.	Festschrift		216.			
446.	Feststellung	264.				
447.	Fimmel		217.			
448.	Finale	265.				
449.	Fingerspitzengefühl		218.			
450.	Flanke	266.				
451.	Flirt			64.		
452.	Flucht	267.	219.			
453.	Flug	268.				
454.	Flügel	269.				
455.	Föderation			65.		
456.	Folge	270.			17.	
457.	Folgerung		220.			
458.	Forderung	271.	221.			
459.	Förderung	272.				
460.	Forschung	273.	222.	66.		
461.	Fortdauer	274.				
462.	Fortgang	275.	223.			
463.	Fortschritt					17.
464.	Forum		224.			
465.	Frage	276.	225.		18.	
466.	Freude	277.				18.
467.	Freund	278.				
468.	Freundschaft	279.		67.		
469.	Frevel		226.			
470.	Frieden			68.		
471.	Friedensschluss			69.		
472.	Front	280.				

Nr.	Substantiv	som	hes	sch	bas1	bas2
473.	Frontstellung		227.			
474.	Führbitte		228.			
475.	Fundus		229.			
476.	Furcht	281.				
477.	Fürsorge	282.				
478.	Fusion			70.		
479.	Gang	283.	230.			
480.	Garant		231.			
481.	Garantie	284.	232.			
482.	Gebrauch	285.				
483.	Gedanke		233.		19.	
484.	Gedenken		234.			
485.	Geduld	286.	235.	71.		
486.	Gefahr				20.	
487.	Gefecht			72.		
488.	Geflecht		236.			
489.	Gefühl		237.			19.
490.	Gegensatz					20.
491.	Gehalt		238.			
492.	Gehorsam	287.				
493.	Gelegenheit	288.				21.
494.	Gelüst		239.			
495.	Gemeinsamkeit			73.		
496.	Gemeinschaft			74.		
497.	Gemenge		240.			
498.	Gemisch		241.			
499.	Genehmigung	289.				
500.	Geschäft			75.		
501.	Geschichte			76.		
502.	Geschick	290.	242.			
503.	Gespräch	291.		77.		22.
504.	Gespür		243.			

Nr.	Substantiv	som	hes	sch	bas1	bas2
505.	Gewähr		244.			
506.	Gewandtheit	292.				
507.	Gewissheit	293.				
508.	Gewöhnung	294.	245.			
509.	Gier		246.			
510.	Glaube	295.	247.			23.
511.	Gleichberechtigung			78.		
512.	Gleichgültigkeit	296.				
513.	Gleichheit	297.				
514.	Gleichstellung			79.		
515.	Gliederung	298.				
516.	Grauen		248.			
517.	Grenze				21.	
518.	Griff	299.				
519.	Groll	300.	249.			
520.	Größe	301.				
521.	Größenunterschied		250.			
522.	Grund	302.			22.	
523.	Grundbedingung		251.			
524.	Grundlage		252.			
525.	Grundstock		253.			
526.	Gründung	303.				
527.	Gruppenbild			80.		
528.	Gruß	304.				
529.	Haftung	305.				
530.	Haltung		254.			
531.	Handel			81.		
532.	Handgemenge			82.		
533.	Hang	306.	255.			
534.	Harmonie			83.		
535.	Härte	307.				
536.	Hass	308.				

Nr.	Substantiv	som	hes	sch	bas1	bas2
537.	Hauch	309.				
538.	Heer	310.	256.			
539.	Heftigkeit	311.				
540.	Heidenangst		257.			
541.	Heilung	312.				
542.	Heirat			84.		
543.	Herrschaft	313.	258.			
544.	Hetze	314.	259.			
545.	Hetzerei		260.			
546.	Hetzjagd		261.			
547.	Hilfe	315.				24.
548.	Hinweis		262.			25.
549.	Hochachtung		263.			
550.	Höchstmaß		264.			
551.	Hochzeit			85.		
552.	Hoffnung	316.				26.
553.	Hundert		265.			
554.	Hunger	317.	266.			
555.	Hürde		267.			
556.	Hymne		268.			
557.	Idee			86.		27.
558.	Identifikation		269.	87.		
559.	Identifizierung	318.		88.		
560.	Identität	319.	270.	89.		
561.	Illustration	320.				
562.	Immunität	321.				
563.	Information	322.				28.
564.	Instinkt		271.			
565.	Interaktion			90.		
566.	Interesse	323.	272.			29.
567.	Interessengegensatz		273.			
568.	Intervention	324.				

Nr.	Substantiv	som	hes	sch	bas1	bas2
569.	Interview			91.		
570.	Intoleranz		274.			
571.	Jagd	325.	275.			
572.	Jammer	326.	276.			
573.	Jubel	327.				
574.	Jugend	328.				
575.	Kälte	329.				
576.	Kameradschaft	330.				
577.	Kampagne		277.			
578.	Kampf	331.	278.	92.		
579.	Kampfansage		279.			
580.	Kämpfer		280.			
581.	Kämpferin		281.			
582.	Kandidat	332.	282.			
583.	Kandidatur		283.			
584.	Kapitulation	333.	284.			
585.	Kauf	334.				
586.	Kenntnis					30.
587.	Keuschheit	335.				
588.	Kitzel		285.			
589.	Klage	336.	286.			
590.	Klarheit	337.				
591.	Knappheit		287.			
592.	Koalition			93.		
593.	Kollaboration			94.		
594.	Kollision	338.		95.		
595.	Kombinierung	339.				
596.	Kommentar	340.				
597.	Kommunikation			96.		
598.	Komplott		288.			
599.	Kompromiss			97.		
600.	Konferenz	341.	289.	98.		

Nr.	Substantiv	som	hes	sch	bas1	bas2
601.	Konflikt			99.		
602.	Konfrontation		290.	100.		
603.	Konkurrenz			101.		
604.	Konsequenz	342.				
605.	Konsum		291.			
606.	Kontakt		292.	102.		
607.	Kontaktaufnahme			103.		
608.	Kontamination			104.		
609.	Kontrakt			105.		
610.	Kontrolle		293.			
611.	Kontroverse		294.	106.		
612.	Konzentration	343.	295.			
613.	Konzert			107.		
614.	Kooperation	344.		108.		
615.	Koordination			109.		
616.	Kopplung			110.		
617.	Koproduktion			111.		
618.	Korrespondenz			112.		
619.	Krach			113.		
620.	Kraftprobe			114.		
621.	Kreuzzug		296.			
622.	Krieg			115.	23.	
623.	Kritik	345.				31.
624.	Kummer		297.			
625.	Kunde		298.			
626.	Lähmung	346.				
627.	Landung	347.				
628.	Leben			116.		
629.	Lehre	348.				
630.	Leidenschaft	349.				
631.	Leistung	350.				32.
632.	Leitung	351.				

Nr.	Substantiv	som	hes	sch	bas1	bas2
633.	Lenkung	352.				
634.	Lesung			117.		
635.	Liaison			118.		
636.	Liebe	353.	299.	119.		33.
637.	Lieferung	354.				
638.	Linderung	355.				
639.	Literatur		300.			
640.	Lob	356.				
641.	Lockerung	357.				
642.	Lohn	358.	301.			
643.	Lösung	359.		120.		34.
644.	Loyalität		302.			
645.	Lust	360.	303.			35.
646.	Macht	361.	304.		24.	
647.	Mahnung		305.			
648.	Mangel	362.	306.			
649.	Manifestation		307.			
650.	Marsch	363.				
651.	Maximum		308.			
652.	Mehr		309.			
653.	Meinung	364.			25.	
654.	Meinungsaustausch			121.		
655.	Meinungsverschiedenheit			122.		
656.	Meldung	365.	310.			
657.	Minderung	366.				
658.	Minimum		311.			
659.	Mischung	367.				
660.	Missachtung	368.				
661.	Missbrauch	369.		123.		
662.	Missfallen		312.			
663.	Misstrauen	370.	313.			
664.	Misstrauungsantrag		314.			

Nr.	Substantiv	som	hes	sch	bas1	bas2
665.	Missverhältnis		315.			
666.	Missverständnis	371.				
667.	Mitgefühl			124.		
668.	Mitleid			125.		
669.	Mitschuld		316.			
670.	Mitteilung	372.				
671.	Mittel	373.				36.
672.	Mitverantwortung		317.			
673.	Mitwirkung	374.				
674.	Möglichkeit	375.	318.			37.
675.	Monopol	376.	319.			
676.	Mord		320.			
677.	Motiv		321.			
678.	Mühe	377.				
679.	Muster		322.			
680.	Musterbeispiel		323.			
681.	Musterbild		324.			
682.	Mut	378.	325.			
683.	Nachahmung	379.				
684.	Nachdruck	380.				
685.	Nachfrage	381.	326.			
686.	Nachholbedarf		327.			
687.	Nachlese		328.			
688.	Nachricht	382.	329.			
689.	Nachruf		330.			
690.	Nachsicht			126.		
691.	Nachsuchen	383.				
692.	Nachweis	384.				
693.	Nährboden		331.			
694.	Nase		332.			
695.	Neid	385.				
696.	Neigung	386.	333.			

Nr.	Substantiv	som	hes	sch	bas1	bas2
697.	Nekrolog		334.			
698.	Neugier	387.				
699.	Nötigung		335.			
700.	Nutzen	388.				
701.	Offensive		336.			
702.	Operation	389.				
703.	Opfer	390.				
704.	Orientierung	391.	337.			
705.	Paarung	392.				
706.	Pakt			127.		
707.	Pamphlet		338.			
708.	Panne			128.		
709.	Paradebeispiel		339.			
710.	Parallele		340.	129.		
711.	Parodie		341.			
712.	Parteinahme		342.			
713.	Partner	393.				
714.	Partnerschaft			130.		
715.	Passage		343.			
716.	Pate	394.				
717.	Patent		344.			
718.	Pech	395.		131.		
719.	Pendant		345.			
720.	Periode	396.				
721.	Persiflage		346.			
722.	Pflege	397.				
723.	Pflicht	398.				38.
724.	Plädoyer		347.			
725.	Plage		348.			
726.	Plan	399.	349.			39.
727.	Platz		350.			
728.	Plausch			132.		

Nr.	Substantiv	som	hes	sch	bas1	bas2
729.	Pleite			133.		
730.	Plünderung	400.				
731.	Polemik	401.				
732.	Politik	402.				
733.	Popularität	403.				
734.	Porträt	404.				
735.	Präferenz		351.			
736.	Preis	405.				
737.	Probe	406.				
738.	Problem			134.		
739.	Produktion	407.				
740.	Programm	408.				
741.	Protest	409.	352.			
742.	Prozess	410.				40.
743.	Prüfung	411.				
744.	Qualifikation		353.			
745.	Qualifizierung	412.				
746.	Quelle	413.				
747.	Querele			135.		
748.	Quittung		354.			
749.	Rache	414.	355.			
750.	Rat	415.				41.
751.	Ratifizierung	416.				
752.	Rationalisierung	417.				
753.	Raub	418.				
754.	Raum	419.				
755.	Reaktion	420.				
756.	Rechenschaft	421.	356.			
757.	Rechnung	422.	357.			
758.	Recht	423.	358.		26.	
759.	Rede	424.				
760.	Reflexion		359.			

Nr.	Substantiv	som	hes	sch	bas1	bas2
761.	Reform	425.				
762.	Regelung			136.		
763.	Regierung	426.				
764.	Reiberei			137.		
765.	Reichtum	427.				
766.	Reife	428.				
767.	Reihe	429.				
768.	Reinigung	430.				
769.	Reise	431.			27.	
770.	Reiz	432.				
771.	Reklame		360.			
772.	Rekonstruktion	433.				
773.	Rekord	434.				
774.	Relation		361.			
775.	Reminiszenz		362.			
776.	Rendezvous	435.				
777.	Reparatur	436.				
778.	Repräsentant	437.				
779.	Requisit		363.			
780.	Reserve		364.			
781.	Reservoir		365.			
782.	Resistenz		366.			
783.	Respekt	438.	367.			
784.	Rest	439.				
785.	Rettung	440.				
786.	Reue	441.				
787.	Rezept	442.				
788.	Ring	443.				
789.	Ritt	444.				
790.	Rolle	445.				
791.	Rückblick		368.			
792.	Rückfall		369.			

Nr.	Substantiv	som	hes	sch	bas1	bas2
793.	Rückgriff		370.			
794.	Rückschau		371.			
795.	Rückschluss		372.			
796.	Rücksicht	446.	373.			
797.	Rücksprache	447.	374.	138.		
798.	Rückstand		375.			
799.	Rücktritt		376.			
800.	Rückwirkung		377.			
801.	Rückzug		378.			
802.	Ruf	448.	379.			
803.	Rummel		380.			
804.	Run		381.			
805.	Sache			139.		
806.	Sammlung	449.				
807.	Sanktion		382.			
808.	Satire		383.			
809.	Schaden					42.
810.	Schädigung	450.				
811.	Schaffen	451.				
812.	Schärfe	452.				
813.	Schatten	453.				
814.	Schererei			140.		
815.	Scherz	454.				
816.	Scheu	455.	384.			
817.	Schießerei			141.		
818.	Schilderung	456.				
819.	Schlacht			142.		
820.	Schlaf	457.				
821.	Schlag	458.				
822.	Schlagabtausch			143.		
823.	Schlägerei			144.		
824.	Schluck	459.				

Nr.	Substantiv	som	hes	sch	bas1	bas2
825.	Schluss	460.				43.
826.	Schmerz	461.				
827.	Schock	462.				
828.	Schrei	463.				
829.	Schreiben	464.				
830.	Schriftverkehr			145.		
831.	Schriftwechsel			146.		
832.	Schritt					44.
833.	Schulbeispiel		385.			
834.	Schuld	465.	386.		28.	
835.	Schulterschluss			147.		
836.	Schulung	466.				
837.	Schusswechsel			148.		
838.	Schutz	467.	387.		29.	
839.	Schwäche	468.				
840.	Schwierigkeit			149.	30.	
841.	Schwur	469.				
842.	Segen		388.			
843.	Sehnsucht	470.	389.			
844.	Sendung	471.				
845.	Sex			150.		
846.	Sexualität			151.		
847.	Sicherheit		390.		31.	
848.	Sicherung	472.				
849.	Sicht		391.			
850.	Sieg	473.				
851.	Sinn	474.	392.		32.	
852.	Sitzung			152.		
853.	Skandal		393.			
854.	Skepsis		394.			
855.	Solidarisierung			153.		
856.	Solidarität	475.	395.	154.		

Nr.	Substantiv	som	hes	sch	bas1	bas2
857.	Sorge	476.	396.			
858.	Sorgfalt	477.				
859.	Sortiment		397.			
860.	Spalier	478.				
861.	Spaß			155.		
862.	Spekulation	479.	398.	156.		
863.	Spende	480.				
864.	Spezialist		399.			
865.	Spiel	481.		157.		
866.	Spielerei			158.		
867.	Spionage		400.			
868.	Spott	482.				
869.	Sprung	483.				
870.	Spur	484.				
871.	Spürsinn		401.			
872.	Stärke	485.				
873.	Steigerung	486.				
874.	Stellung	487.				
875.	Stiftung	488.				
876.	Stolz	489.	402.			
877.	Störung	490.				
878.	Streben	491.				
879.	Streik	492.				
880.	Streit			159.		45.
881.	Streiterei			160.		
882.	Streitigkeit			161.		
883.	Stress			162.		
884.	Student	493.				
885.	Studie		403.			
886.	Studium	494.				
887.	Stufe	495.				
888.	Sturz	496.				

Nr.	Substantiv	som	hes	sch	bas1	bas2
889.	Suche	497.	404.			
890.	Sucht	498.	405.			
891.	Sympathie			163.		
892.	Symptom		406.			
893.	Tagesbedarf		407.			
894.	Tagung			164.		
895.	Talent	499.	408.			
896.	Tanz			165.		
897.	Tapferkeit		409.			
898.	Tat	500.			33.	
899.	Tauglichkeit		410.			
900.	Tausch	501.				
901.	Täuschung	502.				
902.	Tauziehen		411.			
903.	Teilhabe		412.			
904.	Teilnahme	503.	413.			
905.	Teilung	504.				
906.	Telefonat			166.		
907.	Tendenz	505.	414.			
908.	Termin		415.	167.		
909.	Test			168.		
910.	Therapie			169.		
911.	Tiefe	506.				
912.	Toleranz		416.			
913.	Trachten	507.				
914.	Tränkung		417.			
915.	Transport	508.				
916.	Trauer	509.				
917.	Traum	510.				
918.	Treffen	511.		170.		
919.	Trennung	512.	418.			
920.	Treue	513.				

Nr.	Substantiv	som	hes	sch	bas1	bas2
921.	Trick			171.		
922.	Trieb	514.				
923.	Triumph	515.				
924.	Trost	516.				
925.	Trübung	517.				
926.	Überarbeitung	518.				
927.	Überblick	519.				
928.	Überdruss	520.				
929.	Übereinkunft	521.		172.		
930.	Übereinstimmung	522.		173.		
931.	Überfall	523.	419.			
932.	Überfluss	524.				
933.	Überführung	525.				
934.	Überfüllung	526.				
935.	Übergabe	527.	420.			
936.	Übergang	528.	421.			
937.	Überholung	529.				
938.	Übermittlung	530.				
939.	Übernahme	531.				
940.	Übernahme	532.				
941.	Überraschung	533.				
942.	Überraschung	534.				
943.	Überreichung	535.				
944.	Überschreibung	536.				
945.	Überschuss		422.			
946.	Überschwemmung	537.				
947.	Übersetzung	538.				
948.	Übersicht		423.			
949.	Übertragung	539.				
950.	Übertretung	540.				
951.	Übertritt		424.			
952.	Überwältigung	541.				

Nr.	Substantiv	som	hes	sch	bas1	bas2
953.	Überwindung	542.				
954.	Überzeugtheit	543.				
955.	Umbau	544.				
956.	Umformung	545.				
957.	Umfrage	546.				
958.	Umgang	547.	425.	174.		
959.	Umlauf		426.			
960.	Umschlag	548.				
961.	Umschreibung	549.	427.			
962.	Umsicht	550.				
963.	Umtausch		428.			
964.	Umwandlung	551.				
965.	Umzingelung	552.				
966.	Umzug	553.				
967.	Unfähigkeit		429.			
968.	Unfall			175.		
969.	Unmaß		430.			
970.	Unmasse		431.			
971.	Unmenge		432.			
972.	Unstimmigkeit			176.		
973.	Unterbrechung	554.				
974.	Unterbringung	555.				
975.	Unterdrückung	556.				
976.	Untergang	557.				
977.	Unterhaltung	558.				
978.	Unterkunft	559.				
979.	Unternehmen	560.				
980.	Unterordnung	561.	433.			
981.	Unterredung	562.		177.		
982.	Unterricht	563.				
983.	Unterschied	564.	434.		34.	
984.	Unterschrift	565.				

Nr.	Substantiv	som	hes	sch	bas1	bas2
985.	Unterstützung	566.				
986.	Untersuchung	567.				
987.	Unterweisung	568.				
988.	Untreue	569.				
989.	Unwille	570.				
990.	Unwissenheit	571.				
991.	Unzufriedenheit			178.		
992.	Urkunde	572.				
993.	Ursache		435.			
994.	Urteil	573.			35.	
995.	Variation		436.			
996.	Verabredung	574.	437.	179.		
997.	Verabschiedung	575.	438.			
998.	Verachtung		439.			
999.	Veränderung		440.			
1000.	Veranlagung		441.			
1001.	Veranlassung		442.			
1002.	Veranstaltung			180.		
1003.	Verantwortlichkeit		443.			
1004.	Verantwortung	576.	444.		36.	
1005.	Verarbeitung	577.				
1006.	Verärgerung		445.			
1007.	Verbesserung	578.				
1008.	Verbindlichkeit		446.			
1009.	Verbindung	579.	447.	181.		
1010.	Verbrauch		448.			
1011.	Verbrechen		449.			
1012.	Verbundenheit		450.	182.		
1013.	Verdacht		451.			
1014.	Verdienst	580.	452.			
1015.	Verdruss	581.	453.			
1016.	Verehrung	582.	454.			

Nr.	Substantiv	som	hes	sch	bas1	bas2
1017.	Vereinbarung-1	583.	455.	183.		
1018.	Vereinbarung-2		456.			
1019.	Vereinigung	584.		184.		
1020.	Vererbung		457.			
1021.	Verfahren		458.			46.
1022.	Verfall	585.				
1023.	Verfassung	586.				
1024.	Verflechtung			185.		
1025.	Verfolgung	587.				
1026.	Verfügung	588.	459.			
1027.	Verführung		460.			
1028.	Vergabe		461.			
1029.	Vergeben	589.				
1030.	Vergleich	590.	462.	186.	37.	
1031.	Vergnügen	591.				
1032.	Vergrößerung	592.				
1033.	Verhaftung	593.				
1034.	Verhalten	594.	463.			
1035.	Verhältnis	595.	464.	187.	38.	
1036.	Verhältnisse	596.				
1037.	Verhandlung	597.	465.	188.		
1038.	Verhandlungsergebnis			189.		
1039.	Verhandlungsrunde			190.		
1040.	Verheimlichung	598.				
1041.	Verhinderung	599.				
1042.	Verhör	600.				
1043.	Verkauf	601.				
1044.	Verkehr		466.			
1045.	Verknüpfung			191.		
1046.	Verkürzung	602.				
1047.	Verlangen	603.	467.			
1048.	Verlängerung	604.				

Nr.	Substantiv	som	hes	sch	bas1	bas2
1049.	Verlangung	605.				
1050.	Verlauf	606.				
1051.	Verlegung	607.				
1052.	Verleihung	608.	468.			
1053.	Verletzung	609.				
1054.	Verleumdung	610.				
1055.	Verlobung	611.		192.		
1056.	Verlust	612.				
1057.	Vermählung			193.		
1058.	Vermehrung	613.				
1059.	Vermengung			194.		
1060.	Vermessenheit	614.				
1061.	Vermessung	615.				
1062.	Vermischung			195.		
1063.	Vermittlung		469.			
1064.	Vermögen	616.				
1065.	Vermutung	617.				
1066.	Vernachlässigung	618.				
1067.	Vernetzung			196.		
1068.	Veröffentlichung	619.				
1069.	Verordnung	620.				
1070.	Verrat	621.	470.			
1071.	Versammlung			197.		
1072.	Versäumnis		471.			
1073.	Verschärfung	622.				
1074.	Verschiebung	623.				
1075.	Verschleierung	624.				
1076.	Verschmelzung			198.		
1077.	Verschwiegenheit	625.				
1078.	Verschwörermiene		472.			
1079.	Verschwörung	626.				
1080.	Versenkung	627.				

Nr.	Substantiv	som	hes	sch	bas1	bas2
1081.	Versetzung	628.				
1082.	Verseuchung			199.		
1083.	Versicherung	629.				
1084.	Versöhnung	630.	473.	200.		
1085.	Versorgung	631.		201.		
1086.	Versprechen	632.				
1087.	Verstand	633.				
1088.	Verständigung	634.	474.	202.		
1089.	Verständnis	635.	475.		39.	
1090.	Verstärkung	636.				
1091.	Versteckspiel			203.		
1092.	Versteigerung	637.				
1093.	Verstopfung		476.			
1094.	Verstoß	638.	477.			
1095.	Verstrickung			204.		
1096.	Versuch	639.	478.	205.	40.	
1097.	Verteidigung	640.	479.			
1098.	Verteilung	641.				
1099.	Vertiefung	642.	480.			
1100.	Vertrag	643.	481.	206.	41.	
1101.	Vertrauen	644.	482.		42.	
1102.	Vertrautheit		483.	207.		
1103.	Vertreter	645.				
1104.	Vertretung	646.	484.			
1105.	Vertrieb	647.				
1106.	Verurteilung	648.				
1107.	Verwahrung		485.			
1108.	Verwaltung	649.				
1109.	Verwandtschaft	650.	486.	208.		
1110.	Verwechslung			209.		
1111.	Verweis		487.			
1112.	Verwendung	651.	488.			

Nr.	Substantiv	som	hes	sch	bas1	bas2
1113.	Verwirklichung	652.				
1114.	Verwunderung	653.				
1115.	Verwüstung	654.				
1116.	Verzahnung			210.		
1117.	Verzauberung		489.			
1118.	Verzicht	655.	490.			
1119.	Veto		491.			
1120.	Vollmacht		492.			
1121.	Vorarbeit		493.			
1122.	Voraussage		494.			
1123.	Voraussetzung	656.	495.		43.	
1124.	Vorbedingung		496.			
1125.	Vorbehalt	657.	497.			
1126.	Vorbemerkung		498.			
1127.	Vorbereitung	658.				
1128.	Vorbeugung		499.			
1129.	Vorfreude		500.			
1130.	Vorladung	659.				
1131.	Vorlesung	660.	501.			
1132.	Vorliebe		502.			
1133.	Vorrang		503.			
1134.	Vorrat	661.				
1135.	Vorsatz	662.				
1136.	Vorschau		504.			
1137.	Vorschlag	663.			44.	
1138.	Vorschrift				45.	
1139.	Vorsprung	664.				
1140.	Vorstellung	665.				47.
1141.	Vorstoß	666.				
1142.	Vortrag		505.			
1143.	Wahl	667.				48.
1144.	Wanderung	668.				

Nr.	Substantiv	som	hes	sch	bas1	bas2
1145.	Warnung	669.	506.			
1146.	Wartung	670.				
1147.	Weg	671.	507.			
1148.	Weigerung	672.				
1149.	Weisung	673.				
1150.	Weite	674.				
1151.	Welt		508.			
1152.	Werbung	675.				
1153.	Wert	676.				
1154.	Wettbewerb	677.		211.		
1155.	Wette	678.				
1156.	Wettlauf			212.		
1157.	Widerruf	679.				
1158.	Widerstand	680.				
1159.	Widerwille	681.				
1160.	Wiedergabe	682.				
1161.	Wiederholung	683.				
1162.	Wiedersehen			213.		
1163.	Wille	684.				
1164.	Wirkung	685.			46.	
1165.	Wissen	686.	509.			
1166.	Wortwechsel			214.		
1167.	Wunsch	687.			47.	
1168.	Würde	688.				
1169.	Zahlung	689.				
1170.	Zähmung	690.				
1171.	Zank		510.			
1172.	Zeichen					49.
1173.	Zeit				48.	
1174.	Zensierung	691.				
1175.	Zerwürfnis			215.		
1176.	Zeuge	692.				

Nr.	Substantiv	som	hes	sch	bas1	bas2
1177.	Ziehung	693.				
1178.	Ziel					**50.**
1179.	Zorn	694.	511.			
1180.	Zucht	695.				
1181.	Zufriedenheit	696.		216.		
1182.	Zug	697.				
1183.	Zugang		512.			
1184.	Zugehörigkeit		513.			
1185.	Zugeständnis		514.			
1186.	Zugriff		515.			
1187.	Zukunft	698.				
1188.	Zulassung	699.				
1189.	Zulassungsprüfung		516.			
1190.	Zunahme	700.				
1191.	Zuneigung		517.			
1192.	Zurechtweisung	701.				
1193.	Zurückhaltung	702.				
1194.	Zurücknahme	703.				
1195.	Zurücksetzung	704.				
1196.	Zusage	705.				
1197.	Zusammenarbeit			217.		
1198.	Zusammenhang	706.		218.	49.	
1199.	Zusammenkunft	707.		219.		
1200.	Zusammenleben			220.		
1201.	Zusammenlegung			221.		
1202.	Zusammenprall			222.		
1203.	Zusammenschluss			223.		
1204.	Zusammensein			224.		
1205.	Zusammenspiel			225.		
1206.	Zusammenstoß	708.		226.		
1207.	Zuschuss		518.			
1208.	Zuständigkeit	709.				

Nr.	Substantiv	som	hes	sch	bas1	bas2
1209.	Zustimmung	710.	519.			
1210.	Zutrauen		520.			
1211.	Zutritt	711.				
1212.	Zuversicht	712.				
1213.	Zuvorkommenheit	713.				
1214.	Zuwachs	714.				
1215.	Zuweisung	715.				
1216.	Zwang	716.				
1217.	Zweifel	**717.**	**521.**		**50.**	
1218.	Zwischenfall			227.		
1219.	Zwist			**228.**		

Tabelle 10: Substantive mit reziproken Strukturen in den untersuchten Quellen

Zusammenfassung der Substantive mit reziproken Strukturen in den untersuchten Quellen, siehe *mit-Tabelle von Schierholz/WB von Sommerfeldt-Schreiber/Hessky/ Bassola1+2*						
Nr.	**Die Reihenfolge des Eintragens: sch- som-hes- bas1+2**	**sch nur mit-Strukturen (160/228 reziprok)**	**som (60/717 reziprok)**	**hes (40/521 reziprok)**	**bas1+2 (16/100 reziprok)**	**Insgesamt 276 – 82 (Überlappungen) = 194**
1.	Abhängigkeitsverhältnis			1.		
2.	Abkommen	1.	1.	2.		(-2)
3.	Abmachung	2.	2.	3.		(-2)
4.	Abschied			4.		
5.	Abschluss	3.				
6.	Absprache	4.	3.			(-1)
7.	Abstand		4.			
8.	Abstimmung	5.	5.			(-1)
9.	Affinität			5.		
10.	Affäre	6.				
11.	Ähnlichkeit	7.	6.	6.		(-2)
12.	Allianz	8.				
13.	Analogie			7.		

Nr.	Die Reihenfolge des Eintragens: sch- som-hes- bas1+2	sch nur mit-Strukturen (160/228 reziprok)	som (60/717 reziprok)	hes (40/521 reziprok)	bas1+2 (16/100 reziprok)	Insgesamt 276 – 82 (Überlappungen) = 194
14.	Annäherung			8.		
15.	Arbeitsverhältnis	9.				
16.	Arrangement	10.				
17.	Assoziation	11.				
18.	Assoziierung			9.		
19.	Auseinandersetzung	12.		10.		(-1)
20.	Ausgleich	13.				
21.	Aussöhnung	14.	7.			(-1)
22.	Aussprache	15.				
23.	Begegnung	16.	8.			(-1)
24.	Beischlaf	17.				
25.	Bekanntschaft	18.	9.			(-1)
26.	Beratung	19.				
27.	Berührung	20.				
28.	Berührungspunkt	21.				
29.	Besuch				1.	
30.	Besprechung	22.	10.			(-1)
31.	Beziehung	23.	11.		2.	(-2)
32.	Briefwechsel	24.				
33.	Bruch	25.		11.		(-1)
34.	Bündnis	26.	12.			(-1)
35.	Deal	27.				
36.	Debatte	28.	13.			(-1)
37.	Dialog	29.				
38.	Differenz	30.		12.		(-1)
39.	Diskrepanz		14.			
40.	Diskussion	31.	15.		3.	(-2)
41.	Disput	32.				
42.	Distanz			13.		
43.	Divergenz			14.		
44.	Duell		16.			

Nr.	Die Reihenfolge des Eintragens: sch- som-hes- bas1+2	sch nur mit-Strukturen (160/228 reziprok)	som (60/717 reziprok)	hes (40/521 reziprok)	bas1+2 (16/100 reziprok)	Insgesamt 276 – 82 (Überlappungen) = 194
45.	Ehe	33.				
46.	Eheschließung	34.				
47.	Einheit	35.				
48.	Einigung	36.	17.	15.		(-2)
49.	Einvernehmen	37.				
50.	Einverständnis	38.				
51.	Flirt	39.				
52.	Föderation	40.				
53.	Freundschaft	41.	18.			(-1)
54.	Frieden	42.				
55.	Friedensschluss	43.				
56.	Fusion	44.				
57.	Gefecht	45.				
58.	Gegensatz				4.	
59.	Gemeinsamkeit	46.				
60.	Gemeinschaft	47.				
61.	Geschäft	48.				
62.	Gespräch	49.	19.		5.	(-2)
63.	Gleichberechtigung	50.				
64.	Gleichstellung	51.				
65.	Grenze				6.	
66.	Größenunterschied			16.		
67.	Handel	52.				
68.	Handgemenge	53.				
69.	Harmonie	54.				
70.	Heirat	55.				
71.	Hochzeit	56.				
72.	Identifizierung	57.	20.	17.		(-2)
73.	Identität	58.		18.		(-1)
74.	Interaktion	59.				
75.	Interessengegensatz			19.		

Nr.	Die Reihenfolge des Eintragens: sch- som-hes- bas1+2	sch nur mit-Strukturen (160/228 reziprok)	som (60/717 reziprok)	hes (40/521 reziprok)	bas1+2 (16/100 reziprok)	Insgesamt 276 – 82 (Überlappungen) = 194
76.	Interview	60.				
77.	Kameradschaft		21.			
78.	Kampf	61.	22.	20.		(-2)
79.	Koalition	62.				
80.	Kollaboration	63.				
81.	Kollision	64.	23.			(-1)
82.	Kombinierung		24.			
83.	Kommunikation	65.				
84.	Kompromiss	66.				
85.	Konferenz	67.	25.			(-1)
86.	Konflikt	68.				
87.	Konfrontation	69.		21.		(-1)
88.	Konkurrenz	70.				
89.	Kontakt	71.		22.		(-1)
90.	Kontrakt	72.				
91.	Kontroverse	73.				
92.	Kooperation	74.	26.			(-1)
93.	Koordination	75.				
94.	Kopplung	76.				
95.	Koproduktion	77.				
96.	Korrespondenz	78.				
97.	Krach	79.				
98.	Kraftprobe	80.				
99.	Krieg	81.			7.	(-1)
100.	Leben	82.				
101.	Lesung	83.				
102.	Liaison	84.				
103.	Liebe	85.			8.	(-1)
104.	Lösung				9.	
105.	Meinungsaustausch	86.				
106.	Meinungsverschiedenheit	87.				

Nr.	Die Reihenfolge des Eintragens: sch- som-hes- bas1+2	sch nur mit-Strukturen (160/228 reziprok)	som (60/717 reziprok)	hes (40/521 reziprok)	bas1+2 (16/100 reziprok)	Insgesamt 276 – 82 (Überlappungen) = 194
107.	Missverhältnis			23.		
108.	Missverständnis		27.			
109.	Mühe		28.			
110.	Paarung		29.			
111.	Pakt	88.				
112.	Parallele	89.		24.		(-1)
113.	Partnerschaft	90.				
114.	Plausch	91.				
115.	Querele	92.				
116.	Reiberei	93.				
117.	Relation			25.		
118.	Rendezvous		30.			
119.	Rücksprache	94.	31.	26.		(-2)
120.	Schießerei	95.				
121.	Schlacht	96.				
122.	Schlagabtausch	97.				
123.	Schlägerei	98.				
124.	Schriftverkehr	99.				
125.	Schriftwechsel	100.				
126.	Schulterschluss	101.				
127.	Schusswechsel	102.				
128.	Sex	103.				
129.	Sexualität	104.				
130.	Sitzung	105.				
131.	Solidarität	106	32.			(-1)
132.	Spiel	107.	33.			(-1)
133.	Spielerei	108.				
134.	Streit	109.	34.		10.	(-2)
135.	Streiterei	110.				
136.	Streitigkeit	111.				
137.	Tagung	112.				

Nr.	Die Reihenfolge des Eintragens: sch- som-hes- bas1+2	sch nur mit-Strukturen (160/228 reziprok)	som (60/717 reziprok)	hes (40/521 reziprok)	bas1+2 (16/100 reziprok)	Insgesamt 276 – 82 (Überlappungen) = 194
138.	Tanz	113.				
139.	Telefonat	114.				
140.	Termin	115.				
141.	Treffen	116.	35.			(-1)
142.	Trennung		36.	27.		(-1)
143.	Übereinkunft	117.	37.			(-1)
144.	Übereinstimmung	118.	38.			(-1)
145.	Unterhaltung		39.			
146.	Unstimmigkeit	119.				
147.	Unterredung	120.	40.			(-1)
148.	Unterschied		41.	28.	11.	(-2)
149.	Verabredung	121.	42.	29.		(-2)
150.	Verabschiedung			30.		
151.	Verbindung	122.	43.	31.		(-2)
152.	Verbundenheit	123.		32.		(-1)
153.	Vereinbarung	124.	44.	33.		(-2)
154.	Vereinigung	125.	45.			(-1)
155.	Verflechtung	126.				
156.	Vergleich	127.	46.	34.	12.	(-3)
157.	Verhältnis	128.		35.	13.	(-2)
158.	Verhandlung	129.	47.	36.		(-2)
159.	Verhandlungsrunde	130.				
160.	Verknüpfung	131.				
161.	Verlobung	132.	48.			(-1)
162.	Vermählung	133.				
163.	Vermittlung			37.		
164.	Vernetzung	134.				
165.	Versammlung	135.				
166.	Verschmelzung	136.				
167.	Versetzung		49.			
168.	Versöhnung	137.	50.	38.		(-2)

Nr.	Die Reihenfolge des Eintragens: sch- som-hes- bas1+2	sch nur mit-Strukturen (160/228 reziprok)	som (60/717 reziprok)	hes (40/521 reziprok)	bas1+2 (16/100 reziprok)	Insgesamt 276 – 82 (Überlappungen) = 194
169.	Verständigung	138.	51.			(-1)
170.	Versteckspiel	139.				
171.	Vertrag	140.	52.	39.	14.	(-3)
172.	Vertrauen		53.		15.	(-1)
173.	Verwandtschaft	141.	54.	**40.**		(-2)
174.	Verwechslung	142.				
175.	Verzahnung	143.				
176.	Wahl		55.			
177.	Wettbewerb	144.	56.			(-1)
178.	Wette		57.			
179.	Wettlauf	145.				
180.	Wiedersehen	146.				
181.	Wortwechsel	147.				
182.	Zerwürfnis	148.				
183.	Zusammenarbeit	149.				
184.	Zusammenhang	150.	58.		**16.**	(-2)
185.	Zusammenkunft	151.	59.			(-1)
186.	Zusammenleben	152.				
187.	Zusammenlegung	153.				
188.	Zusammenprall	154.				
189.	Zusammenschluss	155.				
190.	Zusammensein	156.				
191.	Zusammenspiel	157.				
192.	Zusammenstoß	158	**60.**			(-1)
193.	Zwischenfall	159.				
194.	Zwist	**160.**				
						276–82 = **194**

Tabelle 11a: Überprüfen des Vorkommens von reziproken Strukturen 1

In: TAGGED-Archiv des IDS *[COSMAS II V. 3.6.1]* Fortsetzung in Tabelle 11b								
Nr.	**Rez. Substantive aus TAGGED-Archiv**	**in**	**gegen**	**mit**	**von**	**unter**	**zu**	**zwischen**
1.	Abkommen			mit	von	unter		zwischen
2.	Abmachung			mit	von			zwischen
3.	Abschied				von			
4.	Absprache			mit	von	unter		zwischen
5.	Abstand				von			zwischen
6.	Abstimmung			mit	von	unter		zwischen
7.	Affäre			mit	von			zwischen
8.	Ähnlichkeit			mit				zwischen
9.	Allianz			mit	von	unter		zwischen
10.	Annäherung				von			zwischen
11.	Arbeitsverhältnis			mit		unter		zwischen
12.	Arrangement			mit				
13.	Assoziierung			mit				
14.	Auseinandersetzung			mit	von	unter		zwischen
15.	Ausgleich			mit	von			zwischen
16.	Aussöhnung			mit	von			zwischen
17.	Aussprache			mit	von			zwischen
18.	Begegnung		gegen	mit	von	unter		zwischen
19.	Bekanntschaft			mit	von			
20.	Berührung			mit	von			zwischen
21.	Besprechung			mit	von			zwischen
22.	Beziehung			mit	von	unter	zu	zwischen
23.	Briefwechsel			mit				zwischen
24.	Bruch			mit	von			zwischen
25.	Bündnis			mit	von			zwischen
26.	Deal			mit*				
27.	Debatte			mit	von			zwischen
28.	Dialog			mit	von	unter		zwischen
29.	Differenz				von			zwischen
30.	Diskrepanz				von			zwischen
31.	Diskussion			mit	von	unter		zwischen

Nr.	Rez. Substantive aus TAGGED-Archiv	in	gegen	mit	von	unter	zu	zwischen
32.	Disput			mit				zwischen
33.	Distanz				von		zu	zwischen
34.	Duell		gegen	mit	von			zwischen
35.	Ehe			mit	von			zwischen
36.	Eheschließung			mit	von			
37.	Einheit	in						zwischen
38.	Einigung			mit	von	unter		zwischen
39.	Einvernehmen			mit	von	unter		zwischen
40.	Einverständnis			mit	von			zwischen
41.	Flirt			mit				
42.	Föderation			mit	von			zwischen
43.	Freundschaft			mit	von	unter		zwischen
44.	Frieden			mit	von	unter		zwischen
45.	Fusion			mit	von			zwischen
46.	Gefecht		gegen		von			zwischen
47.	Gegensatz				von			zwischen
48.	Gemeinsamkeit			mit	von			zwischen
49.	Gemeinschaft			mit	von	unter		
50.	Geschäft			mit	von	unter		zwischen
51.	Gespräch			mit	von	unter		zwischen
52.	Gleichberechtigung			mit	von			zwischen
53.	Gleichstellung			mit	von			zwischen
54.	Grenze			mit	von			zwischen
55.	Handel			mit	von	unter		zwischen
56.	Handgemenge			mit				zwischen
57.	Harmonie	in		mit	von	unter		zwischen
58.	Heirat			mit				
59.	Hochzeit			mit	von	unter		zwischen
60.	Identifizierung			mit				
61.	Identität			mit	von			
62.	Interaktion			mit				
63.	Interview			mit				
64.	Kampf		gegen	mit	von			zwischen

Nr.	Rez. Substantive aus TAGGED-Archiv	in	gegen	mit	von	unter	zu	zwischen
65.	Koalition			mit	von			zwischen
66.	Kollaboration			mit				zwischen
67.	Kollision			mit	von			zwischen
68.	Kommunikation			mit	von	unter		zwischen
69.	Konferenz			mit	von	unter		zwischen
70.	Konflikt			mit	von			zwischen
71.	Konfrontation			mit	von			zwischen
72.	Konkurrenz			mit	von	unter		zwischen
73.	Kontakt			mit	von			zwischen
74.	Kontrakt			mit	von			zwischen
75.	Kontroverse				von			zwischen
76.	Kooperation			mit	von	unter		zwischen
77.	Koordination			mit	von			zwischen
78.	Kopplung				von			zwischen
79.	Koproduktion			mit	von			zwischen
80.	Korrespondenz			mit	von			
81.	Krach			mit	von			zwischen
82.	Kraftprobe			mit				zwischen
83.	Krieg		gegen	mit	von	unter		zwischen
84.	Leben			mit	von			
85.	Liaison			mit				zwischen
86.	Liebe			mit	von		zu	zwischen
87.	Lösung			mit	von			zwischen
88.	Meinungsaustausch			mit		unter		zwischen
89.	Meinungsverschiedenheit							zwischen
90.	Mühe				von			
91.	Pakt			mit	von			zwischen
92.	Parallele							zwischen
93.	Partnerschaft			mit	von			zwischen
94.	Plausch			mit				
95.	Relation			mit	von			zwischen
96.	Rendezvous			mit				
97.	Rücksprache			mit	von			

Nr.	Rez. Substantive aus TAGGED-Archiv	in	gegen	mit	von	unter	zu	zwischen
98.	Schießerei			mit	von			zwischen
99.	Schlacht		gegen	mit	von			zwischen
100.	Schlagabtausch			mit				zwischen
101.	Schlägerei			mit				zwischen
102.	Schriftwechsel			mit				
103.	Sex			mit	von			zwischen
104.	Sitzung			mit	von			
105.	Solidarität			mit	von	unter		zwischen
106.	Spiel		gegen	mit	von	unter		zwischen
107.	Streit			mit	von	unter		zwischen
108.	Streiterei							zwischen
109.	Tanz			mit	von			zwischen
110.	Telefonat			mit	von			zwischen
111.	Treffen			mit	von	unter		zwischen
112.	Trennung			mit	von			zwischen
113.	Übereinkunft			mit	von			zwischen
114.	Übereinstimmung			mit	von			zwischen
115.	Unstimmigkeit							zwischen
116.	Unterhaltung			mit	von			zwischen
117.	Unterredung			mit	von			zwischen
118.	Unterschied				von			zwischen
119.	Verabredung			mit				zwischen
120.	Verabschiedung				von			
121.	Verbindung			mit	von		zu	zwischen
122.	Verbundenheit			mit	von			zwischen
123.	Vereinbarung			mit	von	unter		zwischen
124.	Vereinigung			mit	von			zwischen
125.	Verflechtung			mit	von			zwischen
126.	Vergleich			mit	von	unter		zwischen
127.	Verhältnis			mit	von			zwischen
128.	Verhandlung			mit				zwischen
129.	Verhandlungsrunde			mit	von			zwischen
130.	Verknüpfung			mit	von			zwischen

Nr.	Rez. Substantive aus TAGGED-Archiv	in	gegen	mit	von	unter	zu	zwischen
131.	Verlobung			mit				
132.	Vermählung			mit				
133.	Vermittlung							zwischen
134.	Vernetzung			mit	von			zwischen
135.	Versammlung				von			
136.	Verschmelzung			mit	von			
137.	Versöhnung			mit	von			zwischen
138.	Verständigung			mit	von	unter		zwischen
139.	Versteckspiel			mit				
140.	Vertrag			mit				zwischen
141.	Vertrauen							zwischen
142.	Verwandtschaft			mit	von			zwischen
143.	Verwechslung			mit	von			
144.	Verzahnung				von			zwischen
145.	Wahl							zwischen
146.	Wettbewerb			mit	von	unter		zwischen
147.	Wette			mit				
148.	Wettlauf			mit	von			zwischen
149.	Wiedersehen			mit				zwischen
150.	Wortwechsel			mit	von			zwischen
151.	Zerwürfnis			mit				zwischen
152.	Zusammenarbeit			mit	von	unter		zwischen
153.	Zusammenhang			mit	von			zwischen
154.	Zusammenkunft			mit	von			zwischen
155.	Zusammenleben			mit	von			zwischen
156.	Zusammenlegung			mit	von			
157.	Zusammenprall		gegen	mit	von			zwischen
158.	Zusammensein			mit	von			
159.	Zusammenspiel			mit	von			zwischen
160.	Zusammenstoß			mit	von			zwischen
161.	Zwischenfall			mit	von			
162.	Zwist			mit		unter		zwischen

Tabelle 11b: Überprüfen des Vorkommens von reziproken Strukturen 2

In: W-Archiv des IDS [COSMAS II V. 3.6.1]
siehe Tabelle 11a: 162 Substantive + Tabelle 11b: 18 Substantive = Insg.: 180

Nr.	Rez. Substantiv aus W-Archiv	in	gegen	mit	von	unter	zu	zwischen
1.	Abhängigkeitsverhältnis				von			zwischen
2.	Abschluss				von	unter		zwischen
3.	Abschlusserklärung				von			
4.	Beischlaf			mit	von	unter		zwischen
5.	Berührungspunkt			mit	von			zwischen
6.	Divergenz	in			von			zwischen
7.	Friedensschluss			mit	von			zwischen
8.	Größenunterschied							zwischen
9.	Interessengegensatz				von	unter		zwischen
10.	Kameradschaft			mit	von	unter		zwischen
11.	Kompromiss			mit	von	unter		zwischen
12.	Missverhältnis			mit	von			zwischen
13.	Missverständnis			mit	von	unter		zwischen
14.	Reiberei			mit				zwischen
15.	Schulterschluss			mit	von			zwischen
16.	Schusswechsel			mit				zwischen
17.	Streitigkeit			mit	von			zwischen
18.	Zusammenschluss			mit	von			zwischen

Liste Nr. 1. Vergleich des valenten Substantivbestandes in den vier benutzten Quellen

Zum Kapitel 4.2 (insgesamt 66 Seiten): Dokumentation der Ergebnisse

(1) Alle valenten/valenzmarkierten Substantive in den untersuchten Quellen: 1219
(2) 55 Valente Substantive in Bassola1+2, aber nicht in Hessky unter den 521 valenzmarkierten Substantiven
(3) In Bassola1+2, aber nicht in den anderen Quellen: 17 Substantive
(4) In Bassola 1+2, aber nicht in Schierholz: 85 Substantive
(5) In Bassola, aber nicht in Sommerfeldt: 34

(6) Valenzmarkierte Substantive nur in Hessky, aber nicht in den anderen untersuchten Quellen: 310
(7) Valenzmarkierte Substantive in Hessky, aber nicht in Sommerfeldt: 335 (336)
(8) Valente Substantive nur in Schierholz/Tabelle, aber nicht in den anderen untersuchten Quellen: 144
(9) Valente Substantive in Schierholz, aber nicht in Sommerfeldt/Schreiber und nicht valenzmarkiert in Hessky: 149
(10) Substantive in Sommerfeldt/Schreiber, die in Hessky (= 23.719) nicht vorkommen (116), bzw. nicht valenzmarkiert sind (416) = (532)/530
(11) Valente Substantive nur in Sommerfeldt/Schreiber, aber nicht in den anderen untersuchten Quellen: 464

Tabelle 12a: Morphologische Analysen zu reziproken Substantiven: Nicht-abgeleitete Substantive und ihre Verteilung nach Präpositionen, Quelle: COSMAS II V. 3.6.1

Nr.		in	gegen	mit	von	unter	zu	zwischen	reg. Präp.
1.	Affäre			+	+			+	3
2.	Allianz			+	+	+		+	4
3.	Bündnis			+	+			+	3
4.	Dialog			+	+	+		+	4
5.	Diskrepanz				+			+	2
6.	Disput			+				+	2
7.	Duell		+	+	+			+	4
8.	Ehe			+	+			+	3
9.	Föderation			+	+			+	3
10.	Geschäft			+	+	+		+	4
11.	Grenze			+	+			+	3
12.	Koalition			+	+			+	3
13.	Kompromiss			+	+	+		+	4
14.	Konferenz			+	+	+		+	4
15.	Konflikt			+	+			+	3
16.	Kontakt			+	+			+	3
17.	Kontroverse			+				+	2
18.	Krieg		+	+	+	+		+	**5**
19.	Liasion			+				+	2

Nr.		in	gegen	mit	von	unter	zu	zwischen	reg. Präp.
20.	Pakt			+	+			+	3
21.	Relation			+	+			+	3
22.	Rendezvous			+					1
23.	Sex			+	+			+	3
24.	Vertrag			+				+	2
25.	Zwist			+		+		+	3
	Insgesamt:	**0**	**2**	**23**	**20**	**7**	**0**	**24**	**= 76**

Tabelle 12b: Morphologische Analysen zu reziproken Substantiven: deverbale Substantive (K = Kompositum mit deverbalem Kopf)

Nr.	auf- ung	Nom. Inf.	auf- ion	Andere deverbale Substantive (bzw. einige umstrittene Fälle)	
1.	Abmachung	Abkommen	Diskussion	Abschied	*sich verabschieden*
2.	Abstimmung	Einvernehmen	Fusion	Abschluss	*abschließen*
3.	Annäherung	Leben	Kollaboration	Absprache	*absprechen*
4.	Assoziierung	Treffen	Kollision	Abstand	*abstehen*
K	**Auseinandersetzung**				
5.	Aussöhnung	Vertrauen	Kommunikation	Arrangement	*arrangieren*
6.	Begegnung	Wiedersehen	Konfrontation	Aussprache	*aussprechen*
7.	Berührung		Kooperation	Beischlaf	*beischlafen*
8.	Besprechung		Koordination	Bruch	*brechen*
9.	Beziehung		Koproduktion	Deal	*dealen*
K	**Eheschließung**	**Zusammenleben**			
10.	Einigung			Debatte	*debattieren*
K	**Gleichberechtigung**	**Zusammensein**			
K	**Gleichstellung**				
11.	Identifizierung			Differenz	*differenzieren*
12.	Kopplung			Distanz	*distanzieren*
13.	Lösung			Divergenz	*divergieren*
14.	Paarung (aus)			Einverständnis	*einverstanden*
15.	Sitzung			Flirt	*flirten*
16.	Tagung (von)			Gefecht	*fechten*
17.	Trennung			Gespräch	*sprechen*

Nr.	auf- ung	Nom. Inf.	auf- ion	Andere deverbale Substantive (bzw. einige umstrittene Fälle)	
K	**Übereinstimmung**				
18.	Unterhaltung			Handel	*handeln*
19.	Unterredung			Harmonie	*harmonisieren*
20.	Verabredung			Heirat	*heiraten*
21.	Verabschiedung			Interview	*interviewen*
22.	Verbindung			Kampf = nicht abgeleitet	*kämpfen*
23.	Vereinbarung			Konkurrenz	*konkurrieren*
24.	Vereinigung			Kontrakt	*kontraktieren*
25.	Verflechtung			Korrespondenz	*korrespondieren*
26.	Verhandlung			Krach	*krachen*
27.	Verknüpfung			Liebe	*lieben*
28.	Verlobung			Missverhältnis	*missverhalten*
29.	Vermählung			Missverständnis	*missverstehen*
30.	Vermittlung			Mühe	*sich bemühen*
31.	Vernetzung			Plausch	*plauschen*
32.	Verschmelzung			Reiberei	*reiben*
33.	Versöhnung			Schießerei	*schießen*
34.	Verständigung			Schlacht	*schlachten*
35.	Verwechslung			Schlägerei	*schlagen*
36.	Verzahnung			Spiel = nicht abgeleitet	*spielen*
K	**Zusammenlegung**				
37.				Streit = nicht abgeleitet nach Teubert	
38.				Streiterei	*sich streiten*
39.				Streitigkeit	
40.				Tanz	*tanzen*
41.				Telefonat	*telefonieren*
42.				Unterschied	*s. unterscheiden*
43.				Vergleich	*s. vergleichen*
44.				Verhältnis	*s. verhalten*
45.				Wahl	*wählen*
46.				Wette	*wetten*
47.				Zerwürfnis	
	36	**6**	**9**	**47**	**= 98**

Tabelle 12c: Morphologische Analysen zu reziproken Substantiven: Deadjektivische Substantive

Nr.	auf -heit/keit	auf -schaft	auf -ität	Sonstiges	Gesamtsumme
1.	Ähnlichkeit	Bekanntschaft	Identität	Ausgleich	
2.	Einheit	Freundschaft	Solidarität	Frieden	
3.	Gemeinsamkeit	Gemeinschaft		Parallele	
4.	Unstimmigkeit	Kameradschaft			
5.	Verbundenheit	Partnerschaft			
6.		Verwandtschaft			
∑	**5**	**6**	**2**	**3**	**= 16**

Tabelle 12d: Morphologische Analysen zu reziproken Substantiven: Komposita (Adjektiv+ Substantiv), (Substantiv + Substantiv), (Substantiv +Verb), (Verb+ Substantiv), ... + ihre Verteilung nach der regierten Präposition

Nr.	Komposita	deverbaler Kopf	Subst + Subst	Sonstiges	in	gegen	mit	von	unter	zu	zwischen
1.	Abhängigkeitsverhältnis		+					+			+
2.	Arbeitsverhältnis		+				+		+		+
3.	Auseinandersetz**ung**	+							+		
4.	Berührungspunkt		+				+	+			+
5.	Briefwechsel	+					+				+
6.	Eheschließ**ung**	+					+	+			+
7.	Friedenschluss	+					+	+			
8.	Gegensatz	+						+			+
9.	Gleichberechti**gung**	+					+	+			+
10.	Gleichstell**ung**	+					+	+			+
11.	Größenunterschied	+									+
12.	Handgemenge		+				+				+
13.	Hochzeit			determinativ			+	+	+		+
14.	Interaktion			Partikel			+				
15.	Interessengegensatz	+						+	+		+

Nr.	Komposita	deverbaler Kopf	Subst + Subst	Sonstiges	in	gegen	mit	von	unter	zu	zwischen
16.	Kraft*probe*		+				+				+
17.	Meinungsaustausch	+					+		+		+
18.	Meinungsverschiedenheit		+								+
19.	Rücksprache	+					+	+			
20.	Schlagabtausch	+					+				+
21.	Schriftwechsel	+					+				
22.	Schulterschluss	+					+	+			+
23.	Schusswechsel	+					+				+
24.	Übereinkunft			+			+	+			+
25.	Übereinstim**mung**	+					+	+			+
26.	Verhandlungsrunde		+				+	+			+
27.	Versteckspiel	+					+				
28.	Wettbewerb	+					+	+	+		+
29.	Wettlauf	+					+	+			+
30.	Wortwechsel	+					+	+			+
31.	Zusammenarbeit	+					+	+	+		+
32.	Zusammenhang	+					+	+			+
33.	Zusammenkunft			+			+	+			+
34.	**Zusammenleben**	+					+	+			+
35.	Zusammenle**gung**	+					+	+			
36.	Zusammenprall	+				+	+	+			+
37.	Zusammenschluss	+					+	+			+
38.	**Zusammensein**	+					+	+			
39.	Zusammenspiel	+					+	+			+
40.	Zusammenstoß	+					+	+			+
41.	Zwischenfall	+					+	+			
Σ		**31= 75,6 %**			**0**	**1**	**36**	**29**	**7**	**0**	**33**

Tabelle 13a: Wie weit beeinflusst die Morphologie der reziproken Substantive (abgeleitet vs. nicht-abgeleitet) **ihre Argumentstrukturen1?**

In: Bassola (2003)= **bas1**	**Die Zahl der verschiedenen Bedeutungen von Substantiven im Wörterbuch**	**Die Zahl der Valenzstrukturen zu den einzelnen Bedeutungen**		**Wie weit sind diese Substantive reziprok?**
		insgesamt	**davon reziprok**	
Deverbale Substantive				
1. **Unterschied** (S. 124–127)	1	4	2	2/4 = 50 %
2. **Vergleich** (S. 133–139)	1. 2.	5 3	4 3	7/8 = 87,5 %
3. **Verhältnis** (S. 139–143)	1. 2. 3.	1 2 1	1 2 1	4/4 = 100 %
4. **Vertrauen** (S. 153–156)	1. 2.	2 1	- 1	1/3 = 33,33 %
5. **Zusammenhang** (S. 173–175)	1	2	2	2/2 =100 %
reziproke Strukturen im Durchschnitt: 16/21 = 76, 19 %				
Nicht-abgeleitete Substantive				
1. **Grenze** (S. 89–92)	1. 2.	2 1	2 -	2/3 = 66,66 %
2. **Krieg** (S. 95–98)	1	2	2	2/2 = 100 %
3. **Vertrag** (S. 150–153)	1	2	2	2/2 = 100 %
reziproke Strukturen im Durchschnitt: 6/7 = 85,71 %				

Tabelle 13b: Wie weit beeinflusst die Morphologie der reziproken Substantive (abgeleitet vs. nicht-abgeleitet) **ihre Argumentstrukturen2?**

Nr.	**Quelle: bas 1+2** (2x50 Substantive) In: Bassola (2003)= bas1 In: Bassola (2012)=bas2 +Nummer = Reihenfolge des Substantivs im Wörterbuch, (-) = nicht abgeleitete Substantive		**Die Zahl der verschiedenen Bedeutungen**	**Die Zahl der Valenzstrukturen zu den einzelnen Bedeutungen**		**Wie weit sind diese Substantive reziprok? =** Zahl der Valenzstrukturen insgesamt/reziprok
				insgesamt	**davon reziprok**	
1.	**Besuch**	bas2/4. (1.c)	**1.** **2.**	**3** **1**	**1** **0**	**1/4 = 25 %**
2.	**Beziehung**	bas2/5. (1.a,c,3)	**1.** **2.** **3.**	**3** **1** **1**	**2** **0** **1**	**3/5 = 60 %**
3.	**Diskussion**	bas2/7. (1.a,b)	**1.** **2.**	**2** **3**	**2** **0**	**2/5 = 40 %**
4.	**Gegensatz**	bas2/20. (1.c)	**1.**	**3**	**2**	**2/3 = 66 %**
5.	**Gespräch**	bas2/22. (1.a,b)	**1.**	**2**	**2**	**2/2 = 100 %**
6.(-)	**Grenze**	bas1 (S. 89–92)	**1.** **2.**	**2** **1**	**2** -	**2/3 = 66,6 %**
7.(-)	**Krieg**	bas1 (S. 95–98)	**1**	**2**	**2**	**2/2 = 100 %**
8.	**Liebe**	bas2/33. (1b,2.b)	**1.** **2.**	**2** **2**	**1** **1**	**2/4 = 50 %**
9.	**Lösung**	bas2/34. (1.c)	**1.**	**3**	**1**	**1/3 = 33 %**
10.	**Streit**	bas2/45. (1.b)	**1.**	**2**	**2**	**2/2 = 100 %**
11.	**Unterschied**	bas1 (S. 124–127)	**1**	**4**	**2**	**2/4 = 50 %**
12.	**Vergleich**	bas1 (S. 133–139)	**1.** **2.**	**5** **3**	**4** **3**	**7/8 = 87,5 %**
13.	**Verhältnis**	bas1 (S. 139–143)	**1.** **2.** **3.**	**1** **2** **1**	**1** **2** **1**	**4/4 = 100 %**
14.(-)	**Vertrag**	bas1 (S. 150–153)	**1**	**2**	**2**	**2/2 = 100 %**

Nr.	Quelle: bas 1+2 (2x50 Substantive) In: Bassola (2003)= bas1 In: Bassola (2012)=bas2 +Nummer = Reihenfolge des Substantivs im Wörterbuch, (-) = nicht abgeleitete Substantive		Die Zahl der verschiedenen Bedeutungen	Die Zahl der Valenzstrukturen zu den einzelnen Bedeutungen		Wie weit sind diese Substantive reziprok? = Zahl der Valenzstrukturen insgesamt/reziprok
				insgesamt	davon reziprok	
15.	**Vertrauen**	bas1 (S. 153–156)	**1.** **2.**	**2** **1**	**-** **1**	**1/3 = 33,3 %**
16.	**Zusammenhang**	Bas1 (S. 173–175)	**1**	**2**	**2**	**2/2 =100 %**
Grad der Reziprozität bei 16 Substantiven im Durchschnitt:						**37/56 = 66 %**
Grad der Reziprozität bei 13 deverbalen Substantiven im Durchschnitt:						31/49 = 63,2 %
Grad der Reziprozität bei 3 nicht-abgeleiteten Substantiven im Durchschnitt:						6/7 = 85,7 %

Tabelle 14: Nominalisierte Infinitive (NI) in den untersuchten Quellen

[Quellen: Sommerfeldt/Schreiber (1977/1983), Duden (10), Schierholz (2001/2005), Bassola1(2003) und Bassola2 (2012). **Die Nummern sind Hinweise auf die Reihenfolge der NI in der ursprünglichen Quelle**, s. **Tabelle 9**]						
Nr.	**Substantiv**	**som**	**hes**	**sch**	**bas1**	**bas2**
1.	**Abkommen**	15.	7.	2.		
2.	Andenken		37.			
3.	Anlegen	56.				
4.	Bedenken		123.			
5.	Bestreben		151.			
6.	Eintreten	207.				
7.	Einvernehmen			58.		
8.	Empfinden		202.			
9.	Entzücken	228.				
10.	Erbarmen			60.		
11.	Erstaunen	246.				
12.	Ersuchen	247.				
13.	Gedenken		234.			
14.	Grauen		248.			

Nr.	Substantiv	som	hes	sch	bas1	bas2
15.	Leben			116.		
16.	Missfallen		312.			
17.	Misstrauen	370.	313.			
18.	Nachsuchen	383.				
19.	Nutzen	388.				
20.	Schaden					42.
21.	Schaffen	451.				
22.	Schreiben	464.				
23.	Segen		388.			
24.	Streben	491.				
25.	Tauziehen		411.			
26.	Trachten	507.				
27.	**Treffen**	511.		170.		
28.	Unternehmen	560.				
29.	Verbrechen		449.			
30.	Verfahren		458.			46.
31.	Vergeben	589.				
32.	Vergnügen	591.				
33.	Verhalten	594.	463.			
34.	Verlangen	603.	467.			
35.	Vermögen	616.				
36.	Versprechen	632.				
37.	**Vertrauen**	644.	482.		42.	
38.	**Wiedersehen**			213.		
39.	Wissen	686.	509.			
40.	**Zusammenleben**			220.		
41.	**Zusammensein**			224.		
42.	Zutrauen		520.			
	mit Überlappungen:	**23**	**18**	**8**	**1**	**2**
Ohne Überlappungen: 42 NI sind unter den 1219 valenten Substantiven. NI in reziproken Strukturen sind **fett** markiert: 6/42: (Abkommen, Treffen, Vertrauen, Wiedersehen, Zusammenleben und Zusammensein)						

Tabelle 15: Untersuchung der Valenzbeziehungen zwischen reziproken Substantiven und ihren transitiven, reflexiven und reziproken Basisverben

Basisverben von reziproken Substantiven In: Kempcke 2000			deverbale Substantive mit reziproker Bedeutung	
transitiv	**reflexiv**	**reziprok**	**Beispiele, In: Bassola 2003**	**Strukturen**
1. unterscheiden (S. 1098) - **zwischen+D** - **A/von+D** z.B.: - Er kann zw. mehreren Sachen nicht unterscheiden. - Er kann die Zwillinge voneinander nicht unterscheiden.	**sich unterscheiden von+D** z.B.: Sie unterscheidet sich von ihrer Schwester in etw.	**sich unterscheiden voneinander** z.B.: Peter und Eva unterscheiden sich. ⇒ Peter unterscheidet sich von Eva./ Eva unterscheidet sich von Peter.	**der Unterschied** - der Ansichten - der Weißen und der Schwarzen - **von** Käfern - von Zielen und Aufgaben - **zwischen** den beiden deutschen Staaten - zwischen Verhütung und Eingriff	- **G im Pl.** - **G+G** - **von+D im Pl.** - **(von+D)+ (von)+D** - **zwischen +D im Pl.** - **zwischen + D im Sg. + D im Sg.**
2. vergleichen (S. 1121) **- A** **- A+mit +D** z.B.: - Er will die Preise vergleichen. - Er will die Fälschung mit dem Original vergleichen.	-	**sich vergleichen,** z.B.: Die Tschetschenen vergleichen sich oft mit Wölfen, da Wölfe auch Stärkere angreifen.	**der Vergleich** - der Kosten/der beiden Firmen, - der Daten und der Position/des Bürgermeisters und des Dirigenten, - des Sportklubs **mit** der Gemeinde - **von** Kriterien - von Nationalsozialismus und Kommunismus - **zwischen** den beiden Werken/ den Erben	- **G im Pl.** - **G und G** - **G+mit+D** - **von+D im Pl.** - **von D im Sg. + D im Sg.** - **zwischen +D im Pl.**

Basisverben von reziproken Substantiven In: Kempcke 2000			**deverbale Substantive mit reziproker Bedeutung**	
transitiv	**reflexiv**	**reziprok**	**Beispiele, In: Bassola 2003**	**Strukturen**
			– zw. antiker und moderner Demokratie – zw. den Banken und Klägern	– **zwischen +D im Sg. +D im Sg.** – **zwischen +D im Pl. +D im Pl.**
3. verhalten (S. 1122) – **A** z.B.: Er konnte **das Lachen** nicht verhalten.	**sich verhalten:** z. B.: Er hat sich uns **gegenüber** nicht korrekt verhalten.	**sich verhalten:** z.B.: Zwei verhält sich **zu** vier wie drei zu sechs.	**das Verhältnis** – sein Verhältnis **mit** der Sekretärin – von zwei Staaten **zueinander/** der Individuen **untereinander** – **von** Breite und Länge/von Männern und Frauen – **zwischen** den Teilen Deutschlands – zwischen Aufwand und Ergebnis/zw. dem Vater und dem Sohn	– **G +mit+D** – **G im Pl. + zueinander/ untereinander** – **von+D+D** – **zwischen+ D im Pl.** – **zwischen + D + D im Sg.**
4. **verständigen/verstehen** (S. 1143 f.) – **A** z.B.: Wir müssen den Arzt verstehen./ Wir müssen die Angehörigen des Toten verständigen.	**sich verständigen** z.B.: Er konnte sich mit Gästen verständigen.	**sich verstehen** (einander) z.B.: Die Geschwister verstehen sich (einander) überhaupt nicht.	**das Verständnis** – der Bürger – **für** die Probleme junger Menschen	– **G** – **für+A**

<table>
<tr><th colspan="3">Basisverben von reziproken Substantiven
In: Kempcke 2000</th><th colspan="2">deverbale Substantive mit reziproker Bedeutung</th></tr>
<tr><th>transitiv</th><th>reflexiv</th><th>reziprok</th><th>Beispiele,
In: Bassola 2003</th><th>Strukturen</th></tr>
<tr><td>5. vertrauen
(S. 1147)
- D
- auf+A
z.B.:
- Du kannst seinen Worten vertrauen.
- Ich vertraue auf seine Ehrlichkeit.</td><td>sich (selbst) vertrauen
z.B.:
Die Jungen vertrauen sich wieder selbst.</td><td>sich vertrauen
(einander)
z.B.:
Vater und Mutter vertrauen sich/ einander.</td><td>das Vertrauen
- zwischen Bürgern und Politikern
- zw. den Völkern</td><td>- zwischen+D+D

- zwischen+ D im Pl.</td></tr>
<tr><td>6. wirken
(S. 1226)
- für +A
- gegen +A
z.B.: Er wirkt für den Wiederaufbau und gegen Hunger.</td><td>-</td><td>sich wirken
z.B.:
Die Platzverhältnisse wirken sich auf die Sanierung.</td><td>die Wirkung
- der Währungsunion
- auf die Arbeitslosigkeit</td><td>- G

- auf/für+A</td></tr>
<tr><td>7. zusammenhängen
(S. 1279)
- mit+D
z.B.:
Die Teile des Spielzeuges hängen fest zusammen.</td><td>-</td><td>sich zusammenhängen
(1278 f.)
z.B.: Die weiterführenden Angebote hängen sich zusammen.
(zusammenhängen miteinander)</td><td>der Zusammenhang
- der Häufigkeit der Missbildungen mit der Höhe der Strahlenbelastung
- der organisatorische Z. der Kirchen
- der Kosten und der Tarifangleichung
- zwischen den zwei Bereichen
- zwischen Drogenkonsum und Ausweitung der Immunschwäche</td><td>- G+mit+D
- G im Pl.
- G und G
- zwischen+ D im Pl.
- zwischen+ D und D</td></tr>
</table>

Tabelle 16: ung-Nominalisierungen in reziproken Strukturen

	Substantive auf -ung	in	gegen	mit	von	unter	zu	zwischen	*Struk-tur/en*
1.	Abmachung			+	+			+	*3*
2.	Abstimmung			+	+	+		+	*4*
3.	Annäherung				+			+	*2*
4.	Assoziierung			+					*1*
K	**Auseinandersetzung**			+	+	+		+	*4*
5.	Aussöhnung			+	+			+	*3*
6.	Begegnung		+	+	+	+		+	**5**
7.	Berührung			+	+			+	*3*
8.	Besprechung			+	+			+	*3*
9.	Beziehung			+	+	+	+	+	**5**
K	**Eheschließung**			+	+				*2*
10.	Einigung			+	+	+		+	*4*
K	**Gleichberechtigung**			+	+			+	*3*
K	**Gleichstellung**			+	+			+	*3*
11.	Identifizierung			+					*1*
12.	Kopplung				+			+	*2*
13.	Lösung			+	+			+	*3*
14.	Sitzung			+	+				*2*
15.	Trennung			+	+			+	*3*
K	**Übereinstimmung**			+	+			+	*3*
16.	Unterhaltung			+	+			+	*3*
17	Unterredung			+	+			+	*3*
18	Verabredung			+				+	*2*
19.	Verabschiedung				+				*1*
20.	Verbindung			+	+		+	+	*4*
21.	Vereinbarung			+	+	+		+	*4*
22.	Vereinigung			+	+			+	*3*
23.	Verflechtung			+	+			+	*3*
24.	Verhandlung			+				+	*2*
25.	Verknüpfung			+	+			+	*3*
26.	Verlobung			+					*1*
27.	Vermählung			+					*1*

	Substantive auf -ung	**in**	**gegen**	**mit**	**von**	**unter**	**zu**	**zwischen**	***Struk-tur/en***
28.	Vermittlung							+	*1*
29.	Vernetzung			+	+			+	*3*
30.	Verschmelzung			+	+				*2*
31.	Versöhnung			+	+			+	*3*
32.	Verständigung			+	+	+		+	*4*
33.	Verwechslung			+	+				*2*
34.	Verzahnung				+			+	*2*
K	**Zusammenlegung**			+	+				*2*
neu	**+2: Tagung** und **Paarung**								
Bei Substantiven auf-ung gibt es einige Komposita (K)		**in**	**gegen**	**mit**	**von**	**unter**	**zu**	**zwischen**	
		0	1	35	33	6	2	*30*	
K:6	**36**								

Tabelle 17: Zu semantischen Untersuchungen von reziproken Substantiven

[s. Tabellen 11a-b: Überprüfen des Vorkommens von reziproken Strukturen
11a – In: TAGGED-Archiv [COSMAS II V. 3.6.1]: **162 Substantive**
11b – In: W-Archiv (mit W markiert) [*COSMAS II V. 3.6.1:* **18 zusammen = 180 Substantive**]

Nr.	**Rez. Substantive aus TAGGED-Archiv**	**in**	**gegen**	**mit**	**von**	**unter**	**zu**	**zwischen**
1. W	Abhängigkeitsverhältnis				von			zwischen
2.	Abkommen			mit	von	unter		zwischen
3.	Abmachung			mit	von			zwischen
4.	Abschied				von			
5. W	Abschluss				von	unter		zwischen
6. W	Abschlusserklärung				von			
7.	Absprache			mit	von	unter		zwischen
8.	Abstand				von			zwischen
9.	Abstimmung			mit	von	unter		zwischen
10.	Affäre			mit	von			zwischen
11.	Ähnlichkeit			mit				zwischen

Nr.	Rez. Substantive aus TAGGED-Archiv	in	gegen	mit	von	unter	zu	zwischen
12.	Allianz			mit	von	unter		zwischen
13.	Annäherung				von			zwischen
14.	Arbeitsverhältnis			mit		unter		zwischen
15.	Arrangement			mit				
16.	Assoziierung			mit				
17.	Auseinandersetzung			mit	von	unter		zwischen
18.	Ausgleich			mit	von			zwischen
19.	Aussöhnung			mit	von			zwischen
20.	Aussprache			mit	von			zwischen
21.	Begegnung		gegen	mit	von	unter		zwischen
22. W	Beischlaf			mit	von	unter		zwischen
23.	Bekanntschaft			mit	von			
24.	Berührung			mit	von			zwischen
25. W	Berührungspunkt			mit	von			zwischen
26.	Besprechung			mit	von			zwischen
27.	Beziehung			mit	von	unter	zu	zwischen
28.	Briefwechsel			mit				zwischen
29.	Bruch			mit	von			zwischen
30.	Bündnis			mit	von			zwischen
31.	Deal			mit				
32.	Debatte			mit	von			zwischen
33.	Dialog			mit	von	unter		zwischen
34.	Differenz				von			zwischen
35.	Diskrepanz				von			zwischen
36.	Diskussion			mit	von	unter		zwischen
37.	Disput			mit				zwischen
38.	Distanz				von		zu	zwischen
39. W	Divergenz	in			von			zwischen
40.	Duell		gegen	mit	von			zwischen
41.	Ehe			mit	von			zwischen
42.	Eheschließung			mit	von			
43.	Einheit	in						zwischen

Nr.	Rez. Substantive aus TAGGED-Archiv	in	gegen	mit	von	unter	zu	zwischen
44.	Einigung			mit	von	unter		zwischen
45.	Einvernehmen			mit	von	unter		zwischen
46.	Einverständnis			mit	von			zwischen
47.	Flirt			mit				
48.	Föderation			mit	von			zwischen
49.	Freundschaft			mit	von	unter		zwischen
50.	Frieden			mit	von	unter		zwischen
51. W	Friedensschluss			mit	von			zwischen
52.	Fusion			mit	von			zwischen
53.	Gefecht		gegen		von			zwischen
54.	Gegensatz				von			zwischen
55.	Gemeinsamkeit			mit	von			zwischen
56.	Gemeinschaft			mit	von	unter		
57.	Geschäft			mit	von	unter		zwischen
58.	Gespräch			mit	von	unter		zwischen
59.	Gleichberechtigung			mit	von			zwischen
60.	Gleichstellung			mit	von			zwischen
61.	Grenze			mit	von			zwischen
62. W	Größenunterschied							zwischen
63.	Handel			mit	von	unter		zwischen
64.	Handgemenge			mit				zwischen
65.	Harmonie	in		mit	von	unter		zwischen
66.	Heirat			mit				
67.	Hochzeit			mit	von	unter		zwischen
68.	Identifizierung			mit				
69.	Identität			mit	von			
70.	Interaktion			mit				
71. W	Interessengegensatz				von	unter		zwischen
72.	Interview			mit				
73. W	Kameradschaft			mit	von	unter		zwischen
74.	Kampf		gegen	mit	von			zwischen
75.	Koalition			mit	von			zwischen

Nr.	Rez. Substantive aus TAGGED-Archiv	in	gegen	mit	von	unter	zu	zwischen
76.	Kollaboration			mit				zwischen
77.	Kollision			mit	von			zwischen
78.	Kommunikation			mit	von	unter		zwischen
79. W	Kompromiss			mit	von	unter		zwischen
80.	Konferenz			mit	von	unter		zwischen
81.	Konflikt			mit	von			zwischen
82.	Konfrontation			mit	von			zwischen
83.	Konkurrenz			mit	von	unter		zwischen
84.	Kontakt			mit	von			zwischen
85.	Kontrakt			mit	von			zwischen
86.	Kontroverse				von			zwischen
87.	Kooperation			mit	von	unter		zwischen
88.	Koordination			mit	von			zwischen
89.	Kopplung				von			zwischen
90.	Koproduktion			mit	von			zwischen
91.	Korrespondenz			mit	von			
92.	Krach			mit	von			zwischen
93.	Kraftprobe			mit				zwischen
94.	Krieg		gegen	mit	von	unter		zwischen
95.	Leben			mit	von			
96.	Liaison			mit				zwischen
97.	Liebe			mit	von		zu	zwischen
98.	Lösung			mit	von			zwischen
99.	Meinungsaustausch			mit		unter		zwischen
100.	Meinungsverschiedenheit							zwischen
101. W	Missverhältnis			mit	von			zwischen
102. W	Missverständnis			mit	von	unter		zwischen
103.	Mühe				von			
104.	Pakt			mit	von			zwischen
105.	Parallele							zwischen
106.	Partnerschaft			mit	von			zwischen
107.	Plausch			mit				

Nr.	Rez. Substantive aus TAGGED-Archiv	in	gegen	mit	von	unter	zu	zwischen
108. W	Reiberei			mit				zwischen
109.	Relation			mit	von			zwischen
110.	Rendezvous			mit				
111.	Rücksprache			mit	von			
112.	Schießerei			mit	von			zwischen
113.	Schlacht		gegen	mit	von			zwischen
114.	Schlagabtausch			mit				zwischen
115.	Schlägerei			mit				zwischen
116.	Schriftwechsel			mit				
117. W	Schulterschluss			mit	von			zwischen
118. W	Schusswechsel			mit				zwischen
119.	Sex			mit	von			zwischen
120.	Sitzung			mit	von			
121.	Solidarität			mit	von	unter		zwischen
122.	Spiel		gegen	mit	von	unter		zwischen
123.	Streit			mit	von	unter		zwischen
124.	Streiterei							zwischen
125. W	Streitigkeit			mit	von			zwischen
126.	Tanz			mit	von			zwischen
127.	Telefonat			mit	von			zwischen
128.	Treffen			mit	von	unter		zwischen
129.	Trennung			mit	von			zwischen
130.	Übereinkunft			mit	von			zwischen
131.	Übereinstimmung			mit	von			zwischen
132.	Unstimmigkeit							zwischen
133.	Unterhaltung			mit	von			zwischen
134.	Unterredung			mit	von			zwischen
135.	Unterschied				von			zwischen
136.	Verabredung			mit				zwischen
137.	Verabschiedung				von			
138.	Verbindung			mit	von		zu	zwischen
139.	Verbundenheit			mit	von			zwischen

Nr.	Rez. Substantive aus TAGGED-Archiv	in	gegen	mit	von	unter	zu	zwischen
140.	Vereinbarung			mit	von	unter		zwischen
141.	Vereinigung			mit	von			zwischen
142.	Verflechtung			mit	von			zwischen
143.	Vergleich			mit	von	unter		zwischen
144.	Verhältnis			mit	von			zwischen
145.	Verhandlung			mit				zwischen
146.	Verhandlungsrunde			mit	von			zwischen
147.	Verknüpfung			mit	von			zwischen
148.	Verlobung			mit				
149.	Vermählung			mit				
150.	Vermittlung							zwischen
151.	Vernetzung			mit	von			zwischen
152.	Versammlung				von			
153.	Verschmelzung			mit	von			
154.	Versöhnung			mit	von			zwischen
155.	Verständigung			mit	von	unter		zwischen
156.	Versteckspiel			mit				
157.	Vertrag			mit				zwischen
158.	Vertrauen							zwischen
159.	Verwandtschaft			mit	von			zwischen
160.	Verwechslung			mit	von			
161.	Verzahnung				von			zwischen
162.	Wahl							zwischen
163.	Wettbewerb			mit	von	unter		zwischen
164.	Wette			mit				
165.	Wettlauf			mit	von			zwischen
166.	Wiedersehen			mit				zwischen
167.	Wortwechsel			mit	von			zwischen
168.	Zerwürfnis			mit				zwischen
169.	Zusammenarbeit			mit	von	unter		zwischen
170.	Zusammenhang			mit	von			zwischen
171.	Zusammenkunft			mit	von			zwischen

Nr.	Rez. Substantive aus TAGGED-Archiv	in	gegen	mit	von	unter	zu	zwischen
172.	Zusammenleben			mit	von			zwischen
173.	Zusammenlegung			mit	von			
174.	Zusammenprall		gegen	mit	von			zwischen
175. W	Zusammenschluss			mit	von			zwischen
176.	Zusammensein			mit	von			
177.	Zusammenspiel			mit	von			zwischen
178.	Zusammenstoß			mit	von			zwischen
179.	Zwischenfall			mit	von			
180.	Zwist			mit		unter		zwischen
		3	**8**	**151**	**138**	**42**	**4**	**147**

Tabelle 17a: Untersuchungen zur Bedeutung von reziproken Substantiven mit: *in*

[s. Tabellen 11a-b: Überprüfen des Vorkommens von reziproken Strukturen 11a – In: TAGGED-Archiv [COSMAS II V. 3.6.1]: 162 Substantive 11b – In: W-Archiv [*COSMAS II V. 3.6.1:* 18 zusammen = 180 Substantive]								
Nr.	**Rez. Substantive aus TAGGED-Archiv**	**in**	**gegen**	**mit**	**von**	**unter**	**zu**	**zwischen**
1. W	Divergenz	**in**			von			zwischen
2.	**Einheit**	**in**						zwischen
3.	Harmonie	**in**		mit	von	unter		zwischen
		3						

Tabelle 17b: Untersuchungen zur Bedeutung von reziproken Substantiven mit: *zu*

[s. Tabellen 11a-b: Überprüfen des Vorkommens von reziproken Strukturen 11a – In: TAGGED-Archiv [COSMAS II V. 3.6.1]: 162 Substantive 11b – In: W-Archiv [*COSMAS II V. 3.6.1:* 18 zusammen = 180 Substantive]								
Nr.	**Rez. Substantive aus TAGGED-Archiv**	**in**	**gegen**	**mit**	**von**	**unter**	**zu**	**zwischen**
1.	**Beziehung**			mit	von	unter	**zu**	zwischen
2.	**Distanz**				von		**zu**	zwischen
3.	**Liebe**			mit	von		**zu**	zwischen
4.	**Verbindung**			mit	von		**zu**	zwischen
							4	

Tabelle 17c: Untersuchungen zur Bedeutung von reziproken Substantiven mit: *gegen*

[s. Tabellen 11a-b: Überprüfen des Vorkommens von reziproken Strukturen 11a – In: TAGGED-Archiv [COSMAS II V. 3.6.1]: 162 Substantive 11b – In: W-Archiv [*COSMAS II V. 3.6.1:* 18 zusammen = 180 Substantive]								
Nr.	**Rez. Substantive aus** TAGGED-Archiv	**in**	**gegen**	**mit**	**von**	**unter**	**zu**	**zwischen**
1.	**Begegnung**		**gegen**	mit	von	unter		zwischen
2.	**Duell**		**gegen**	mit	von			zwischen
3.	**Gefecht**		**gegen**		von			zwischen
4.	**Kampf**		**gegen**	mit	von			zwischen
5.	**Krieg**		**gegen**	mit	von	unter		zwischen
6.	**Schlacht**		**gegen**	mit	von			zwischen
7.	**Spiel**		**gegen**	mit	von	unter		zwischen
8.	**Zusammenprall**		**gegen**	mit	von			zwischen
			8					

Tabelle 17d: Untersuchungen zur Bedeutung von reziproken Substantiven mit: *unter*

[s. Tabellen 11a-b: Überprüfen des Vorkommens von reziproken Strukturen 11a – In: TAGGED-Archiv [COSMAS II V. 3.6.1]: 162 Substantive 11b – In: W-Archiv (mit W markiert) [*COSMAS II V. 3.6.1:* 18 zusammen = 180 Substantive]								
Nr.	**Rez. Substantive aus** TAGGED-Archiv	**in**	**gegen**	**mit**	**von**	**unter**	**zu**	**zwischen**
1.	**Abkommen**			mit	von	**unter**		zwischen
2. W	**Abschluss**				von	**unter**		zwischen
3.	**Absprache**			mit	von	**unter**		zwischen
4.	**Abstimmung**			mit	von	**unter**		zwischen
5.	**Allianz**			mit	von	**unter**		zwischen
6.	**Arbeitsverhältnis**			mit		**unter**		zwischen
7.	**Auseinandersetzung**			mit	von	**unter**		zwischen
8.	**Begegnung**		gegen	mit	von	**unter**		zwischen
9. W	**Beischlaf**			mit	von	**unter**		zwischen
10.	**Beziehung**			mit	von	**unter**	zu	zwischen
11.	**Dialog**			mit	von	**unter**		zwischen
12.	**Diskussion**			mit	von	**unter**		zwischen

Nr.	Rez. Substantive aus TAGGED-Archiv	in	gegen	mit	von	unter	zu	zwischen
13.	**Einigung**			mit	von	**unter**		zwischen
14.	**Einvernehmen**			mit	von	**unter**		zwischen
15.	**Freundschaft**			mit	von	**unter**		zwischen
16.	**Frieden**			mit	von	**unter**		zwischen
17.	**Gemeinschaft**			mit	von	**unter**		
18.	**Geschäft**			mit	von	**unter**		zwischen
19.	**Gespräch**			mit	von	**unter**		zwischen
20.	**Handel**			mit	von	**unter**		zwischen
21.	**Harmonie**	in		mit	von	**unter**		zwischen
22.	**Hochzeit**			mit	von	**unter**		zwischen
23. W	**Interessengegensatz**				von	**unter**		zwischen
24. W	**Kameradschaft**			mit	von	**unter**		zwischen
25.	**Kommunikation**			mit	von	**unter**		zwischen
26. W	**Kompromiss**			mit	von	**unter**		zwischen
27.	**Konferenz**			mit	von	**unter**		zwischen
28.	**Konkurrenz**			mit	von	**unter**		zwischen
29.	**Kooperation**			mit	von	**unter**		zwischen
30.	**Krieg**		gegen	mit	von	**unter**		zwischen
31.	**Meinungsaustausch**			mit		**unter**		zwischen
32. W	**Missverständnis**			mit	von	**unter**		zwischen
33.	**Solidarität**			mit	von	**unter**		zwischen
34.	**Spiel**		gegen	mit	von	**unter**		zwischen
35.	**Streit**			mit	von	**unter**		zwischen
36.	**Treffen**			mit	von	**unter**		zwischen
37.	**Vereinbarung**			mit	von	**unter**		zwischen
38.	**Vergleich**			mit	von	**unter**		zwischen
39.	**Verständigung**			mit	von	**unter**		zwischen
40.	**Wettbewerb**			mit	von	**unter**		zwischen
41.	**Zusammenarbeit**			mit	von	**unter**		zwischen
42.	**Zwist**			mit		**unter**		zwischen
∑				40		**42**		41

Tabelle 17e: **Untersuchungen zur Bedeutung von reziproken Substantiven mit:** *von*

[s. Tabellen 11a-b: Überprüfen des Vorkommens von reziproken Strukturen 11a – In: TAGGED-Archiv [COSMAS II V. 3.6.1]: 162 Substantive 11b – In: W-Archiv (mit W markiert) [*COSMAS II V. 3.6.1:* 18 zusammen = 180 Substantive] Substantive (fett gedruckt) mit *von* = Ablativ								
Nr.	**Rez. Substantive aus TAGGED-Archiv**	**in**	**gegen**	**mit**	**von**	**unter**	**zu**	**zwischen**
1. W	**Abhängigkeitsverhältnis**				**von**			zwischen
2.	Abkommen			mit	**von**	unter		zwischen
3.	Abmachung			mit	**von**			zwischen
4.	**Abschied**				**von**			
5. W	Abschluss				**von**	unter		zwischen
6. W	Abschlusserklärung				**von**			
7.	Absprache			mit	**von**	unter		zwischen
8.	Abstand				**von**			zwischen
9.	Abstimmung			mit	**von**	unter		zwischen
10.	Affäre			mit	**von**			zwischen
11.	Allianz			mit	**von**	unter		zwischen
12.	Annäherung				**von**			zwischen
13.	Auseinandersetzung			mit	**von**	unter		zwischen
14.	Ausgleich			mit	**von**			zwischen
15.	Aussöhnung			mit	**von**			zwischen
16.	Aussprache			mit	**von**			zwischen
17.	Begegnung		gegen	mit	**von**	unter		zwischen
18. W	Beischlaf			mit	**von**	unter		zwischen
19.	Bekanntschaft			mit	**von**			
20.	Berührung			mit	**von**			zwischen
21. W	Berührungspunkt			mit	**von**			zwischen
22.	Besprechung			mit	**von**			zwischen
23.	Beziehung			mit	**von**	unter	zu	zwischen
24.	Bruch			mit	**von**			zwischen
25.	Bündnis			mit	**von**			zwischen
26.	Debatte			mit	**von**			zwischen

Nr.	**Rez. Substantive aus TAGGED-Archiv**	**in**	**gegen**	**mit**	**von**	**unter**	**zu**	**zwischen**
27.	Dialog			mit	**von**	unter		zwischen
28.	Differenz				**von**			zwischen
29.	Diskrepanz				**von**			zwischen
30.	Diskussion			mit	**von**	unter		zwischen
31.	Distanz				**von**		zu	zwischen
32. W	Divergenz	in			**von**			zwischen
33.	Duell		gegen	mit	**von**			zwischen
34.	Ehe			mit	**von**			zwischen
35.	Eheschließung			mit	**von**			
36.	Einigung			mit	**von**	unter		zwischen
37.	Einvernehmen			mit	**von**	unter		zwischen
38.	Einverständnis			mit	**von**			zwischen
39.	Föderation			mit	**von**			zwischen
40.	Freundschaft			mit	**von**	unter		zwischen
41.	Frieden			mit	**von**	unter		zwischen
42. W	Friedensschluss			mit	**von**			zwischen
43.	Fusion			mit	**von**			zwischen
44.	Gefecht		gegen		**von**			zwischen
45.	Gegensatz				**von**			zwischen
46.	Gemeinsamkeit			mit	**von**			zwischen
47.	Gemeinschaft			mit	**von**	unter		
48.	Geschäft			mit	**von**	unter		zwischen
49.	Gespräch			mit	**von**	unter		zwischen
50.	Gleichberechtigung			mit	**von**			zwischen
51.	Gleichstellung			mit	**von**			zwischen
52.	Grenze			mit	**von**			zwischen
53.	Handel			mit	**von**	unter		zwischen
54.	Harmonie	in		mit	**von**	unter		zwischen
55.	Hochzeit			mit	**von**	unter		zwischen
56.	Identität			mit	**von**			
57. W	Interessengegensatz				**von**	unter		zwischen

Nr.	Rez. Substantive aus TAGGED-Archiv	in	gegen	mit	von	unter	zu	zwischen
58. W	Kameradschaft			mit	**von**	unter		zwischen
59.	Kampf		gegen	mit	**von**			zwischen
60.	Koalition			mit	**von**			zwischen
61.	Kollision			mit	**von**			zwischen
62.	Kommunikation			mit	**von**	unter		zwischen
63. W	Kompromiss			mit	**von**	unter		zwischen
64.	Konferenz			mit	**von**	unter		zwischen
65.	Konflikt			mit	**von**			zwischen
66.	Konfrontation			mit	**von**			zwischen
67.	Konkurrenz			mit	**von**	unter		zwischen
68.	Kontakt			mit	**von**			zwischen
69.	Kontrakt			mit	**von**			zwischen
70.	Kontroverse				**von**			zwischen
71.	Kooperation			mit	**von**	unter		zwischen
72.	Koordination			mit	**von**			zwischen
73.	Kopplung				**von**			zwischen
74.	Koproduktion			mit	**von**			zwischen
75.	Korrespondenz			mit	**von**			
76.	Krach			mit	**von**			zwischen
77.	Krieg		gegen	mit	**von**	unter		zwischen
78.	Leben			mit	**von**			
79.	Liebe			mit	**von**		zu	zwischen
80.	Lösung			mit	**von**			zwischen
81. W	Missverhältnis			mit	**von**			zwischen
82. W	Missverständnis			mit	**von**	unter		zwischen
83.	Mühe				**von**			
84.	Pakt			mit	**von**			zwischen
85.	Partnerschaft			mit	**von**			zwischen
86.	Relation			mit	**von**			zwischen
87.	Rücksprache			mit	**von**			
88.	Schießerei			mit	**von**			zwischen

Nr.	Rez. Substantive aus TAGGED-Archiv	in	gegen	mit	von	unter	zu	zwischen
89.	Schlacht		gegen	mit	**von**			zwischen
90. W	Schulterschluss			mit	**von**			zwischen
91.	Sex			mit	**von**			zwischen
92.	Sitzung			mit	**von**			
93.	Solidarität			mit	**von**	unter		zwischen
94.	Spiel		gegen	mit	**von**	unter		zwischen
95.	Streit			mit	**von**	unter		zwischen
96.	Streiterei							zwischen
97. W	Streitigkeit			mit	**von**			zwischen
98.	Tanz			mit	**von**			zwischen
99.	Telefonat			mit	**von**			zwischen
100.	Treffen			mit	**von**	unter		zwischen
101.	Trennung			mit	**von**			zwischen
102.	Übereinkunft			mit	**von**			zwischen
103.	Übereinstimmung			mit	**von**			zwischen
104.	Unterhaltung			mit	**von**			zwischen
105.	Unterredung			mit	**von**			zwischen
106.	**Unterschied**				**von**			zwischen
107.	**Verabschiedung**				**von**			
108.	Verbindung			mit	**von**		zu	zwischen
109.	Verbundenheit			mit	**von**			zwischen
110.	Vereinbarung			mit	**von**	unter		zwischen
111.	Vereinigung			mit	**von**			zwischen
112.	Verflechtung			mit	**von**			zwischen
113.	Vergleich			mit	**von**	unter		zwischen
114.	Verhältnis			mit	**von**			zwischen
115.	Verhandlungsrunde			mit	**von**			zwischen
116.	Verknüpfung			mit	**von**			zwischen
117.	Vernetzung			mit	**von**			zwischen
118.	Versammlung				**von**			
119.	Verschmelzung			mit	**von**			

Nr.	Rez. Substantive aus TAGGED-Archiv	in	gegen	mit	von	unter	zu	zwischen
120.	Versöhnung			mit	**von**			zwischen
121.	Verständigung			mit	**von**	unter		zwischen
122.	Verwandtschaft			mit	**von**			zwischen
123.	Verwechslung			mit	**von**			
124.	Verzahnung				**von**			zwischen
125.	Wettbewerb			mit	**von**	unter		zwischen
126.	Wettlauf			mit	**von**			zwischen
127.	Wortwechsel			mit	**von**			zwischen
128.	Zusammenarbeit			mit	**von**	unter		zwischen
129.	Zusammenhang			mit	**von**			zwischen
130.	Zusammenkunft			mit	**von**			zwischen
131.	Zusammenleben			mit	**von**			zwischen
132.	Zusammenlegung			mit	**von**			
133.	Zusammenprall		gegen	mit	**von**			zwischen
134. W	Zusammenschluss			mit	**von**			zwischen
135.	Zusammensein			mit	**von**			
136.	Zusammenspiel			mit	**von**			zwischen
137.	Zusammenstoß			mit	**von**			zwischen
138.	Zwischenfall			mit	**von**			
				119	**138**			118

Tabelle 17 f: Untersuchungen zur Bedeutung von reziproken Substantiven mit: *von* **und** *zwischen*

[s. Tabellen 11a-b: Überprüfen des Vorkommens von reziproken Strukturen 11a – In: TAGGED-Archiv [COSMAS II V. 3.6.1]: 162 Substantive 11b – In: W-Archiv [*COSMAS II V. 3.6.1:* 18 zusammen = 180 Substantive]								
Nr.	**Rez. Substantive aus TAGGED-Archiv**	**in**	**gegen**	**mit**	**von**	**unter**	**zu**	**zwischen**
1.	Differenz				**von**			**zwischen**
2.	Diskrepanz				**von**			**zwischen**
3.	Gegensatz				**von**			**zwischen**
4.	Größenunterschied							**zwischen**
5.	Kontroverse				**von**			**zwischen**

Nr.	Rez. Substantive aus TAGGED-Archiv	in	gegen	mit	von	unter	zu	zwischen
6.	Meinungsverschiedenheit							**zwischen**
7.	Parallele							**zwischen**
8.	Streiterei							**zwischen**
9.	Unstimmigkeit							**zwischen**
10.	Vermittlung							**zwischen**
11.	Vertrauen							**zwischen**
12.	Wahl							**zwischen**
å					**4**			**12**

Tabelle 17g: Untersuchungen zur Bedeutung von reziproken Substantiven mit: 1 bzw. 5 regierten Präpositionen

[s. Tabellen 11a-b: Überprüfen des Vorkommens von reziproken Strukturen 11a – In: TAGGED-Archiv [COSMAS II V. 3.6.1]: 162 Substantive 11b – In: W-Archiv (mit W markiert) [*COSMAS II V. 3.6.1:* 18 zusammen = 180 Substantive]								
Nr.	**Rez. Substantive aus TAGGED-Archiv**	**in**	**gegen**	**mit**	**von**	**unter**	**zu**	**zwischen**
1. W	Abschlusserklärung				von			
2.	Arrangement			mit				
3.	Assoziierung			mit				
4.	**Begegnung**		**gegen**	**mit**	**von**	**unter**		**zwischen**
5.	**Beziehung**			**mit**	**von**	**unter**	**zu**	**zwischen**
6.	Flirt			mit				
7.	Größenunterschied							zwischen
8.	Heirat			mit				
9.	Interview			mit				
10.	Interaktion			mit				
11.	**Harmonie**	**in**		**mit**	**von**	**unter**		**zwischen**
12.	**Krieg**		**gegen**	**mit**	**von**	**unter**		**zwischen**
13.	Meinungsverschiedenheit							zwischen
14.	Rendezvous			mit				
15.	Schriftwechsel			mit				
16.	**Spiel**		**gegen**	**mit**	**von**	**unter**		**zwischen**

Nr.	Rez. Substantive aus TAGGED-Archiv	in	gegen	mit	von	unter	zu	zwischen
17.	Streiterei							zwischen
18.	Unstimmigkeit							zwischen
19.	Verabschiedung				von			
20.	Verlobung			mit				
21.	Vermählung			mit				
22.	Vermittlung							zwischen
23.	Versammlung				von			
24.	Vertrauen							zwischen
25.	Wahl							zwischen

Tabelle 17h: Untersuchungen zur Bedeutung von reziproken Substantiven mit: *mit* **und** *zwischen*

[s. Tabellen 11a-b: Überprüfen des Vorkommens von reziproken Strukturen 11a – In: TAGGED-Archiv [COSMAS II V. 3.6.1]: **162 Substantive 11b – In: W-Archiv** [*COSMAS II V. 3.6.1:* **18 zusammen = 180 Substantive**]								
Nr.	**Rez. Substantive aus TAGGED-Archiv**	**in**	**gegen**	**mit**	**von**	**unter**	**zu**	**zwischen**
1.	Abkommen			**mit**	von	unter		**zwischen**
2.	Abmachung			**mit**	von			**zwischen**
3.	Absprache			**mit**	von	unter		**zwischen**
4.	Abstimmung			**mit**	von	unter		**zwischen**
5.	Affäre			**mit**	von			**zwischen**
6.	Ähnlichkeit			**mit**				**zwischen**
7.	Allianz			**mit**	von	unter		**zwischen**
8.	Arbeitsverhältnis			**mit**		unter		**zwischen**
9.	Auseinandersetzung			**mit**	von	unter		**zwischen**
10.	Ausgleich			**mit**	von			**zwischen**
11.	Aussöhnung			**mit**	von			**zwischen**
12.	Aussprache			**mit**	von			**zwischen**
13.	Begegnung		gegen	**mit**	von	unter		**zwischen**
14.W	Beischlaf			**mit**	von	unter		**zwischen**
15.	Berührung			**mit**	von			**zwischen**
16.W	Berührungspunkt			**mit**	von			**zwischen**

Nr.	Rez. Substantive aus TAGGED-Archiv	in	gegen	mit	von	unter	zu	zwischen
17.	Besprechung			**mit**	von			**zwischen**
18.	Beziehung			**mit**	von	unter	zu	**zwischen**
19.	Briefwechsel			**mit**				**zwischen**
20.	Bruch			**mit**	von			**zwischen**
21.	Bündnis			**mit**	von			**zwischen**
22.	Debatte			**mit**	von			**zwischen**
23.	Dialog			**mit**	von	unter		**zwischen**
24.	Diskussion			**mit**	von	unter		**zwischen**
25.	Disput			**mit**				**zwischen**
26.	Duell		gegen	**mit**	von			**zwischen**
27.	Ehe			**mit**	von			**zwischen**
28.	Einigung			**mit**	von	unter		**zwischen**
29.	Einvernehmen			**mit**	von	unter		**zwischen**
30.	Einverständnis			**mit**	von			**zwischen**
31.	Föderation			**mit**	von			**zwischen**
32.	Freundschaft			**mit**	von	unter		**zwischen**
33.	Frieden			**mit**	von	unter		**zwischen**
34.W	Friedensschluss			**mit**	von			**zwischen**
35.	Fusion			**mit**	von			**zwischen**
36.	Gemeinsamkeit			**mit**	von			**zwischen**
37.	Geschäft			**mit**	von	unter		**zwischen**
38.	Gespräch			**mit**	von	unter		**zwischen**
39.	Gleichberechtigung			**mit**	von			**zwischen**
40.	Gleichstellung			**mit**	von			**zwischen**
41.	Grenze			**mit**	von			**zwischen**
42.	Handel			**mit**	von	unter		**zwischen**
43.	Handgemenge			**mit**				**zwischen**
44.	Harmonie	in		**mit**	von	unter		**zwischen**
45.	Hochzeit			**mit**	von	unter		**zwischen**
46.W	Kameradschaft			**mit**	von	unter		**zwischen**
47.	Kampf		gegen	**mit**	von			**zwischen**
48.	Koalition			**mit**	von			**zwischen**
49.	Kollaboration			**mit**				**zwischen**
50.	Kollision			**mit**	von			**zwischen**

Nr.	Rez. Substantive aus TAGGED-Archiv	in	gegen	mit	von	unter	zu	zwischen
51.	Kommunikation			**mit**	von	unter		**zwischen**
52.W	Kompromiss			**mit**	von	unter		**zwischen**
53.	Konferenz			**mit**	von	unter		**zwischen**
54.	Konflikt			**mit**	von			**zwischen**
55.	Konfrontation			**mit**	von			**zwischen**
56.	Konkurrenz			**mit**	von	unter		**zwischen**
57.	Kontakt			**mit**	von			**zwischen**
58.	Kontrakt			**mit**	von			**zwischen**
59.	Kooperation			**mit**	von	unter		**zwischen**
60.	Koordination			**mit**	von			**zwischen**
61.	Koproduktion			**mit**	von			**zwischen**
62.	Krach			**mit**	von			**zwischen**
63.	Kraftprobe			**mit**				**zwischen**
64.	Krieg		gegen	**mit**	von	unter		**zwischen**
65.	Liaison			**mit**				**zwischen**
66.	Liebe			**mit**	von		zu	**zwischen**
67.	Lösung			**mit**	von			**zwischen**
68.	Meinungsaustausch			**mit**		unter		**zwischen**
69.W	Missverhältnis			**mit**	von			**zwischen**
70.W	Missverständnis			**mit**	von	unter		**zwischen**
71.	Pakt			**mit**	von			**zwischen**
72.	Partnerschaft			**mit**	von			**zwischen**
73.W	Reiberei			**mit**				**zwischen**
74.	Relation			**mit**	von			**zwischen**
75.	Schießerei			**mit**	von			**zwischen**
76.	Schlacht		gegen	**mit**	von			**zwischen**
77.	Schlagabtausch			**mit**				**zwischen**
78.	Schlägerei			**mit**				**zwischen**
79.W	Schulterschluss			**mit**	von			**zwischen**
80.W	Schusswechsel			**mit**				**zwischen**
81.	Sex			**mit**	von			**zwischen**
82.	Solidarität			**mit**	von	unter		**zwischen**
83.	Spiel		gegen	**mit**	von	unter		**zwischen**
84.	Streit			**mit**	von	unter		**zwischen**

Nr.	Rez. Substantive aus TAGGED-Archiv	in	gegen	mit	von	unter	zu	zwischen
85.W	Streitigkeit			**mit**	von			**zwischen**
86.	Tanz			**mit**	von			**zwischen**
87.	Telefonat			**mit**	von			**zwischen**
88.	Treffen			**mit**	von	unter		**zwischen**
89.	Trennung			**mit**	von			**zwischen**
90.	Übereinkunft			**mit**	von			**zwischen**
91.	Übereinstimmung			**mit**	von			**zwischen**
92.	Unterhaltung			**mit**	von			**zwischen**
93.	Unterredung			**mit**	von			**zwischen**
94.	Verabredung			**mit**				**zwischen**
95.	Verbindung			**mit**	von		zu	**zwischen**
96.	Verbundenheit			**mit**	von			**zwischen**
97.	Vereinbarung			**mit**	von	unter		**zwischen**
98.	Vereinigung			**mit**	von			**zwischen**
99.	Verflechtung			**mit**	von			**zwischen**
100.	Vergleich			**mit**	von	unter		**zwischen**
101.	Verhältnis			**mit**	von			**zwischen**
102.	Verhandlung			**mit**				**zwischen**
103.	Verhandlungsrunde			**mit**	von			**zwischen**
104.	Verknüpfung			**mit**	von			**zwischen**
105.	Vernetzung			**mit**	von			**zwischen**
106.	Versöhnung			**mit**	von			**zwischen**
107.	Verständigung			**mit**	von	unter		**zwischen**
108.	Vertrag			**mit**				**zwischen**
109.	Verwandtschaft			**mit**	von			**zwischen**
110.	Wettbewerb			**mit**	von	unter		**zwischen**
111.	Wettlauf			**mit**	von			**zwischen**
112.	Wiedersehen			**mit**				**zwischen**
113.	Wortwechsel			**mit**	von			**zwischen**
114.	Zerwürfnis			**mit**				**zwischen**
115.	Zusammenarbeit			**mit**	von	unter		**zwischen**
116.	Zusammenhang			**mit**	von			**zwischen**
117.	Zusammenkunft			**mit**	von			**zwischen**
118.	Zusammenleben			**mit**	von			**zwischen**

Nr.	Rez. Substantive aus TAGGED-Archiv	in	gegen	mit	von	unter	zu	zwischen
119.	Zusammenprall		gegen	**mit**	von			**zwischen**
120..	Zusammenschluss			**mit**	von			**zwischen**
121.	Zusammenspiel			**mit**	von			**zwischen**
122.	Zusammenstoß			**mit**	von			**zwischen**
123.	Zwist			**mit**		unter		**zwischen**
123 von den 180 Substantiven regieren gemeinsam die Präpositionen *mit* und *zwischen*								
Anzahl der substantive, die die Präpositionen *mit* und *zwischen* getrennt regieren:				**151/180**				**147/180**

Tabelle 18: Semantische Hauptgruppen der primären Präpositionen
Quelle: Helbig/Buscha (1993: 401–444)

I. Lokale Bedeutung	II. Temporale Bedeutung	III. Kausale Bedeutung	IV. Modale Bedeutung	Andere semantische Bereiche
gegen (A), z.B. Er ist gegen einen Baum gefahren.	**gegen** (A), z.B. Der Zug kommt gegen 19 Uhr.	----	----	**Adversativ** = Gegensatz, z.B. **Gegen** seinen Bruder ist er klein.
in (D/A), z.B. Die Kinder sind in der Schule. Die Kinder gehen in die Schule.	**in** (D), z.B. Im Frühling fahren wir nach Berlin.	----	**in** (D), z.B. Sie kamen in der Absicht, ihr zu helfen.	**Übertragener Gebrauch,** z.B. Wir waren **im** Diskutieren.
----	**mit** (D), z.B. Die Kinder gehen mit 6 Jahren in die Schule.	----	**mit** (D), z.B. Er ist mit dem Abendzug gekommen. Peter hat mit Otto gespielt.	**Partitiv** = Zugehörigkeit, Teil-von-Verhältnis, z.B. Ein Tisch **mit** drei Beinen. **Konditional** = Kennzeichnung der Bedingungen, z.B. **mit** etwas Glück kann er die Prüfung schaffen. **Instrumental - Komitativ** (unter Modal eingeordnet)

I. Lokale Bedeutung	**II. Temporale Bedeutung**	**III. Kausale Bedeutung**	**IV. Modale Bedeutung**	**Andere semantische Bereiche**
unter (D/A), z.B. Der Teppich liegt unter dem Tisch. Sie legt den Teppich unter den Tisch.	----	----	**unter** (D), z.B. Unter Jubel fiel der Vorhang.	**Übertragener Gebrauch,** z.B. **Unter** uns gesagt, es ist schwer.
von (D), z.B. Ich komme gerade vom Arzt.	**von** (ohne Kasus/D), z.B. Von 8 Uhr ab bin ich zu Hause.	----	**von** (D), z.B. Sie ist eine Frau von großer Schönheit.	**Partitiv**= Zugehörigkeit, Teil-von-Verhältnis, z.B. Gib doch dem Kind etwas von dem Kuchen!
zu (D), z.B. Wir gehen zum Bahnhof.	**zu** (ohne Kasus/ D), z.B. Er will zu Weihnachten verreisen.	**zu** (D), z.B. Zum Andenken schenkte er ihr ein Armband.	**zu** (mit Nullartikel), z.B. Die Kinder kamen zu Fuß.	**Distributiv**, z.B. Die Soldaten marschierten zu dritt in einer Reihe. **Final** (Ziel/Zweck), z.B. Er ist **zum** Training gegangen. **Konsekutiv** (Folge), z.B. Die Zwillinge sind sich **zum** Verwechseln ähnlich.
zwischen (D/A) Zwischen dem Fenster und dem Schrank steht ein Stuhl.vs.:Er stellte zwischen das Fenster und den Schrank einen Stuhl.	**zwischen** (mit Nullartikel), z.B. Der Maler hat zwischen 1678 und 1738 gelebt.	----	----	**Übertragener Gebrauch,** z.B. **Zwischen** den beiden gibt es keinen Streit.

Tabelle 19: Suche nach der Bedeutung der Präpositionen mit reziproker Verwendungsweise

Quellen: **Schröder 1990: Lexikon deutscher Präpositionen + Duden (10) 2002: Bedeutungswörterbuch**		
Nr.	**Präpositionen/Quellen**	**Bedeutung der Präpositionen**
1.	**gegen** + A	
	Duden (10) (S. 403)	**... dient dazu, einen Gegensatz, einen Wiederstand, eine Abneigung zu bezeichnen.**
	Schröder (S. 115 ff.)	1. lokal: *gegen das Licht* 2. temporal: *gegen Mittag* 3. komparativ: *gegen ihren Bruder* 4. Austausch: *Medikamente gegen Rezept* 5. **regiertes gegen:** *Honig gegen den Husten* 6. **Adversativ**: *gegen den Befehl*
2.	**in** + D/A	
	Duden (10) (496 f.)	1. räumlich: .. dient zur Angabe des Sichbefindens, des Vorhandenseins innerhalb eines Raumes 2. zeitlich: ... dient zur Angabe eines Zeitpunktes oder Zeitraumes 3. modal: ... **dient zur Angabe der Art und Weise**, in der etwas geschieht
	Schröder (S. 125 ff.)	1. Lokal: *im Bett* 2. Temporal: *in dieser Woche* 3. Satzadverbialien: *in Wirklichkeit* 4. Modal: *in höchstem Maße* 5. Sonderformen in FVG: *in Betrieb*
3.	**mit**	***Mit* bedeutet in komitativer Bedeutung zusammen vs. ohne**
	Duden (10) (S. 625)	1. **drückt die Gemeinsamkeit, das Zusammensein, Zusammenwirken mit einem oder mehreren** 2. drückt eine Zugehörigkeit aus: *ein Haus mit Garten* 3. drückt aus, das ein Behältnis verschiedener Art etwas enthält: *ein Glas mit Honig* 4. gibt die Begleitumstände, die Art und Weise einer Handlung an: *mit Absicht* 5. bezeichnet Hilfsmittel oder Material: *mit der Bahn fahren* 6. bezeichnet das Zusammenfallen eines Vorgangs mit einem anderen: *mit dem Tode des Vaters änderte sich alles*

Nr.	Präpositionen/Quellen	Bedeutung der Präpositionen
	Schröder (S. 144 ff.)	1. Lokal: *mit dem Strom* = stromab (Richtung einer Fortbewegung) 2. Temporal: *mit dem Einbruch der Dunkelheit* (Gleichzeitigkeit) 3. Instrumental: *mit beiden Händen* 4. Medial: *mit Zufall* 5. Modal: *Spiel mit lockerer Hand* 6. **Komitativ:** *zusammen mit jmdm* 7. Konditional: *mit einer Blinddarmentzündung wird man ins Krankenhaus eingeliefert* 8. Kausal: *mit hohem Fieber* 9. Sonderformen/Modal: *mit Haut und Haar* = restlos
4.	**unter + D/A**	**Mit *unter* lässt sich ein lokalisierter Gegenstand/ eine Person in eine Menge von mehr als zwei Gegenständen/Personen einordnen, wenn sie gleicher Art wie der lokalisierte Gegenstand/Person sind. Substituierbar mit** *zwischen,* z.B. *unter den Kindern gab es Streit* (siehe Schierholz 2001: 186 f.)
	Duden (10) (S. 948)	1. räumlich: ... bezeichnet einen Abstand in vertikaler Richtung 2. zeitlich: ...bezeichnet einen Zeitraum 3. bezeichnet einen Begleitumstand: *unter Tränen* 4. bezeichnet Gleichzeitigkeit: *unter Ausnutzung* 5. bezeichnet eine Abhängigkeit: *unter ärztlicher Untersuchung* 6. bezeichnet eine Zuordnung: *unter einem Motto* 7. bezeichnet ein Vorhandensein von Personen/Sachen: *unter den Zuschauern* 8. bezeichnet einen Einzelnen aus einer Menge 9. **bezeichnet eine Wechselbeziehung zwischen Personen:** *es gab Streit unter den Erben*
	Schröder (S. 185 ff.)	1. Lokal: *unter dem Buch* 2. Unterordnung: *unter der Herrschaft von XY* 3. Modal: *unter Tränen* 4. Konditional: *unter der Voraussetzung* 5. Maßangabe: *unter allem Niveau* 6. FVG: *unter Druck* 7. Sonderformen: *unter einem Winkel von 35°*
5.	**von**	**Attribute mit Nullartikel, denen eigentlich ein Genitiv entspricht (Genitiversatz), werden mit *von* angeschlossen, wenn der Genitiv nicht signalisiert werden kann** (siehe Schierholz 2001: 207).

Nr.	Präpositionen/Quellen	Bedeutung der Präpositionen
	Duden (10) (S. 1013 f.)	1. bezeichnet einen räumlichen Ausgangspunkt: *von Berlin* 2. bezeichnet eine Angabe bestimmter Eigenschaften: ***ein Mann von Charakter*** 3. bezeichnet einen Teil eines Ganzen: *einer von meinen Freunden* 4. bezeichnet ein Adelsprädikat: *Otto von Bismark* 5. drückt Verbindung aus: *er ist ein Teufel von einem Vorgesetzten* 6. durch einen Gen. ersetzbar: *der König von Schweden*
	Schröder (S. 196 ff.)	1. Lokal: *er nahm das Buch vom Tisch* 2. Temporal: *von heute an* 3. Modal: *ein Herz von Stein* 4. Herkunft: *von Geburt Ungar* 5. Medial: *von seinem Taschengeld* 6. Sonderform/Instrumental: *von Hand gesteuert* 7. Kausal: *von den Regenfällen* 8. Sonderformen: *von nichts* 9. Bei Agens *in Passivsätzen*
6.	**zu**	
	Duden (10) (S. 1078)	1. gibt die Richtung einer Bewegung an 2. kennzeichnet einen Zeitpunkt: *zu Lebzeiten ihrer Mutter* 3. kennzeichnet Art und Weise, in der etwas geschieht: *zu Fuß* 4. kennzeichnet Verbindung mit Mengen: *zu 50 %* 5. drückt Zweck, Grund, Ziel einer Handlung aus: *Stoff zu einem Kleid* 6. **bezeichnet Beziehung zu jm.**
	Schröder (S. 224 ff.)	1. Lokal: zum Bahnhof 2. Nicht direktionale Verwendung: zu Hause 3. Temporal: zu Ostern 4. Instrumental: zu Fuß 5. Distribution: 3 zu 6 6. Modal: zu alt 7. Konsekutiv: ihr war zum Heulen elend 8. Final: zum Zeitunglesen
7.	**zwischen**	***Zwischen* gibt Wechselbeziehungen wieder und setzt Größen zueinander in Beziehung,** z. B. *Zwischen dir und mir/zwischen uns gibt es keine Beziehung mehr.*

Nr.	Präpositionen/Quellen	Bedeutung der Präpositionen
	Duden (10) (S. 1102)	1. ungefähr in der Mitte von: Garten liegt zwischen dem Haus und dem Wald 2. innerhalb eines Zeitraumes: zwischen 10 und 12Uhr 3. **dient dazu Wörter anzuschließen, die Personen oder Sachen bezeichnen, die in irgendeiner Beziehung zueinander stehen**: *zwischen ihm und seiner Frau/ Unterschied zwischen einem Stern und einem Planeten*
	Schröder (S. 240 ff.)	1. Lokal: ... gibt eine Lokalisation innerhalb eines von zwei oder mehr Körpern/Flächen begrenzten Bereiches wieder: *eine Bank zwischen Schrank und Tisch* 2. Temporal: *zwischen 9 und 10 Uhr* 3. Allgemeine Beziehungen: **Zwischen gibt Wechselbeziehungen wieder und setzt Größen zueinander in Beziehung:** *zwischen den beiden Parteien/zwischen Flug und Bahnfahrt* 4. zwischen + A: etw. zwischen Schrank du Tisch stellen

Zum Kapitel 5.3: Argumente

In den Tabellen 20–24 sind Beispiele für die Überprüfung der semantischen Eigenschaften von Argumenten (INSP) im Kontext angegeben (Quelle: W-Archiv unter COSMAS II des IDS, Stand 23.10.2009).

Tabelle 20: Beispiele für die Überprüfung der semantischen Eigenschaften von Argumenten (INSP) im Kontext mit *von*

Zu:	1. ***Begegnung von***: Nürnberger Nachrichten 2008
E1:	Im Mittelpunkt von Nehrings Interesse steht also "***die Begegnung von verschiedenen Religionen***. Wobei diese Begegnung keinesfalls immer nur ein friedlicher Dialog ist. Sie kann durchaus auch von Konflikten oder gar Gewaltausbrüchen begleitet sein". (NUN08/JAN.02791 Nürnberger Nachrichten, 25.01.2008, S. 17; Am Rand der Theologie – Was macht eigentlich ein Religionswissenschaftler)

E2:	Besonders gefragt ist eine kreative und originelle Darstellung des Themas ***"Begegnung von Kulturen"***. Das Miteinander, d.h. eine Interaktion zwischen Menschen unterschiedlicher Herkunft, soll auf den Fotos erkennbar sein und die Aufmerksamkeit des Betrachters fesseln. (NUN08/MAR.00468 Nürnberger Nachrichten, 07.03.2008, S. 10; Fotowettbewerb: Kulturen begegnen sich – Bilder sollen das Miteinander von Menschen unterschiedlicher Herkunft zeigen)
E3:	Gleich bei der ersten ***Begegnung von Dan und Marie*** in einem kleinen Buchladen an der Küste von Rhode Island ist klar: Hier haben sich zwei Seelenverwandte gefunden. (NUN08/MAR.01866 Nürnberger Nachrichten, 21.03.2008, S. 8; Die Flamme des Bruders – Peter Hedges Liebeskomödie "Dan – Mitten im Leben")
E4:	Beim dritten Thema "Ist dein Gott auch mein Gott" steht ***die Begegnung von Jugendlichen*** im Zentrum (29.Mai, 18.30 bis 21 Uhr, Eyüp Sultan Moschee, Kurfürstenstraße 16). Sie beginnt mit einem interkulturellen Buffet. (NUN08/MAI.02132 Nürnberger Nachrichten, 21.05.2008, S. 10; "Das Niveau des Dialogs ist gestiegen" Hans-Martin Gloël über den Start der zwölften christlich-islamischen Woche am 26)
E5:	Mädchen und Jungen kämpfen zwischen dem 6. und 21.Juni um den 3.Nürnberger Streetsoccer Cup 2008. Dabei geht es nicht nur um Sport. Das Turnier soll auch ***die Begegnung von Sportlern*** unterschiedlicher Nationalitäten fördern. (NUN08/JUN.00365 Nürnberger Nachrichten, 04.06.2008, S. 1; Start zum Streetsoccer Cup am Riesenkicker – Der Wettbewerb für Kinder und Jugendliche im Alter von 8 bis 17 Jahren findet vom 6)
Zu:	*2. **Ähnlichkeit von**:* Frankfurter Rundschau 1997/1998/1999
E1:	Die ***Ähnlichkeit von Menschen,*** die weit über 80 Kilogramm wiegen und in Plastikhüllen mit der Konfektionsgröße einer Kate Moss stecken, mit einer in Kunststoffdarm gepressten Fleischmasse ist augenfällig. (R98/FEB.10911 Frankfurter Rundschau, 10.02.1998, S. 15, Ressort: SPORT; Dritte Goldmedaille für den 31jährigen Berchtesgadener / Der "Berufsrodler" feilt selbst an seinen Kufen)
E2:	Werner Schroth und Kollegen von der Universität Frankfurt am Main haben nun die genetische ***Ähnlichkeit von Schildkröten*** (Caretta caretta) von Nistplätzen in Griechenland und der Türkei untersucht. (R97/JUL.58152 Frankfurter Rundschau, 26.07.1997, S. 6, Ressort: WISSENSCHAFT UND TECHNIK)
E3:	Daß dieses Verfahren zulässig ist, ist ganz einfach darin begründet, daß es sich bei der Darstellung der großen ***Ähnlichkeit von Embryonen*** aus völlig unterschiedlichen Tierklassen ja nicht um Haeckels ureigenste Entdeckung handelt, sondern, daß er damit bereits lange Bekanntes zu Papier brachte. (R97/NOV.92335 Frankfurter Rundschau, 21.11.1997, S. 33, Ressort: FREIE AUSSPRACHE; Nie behauptete Haeckel, der Embryo auf seinen Zeichnungen sei naturgetreu)

E4:	Doch wie hatte die germanophile Germaine den Witz definiert? ***Die Ähnlichkeit von Dingen*** erkennen, die sich unterscheiden – und den Unterschied von Dingen, die sich ähneln. (R99/SEP.70204 Frankfurter Rundschau, 02.09.1999, S. 8, Ressort: FEUILLETON; Germanophobie hat wieder Konjunktur in Frankreich)
E5:	»Wie der Herr, so sein G'scherr.« Wer einen Rundgang über die Rassehunde-Ausstellung Cacib macht, entdeckt die Wahrheit dieser Redensart. Eine Suche nach den Gründen für ***die Ähnlichkeit von Hund und Hundehalter***. (NUZ06/JAN.01483 Nürnberger Zeitung, 16.01.2006; Hunde und Herrchen – Gesucht – und gefunden)
Zu:	3. ***Krieg von***: Frankfurter Rundschau 1999+ Nürnberger Nachrichten 1994
E1:	Eine löbliche Ausnahme bildete die ARD-Dokumentation "Von der Krise zum ***Krieg" von Dieter Kleinert und Walter Erdlitsch,*** die am Samstag parallel zum Fußball-Länderspiel ausgestrahlt wurde. (R99/MAR.25495 Frankfurter Rundschau, 30.03.1999, S. 12, Ressort: FUNK UND FERNSEHEN; Kaum Analytisches)
E2:	***Krieg der Sterne*** (Originaltitel: Star Wars) ist der erste Spielfilm der Star-Wars-Reihe von George Lucas. (http://de.wikipedia.org/wiki/Krieg_der_Sterne)
E3:	Daß er verbrannt wurde von Menschen, die ihn nie gelesen hatten, daß er zunächst nicht gedruckt wurde nach dem ***Krieg von Menschen***, die meinten, seine Stimme brauche es nicht, ist ein Beweis für die Wahrhaftigkeit und Ehrlichkeit, die von seinem großen Werk ausgeht. (UN94/AUG.02325 Nürnberger Nachrichten, 31.08.1994, S. 22; Von dessen Bart Weissagung troff – Enttäuschter Moralist: Zum 100)
E4:	In dieser Nacht sind zwölf Menschen in der Favela "Freudenhügel" gestorben: Opfer im ***Krieg von rivalisierenden Rauschgiftbanden***, schreibt die Zeitung – natürlich nicht auf der Titelseite. (NUN94/NOV.01940 Nürnberger Nachrichten, 26.11.1994, S. 3)
E5:	–

Tabelle 21: Beispiele für die Überprüfung der semantischen Eigenschaften von Argumenten (INSP) im Kontext mit *gegen*

Zu:	1. ***Spiel gegen***: Hamburger Morgenpost 2008
E1:	"Es wird wie immer ein großer Kampf. ***Das Spiel gegen Spanien*** hat uns viel Kraft gekostet, aber gegen Deutschland läuft man von alleine." Keeper Jogi Bitter freut sich auf den Kreisläufer und scherzt: "Wer weiß, ob Bobo überhaupt zum Abschluss kommt." (HMP08/JAN.02028 Hamburger Morgenpost, 23.01.2008, S. 36; Gille-Brüder sind heiß)

E2:	Die 72-Stunden-Odyssee nach dem ***Spiel gegen die iranische Nationalmannschaft*** (2:0) in Teheran nahm der Coach mit Humor: "Das war die erste teambildende Maßnahme, für die wir Geld bekommen haben. Sonst muss man dafür zahlen." (HMP08/JAN.00917 Hamburger Morgenpost, 11.01.2008, S. 35; Funkel verlängert, Hiddink sagt ab, Pagelsdorf streicht)
E3:	Sehr viel schlechter sieht es bei Atouba aus. Der Kameruner erschien nicht und setzte damit seine Zukunft beim HSV aufs Spiel. "Ich habe Atouba das letzte Mal beim ***Spiel gegen Basel*** (20.12., Anm. d. Red.) gesehen. Zum Fitnesstest am 4. Januar ist er nicht erschienen. (HMP08/FEB.01344 Hamburger Morgenpost, 14.02.2008, S. 30–31; Jetzt will er auch einen Titel mit dem HSV)
E4:	Rehhagel: Unsere Mannschaft hat zwei Klassen besser gespielt als gegen Schweden, aber leider schießt sie keine Tore. Was mir gefallen hat, war die unglaubliche Leidenschaft, dieses ***Spiel gegen die sehr starken Russen*** noch zu drehen. (HMP08/JUN.01450 Hamburger Morgenpost, 16.06.2008, S. 1–11; "Es gibt nicht alle 14 Tage ein Wunder")
E5:	Dinge, die bislang unter Stevens undenkbar waren. In vier Wochen ist die Saison vorbei. Den Laden nun vor dem eminent wichtigen ***Spiel gegen Schalke*** wieder in den Griff zu bekommen ist die wohl schwerste Aufgabe seiner HSV-Zeit. Weil ihm die Zeit wegzulaufen droht. (HMP08/APR.01761 Hamburger Morgenpost, 21.04.2008, S. 1-4-5; Stevens in der Königsklasse!)
Zu:	2. ***Kampf gegen***: Hamburger Morgenpost 2008
E1:	Der legendäre Guerilla-Führer Ernesto "Che" Guevara begleitet Fidel Castro mit 80 Kämpfern nach Kuba, wo man den ***Kampf gegen Diktator Batista und sein Heer*** aufnimmt. Der zweite, besonders starke Teil des Films zeigt den zum Scheitern verurteilten Kampf der Rebellen in Bolivien. (HMP08/MAI.01957 Hamburger Morgenpost, 23.05.2008, S. 26–27; Roter Teppich für einen Revolutionär)
E2:	Formel 1 Hamiltons ***Kampf gegen Massa*** und den Frust (HMP08/SEP.02714 Hamburger Morgenpost, 25.09.2008, S. 38; Formel 1 Hamiltons Kampf gegen Massa und den Frust)
E3:	Es ist eine raue Zukunft, in die der Ego-Shooter "Haze" den Spieler entführt. Im Jahr 2008 haben private Firmen die Militärgewalt übernommen. Im ***Kampf gegen aufrührerische Rebellen*** setzen sie ein leistungssteigerndes biochemisches Mittel namens Nectar ein. (HMP08/JUN.00093 Hamburger Morgenpost, 03.06.2008, Beilage S. 8; Vorsicht vor der Überdosis!)
E4:	Von ihrer Familie wird sie in einen Keller gesperrt, bis ihr Cousin Cemal aus dem ***Kampf gegen die PKK*** zurückkehrt, um mit ihr nach Istanbul zu fahren und sie zu töten. (HMP08/OKT.02288 Hamburger Morgenpost, 23.10.2008, S. 28; Glückseligkeit)

E5:	Die Erleichterung in den USA dürfte groß sein – Zardari gilt als verlässlicher Freund Washingtons, der beim ***Kampf gegen die Taliban und El Kaida*** in Pakistan und Afghanistan fest an der Seite Amerikas stehen dürfte. (HMP08/SEP.00642 Hamburger Morgenpost, 07.09.2008, S. 2–3; Ein Verbrecher als Präsident?)
Zu:	3. ***Gefecht gegen***: Frankfurter Rundschau 1998/1999
E1:	Im April übernahm er das Kommando über badische und großherzoglich-hessische Truppen, um sie gegen eine Schar radikaler Republikaner unter Friedrich Hecker anzuführen. Bereits beim ersten ***Gefecht gegen die Aufständischen*** am 20. April 1848 fiel Friedrich von Gagern. (R98/JAN.06296 Frankfurter Rundschau, 24.01.1998, S. 3, Ressort: LOKAL-RUNDSCHAU; In Hornau erinnert noch viel an die Familie von Gagern /Der berühmteste Sohn kam nur zur Stippvisite)
E2:	Hervorragende Leistungen an beiden Tagen zeigte vor allem Sabine Bau, die derzeitige Nummer eins der deutschen Rangliste. Zwar verschlief sie im letzten ***Gefecht gegen Italien*** ein bißchen den Beginn, holte aber später gegen Valentina Vezzali fast zehn Treffer auf. (R98/FEB.08540 Frankfurter Rundschau, 02.02.1998, S. 24, Ressort: SPORT; Nur Italien steht vorm deutschen Florett-Team)
E3:	Beim Finale der besten acht Mannschaften in Hannover gewannen sie das letzte ***Gefecht gegen den FC Weinstadt*** mit 45:44. Die Männermannschaft, in der Zoltan Böhm, Oliver Fröhlich, Vadim Angor und Arne Birk standen, belegte im Finale den dritten Platz. (R98/NOV.92082 Frankfurter Rundschau, 17.11.1998, S. 33, Ressort: REGIONALSPORT)
E4:	Der Erfolg von Bauer ist umso höher zu bewerten, als er sich im ersten ***Gefecht gegen den Deutschen Meister*** Steffen Wiesinger (Tauberbischofsheim) eine schmerzhafte Handverletzung zugezogen hatte. (R99/MAR.16588 Frankfurter Rundschau, 01.03.1999, S. 31, Ressort: SPORT; Meisterin Simone Bauer besticht mit dem Florett)
E5:	In einem spannenden Finale der besten acht setzte sich schließlich Monika Weber (OFC Bonn) im letzten ***Gefecht gegen Simone Bauer*** (FC Tauberbischofsheim) mit 15:8 Treffern durch. (R99/APR.28844 Frankfurter Rundschau, 12.04.1999, S. 33, Ressort: SPORT; Monika Weber gewinnt in Offenbach Gazzera-Turnier)
Zu:	4. ***Schlacht gegen***: Hannoversche Allgemeine 2007/2008
E1:	Mit der Geburt des Stammhalters vollzog sich ein fast wunderbarer Wandel im Verhältnis zu ihrem Ehemann. Georg Ludwig, soeben heimgekehrt als Kriegsheld aus der siegreichen ***Schlacht gegen die Türken*** am Kahlenberg vor Wien, schwebte auf einer Wolke des Stolzes. (HAZ07/SEP.06861 Hannoversche Allgemeine, 22.09.2007, S. 22; Die verbannte Prinzessin)

E2:	Als "Kriegsmännin" verlor sie indes 1553 eine ***Schlacht gegen den Herzog von Braunschweig-Wolfenbüttel*** und musste von Münden nach Hannover fliehen. Sie starb verbittert – auch weil ihr Sohn Erich II. sich wieder dem Katholizismus zugewandt hatte. (HAZ07/NOV.06980 Hannoversche Allgemeine, 24.11.2007, S. 21; Das könnten die "Leuchtenden Vorbilder" sein: Stimmen Sie ab!)
E3:	Mit der Parlamentsbesetzung Ende August demontierte er im September den damals amtierenden Premier Samak Sundaravej so sehr, dass die PPP ihn schließlich fallen ließ und durch den jetzigen Regierungschef Somchai Wongsawat, einen Schwager Thaksins, ersetzte. Nun hat Sondhi die ***"letzte Schlacht" gegen die Regierung*** ausgerufen. (HAZ08/NOV.04844 Hannoversche Allgemeine, 27.11.2008, S. 4; Der Anführer macht gute Geschäfte)
E4:	Während Kurprinz Georg Ludwig in Flandern den Oberbefehl über die hannoverschen Truppen übernahm und eine neue ***Schlacht gegen die Franzosen*** vorbereitete, war Philipp in Hannover zur Tatenlosigkeit verurteilt. (AZ07/OKT.08928 Hannoversche Allgemeine, 31.10.2007, S. 6; Die verbannte Prinzessin)
E5:	Tausende melden sich freiwillig zur ***Schlacht gegen die Kurden*** im Nordirak / "Tayyip, schick deinen Sohn zur Armee" (HAZ07/OKT.07293 Hannoversche Allgemeine, 25.10.2007, S. 1; In der Türkei wächst die Kriegsbegeisterung)

Tabelle 22: Beispiele für die Überprüfung der semantischen Eigenschaften von Argumenten (INSP) im Kontext mit *zu*

Zu:	1. ***Beziehung zu***: Hannoversche Allgemeine 2008 + Hamburger Morgenpost 2008
E1:	LOS ANGELES Drew Barrymore zog wieder einmal einen privaten Schlussstrich, diesmal unter ***ihre Beziehung zu ihrem Kollegen*** Justin Long. Nach nur elf Monaten hat sich die 33-Jährige von ihrem Freund getrennt. (HMP08/JUL.00852 HAZ08/NOV.00145 Hannoversche Allgemeine, 01.11.2008, S. 19; Nette Typen, 09.07.2008, S. 48; Drew Barrymore Aus und vorbei)
E2:	Privat läuft also wieder alles nach Wunsch bei den Kahns. Nach Jahren der Wirrnis und ***Ollis Beziehung zu Party-Girl Verena Kerth*** herrscht nun wieder Harmonie, die gemeinsame Zukunft wird mit der Villa dokumentiert. (HMP08/JUL.02795 Hamburger Morgenpost, 30.07.2008, S. 35; Olli & Simone Kahn bauen Traumvilla für ihre neue Liebe)
E3:	"Nach der ersten Begeisterung für das Programm merkte man, dass noch viel mehr dahintersteckte: Diese Leute bauten eine sehr enge ***Beziehung zu den Hunden*** auf, teilweise mehr, als sie es wollten. Und dann müssen sie das Tier abgeben, wenn es ausgebildet ist. Da entstehen emotionale Konflikte, die mich sehr bewegt haben." (HMP08/JUL.02181 Hamburger Morgenpost, 23.07.2008, S. 18; Kinohit mit Knackis & Kläffern)

E4:	Manches bleibt diffus – etwa Françoise Sagans politische Haltung, ihr zwiespältiges Verhältnis zum Feminismus oder die schwierige ***Beziehung zu ihrem Sohn.*** Dabei beschönigt Kurys nichts; sie zeigt die Sagan durchaus auch als egoistisches Monster, als Enfant terrible, als bockiges, leichtsinniges, verwöhntes Kind, das nicht erwachsen werden will und gegen gute Ratschläge immun bleibt. (MP08/DEZ.02829 Hamburger Morgenpost, 31.12.2008, S. 7; Bonjour Sagan)
E5:	Und so bestimmen zunächst wirtschaftliche Zwänge das Handeln der ehrgeizigen Lorna, die sich in der Fremde eine neue Existenz aufbauen will. Die Dardennes beobachten ihre Protagonistin aus respektvoller Distanz. Präzise zeichnen sie Lornas prekäre Lebensumstände, sensibel schildern sie ***ihre Beziehung zu Claudy.*** (HMP08/OKT.00789 Hamburger Morgenpost, 09.10.2008, S. 8–9; La Silence de Lorna – Lornas Schweigen)
Zu:	2. ***Distanz zu***: Hannoversche Allgemeine 2008 + Braunschweiger Zeitung 2007
E1:	Den besten Stand hatte FDP-Fraktionschef Philipp Rösler, wohl auch wegen seines frischen Auftretens, das die ***Distanz zu den Schülern*** erheblich abbaute. (HAZ08/JAN.02115 Hannoversche Allgemeine, 12.01.2008, S. 5; ... und noch eine Frage an den Ministerpräsidenten)
E2:	Vor dem Beginn der diesmal schon für neun Uhr angesetzten Tagung geht Wulff vor der CDU-Zentrale in der Berliner Klingelhöferstraße auf die Kamerateams zu – und markiert deutlich ***seine Distanz zu seinem hessischen Kollegen***: "Kinder sind Kinder, da stellt sich die Frage vor allem nach den Eltern." (HAZ08/JAN.02673 Hannoversche Allgemeine, 15.01.2008, S. 3; Die CDU ist der Schnellschüsse aus der Kochkiste müde)
E3:	Wegen der damaligen ***Distanz der Sozialdemokraten zu den Liberalen*** fällt ihnen heute die Annäherung schwer. Jedenfalls war sich Hessens FDP-Chef Jörg-Uwe Hahn gestern sicher: "Das ganze Ampelgerede der SPD ist nur Show." Für ihn sei diese Konstellation "nicht vorstellbar". (HAZ08/JAN.05435 Hannoversche Allgemeine, 29.01.2008, S. 4; Von bürgerlichen und solidarischen Mehrheiten)
E4:	Und können die Bemerkungen in ihrem Tagebuch, ***ihre angebliche Distanz zu Hellberg,*** nicht auch der Weigerung entspringen, sich einzugestehen, dass er ihre Liebe nicht erwidert? (HAZ08/DEZ.02548 Hannoversche Allgemeine, 13.12.2008, S. 18; Die letzte Chance der Christine S.)
E5:	"Ich wünsche mir viel Urlaub – und, dass sich ***die Distanz zu meiner Freundin*** verringert. Die wohnt nämlich zurzeit noch in München." (BRZ07/DEZ.11685 Braunschweiger Zeitung, 31.12.2007;)
Zu:	3. ***Liebe zu***: Hamburger Morgenpost 2008
E1:	Ein weiterer Grund trieb sie nach Deutschland: ***ihre Liebe zu Ehemann Michael Verhoeven*** (70), mit dem sie über 40 Jahre verheiratet ist. (HMP08/SEP.01775 Hamburger Morgenpost, 17.09.2008, S. 17; Senta Berger hat ein Problem mit dem Alter)

E2:	"Den größten Andrang gibt's am Grab von Hans Albers" Hedda Scherres, Sprecherin: ***Seine Liebe zu Vierbeinern*** begleitet den Tierpark-Gründer über den Tod hinaus: An seinem Grab schlummert ein Löwe aus Bronze - es ist das Abbild seines Lieblingslöwen Triest. (HMP08/SEP.02096 Hamburger Morgenpost, 20.09.2008, S. 12–13; Ohlsdorfs berühmte Gräber)
E3:	Schöne Mariella spricht über ***ihre Liebe zu alten Menschen.*** (HMP08/DEZ.00079 Hamburger Morgenpost, 01.12.2008, S. 17; Schöne Mariella spricht über ihre Liebe zu alten Menschen)
E4:	Dann kam ***seine Liebe zu seiner Familie*** zur Sprache, seine Aufopferung für Eisbär Knut und die letzten Tage vor seinem unerwarteten Herztod am 22. September. (HMP08/OKT.01178 Hamburger Morgenpost, 12.10.2008, S. 55; Der traurige Abschied von Thomas Dörflein)
E5:	Autorin und Tiertrainerin Mirjam Müntefering (39) erzählt über ***ihre Liebe zu Frauen, zu Hunden und zu Polit-Papa Franz.*** (HMP08/JUN.01466 Hamburger Morgenpost, 16.06.2008, S. 17; "Ich war immer anders")
Zu:	4. ***Verbindung zu***: Hannoversche Allgemeine 2008 + St. Galler Tagblatt 2008
E1:	Neben der finanziellen gibt es noch die persönliche Ebene. Jefkovic hat viel zu verlieren. Der geschiedene Vater fürchtet um die enge ***Verbindung zu seiner siebenjährigen Tochter,*** und er fürchtet um seinen Job. (HAZ08/SEP.01543 Hannoversche Allgemeine, 08.09.2008, S. 13; Haft, weil 250 Euro zu spät kamen)
E2:	Pawlack: "***Ihre Verbindung zu Niedersachsen*** ist schon angeklungen. Was verbindet Sie noch mit dem Bundesland?" (HAZ08/SEP.05581 Hannoversche Allgemeine, 27.09.2008, S. 27; "96 ist kein Aufbaugegner")
E3:	Johannes Huber konzentriert sich in seinem Buch auf das, was die Gemeinde geprägt hat. Etwa ***ihre wechselhafte Verbindung zu ihren Nachbarn***, geprägt vom Drang, selbständig und autonom zu sein. (08/OKT.03147 St. Galler Tagblatt, 10.10.2008, S. 38; Buch und Hilfsaktion zum Jubiläum)
E4:	Toggenburg. Mit den Ortsvertreterinnen in jeder Toggenburger Gemeinde gewährleistet Pro Senectute eine gute Präsenz vor Ort. Die Ortsvertreterin ist eine lokale Kontaktstelle und hat ***Verbindung zu den älteren Einwohnern***. (A08/SEP.04468 St. Galler Tagblatt, 13.09.2008, S. 52; Neue Pro Senectute Ortsvertreterinnen)
E5:	Weishaupt: Ich wünsche mir vor allem gute Gesundheit der Spieler und keine Verletzten. Auch unsere ***Verbindung zu den Vereinen*** könnte verbessert werden. Für die Spieler speziell hätte ich gerne, dass alle nach der Zeit bei der U15 einen guten Platz für den weiteren Verlauf ihrer Karriere finden. (A08/APR.00143 St. Galler Tagblatt, 01.04.2008, S. 51; Mehr Siege als Niederlagen)

Tabelle 23: Beispiele für die Überprüfung der semantischen Eigenschaften von Argumenten (INSP) im Kontext mit *zwischen*

Zu:	1. ***Abstand zwischen***: Hannoversche Allgemeine 2008
E1:	Eine Sternenexplosion nahe der Milchstraße etwa verändert den ***Abstand zwischen Sonne und Erde*** (150 Millionen Kilometer) um den Durchmesser eines Wasserstoffatoms. Einstein war überzeugt, dass die Wellen nicht messbar sind, weil es keine entsprechend empfindlichen Geräte geben werde. (HAZ08/MAI.04264 Hannoversche Allgemeine, 23.05.2008, S. 18; Wellen, die den Raum verformen)
E2:	Für die Nacht können Sie eine zusammengelegte Wolldecke in einen Kopfkissenbezug stecken und diese flächig unter Ober- und Unterschenkel legen, sodass ein ***Abstand zwischen den Knien*** bleibt. (HAZ08/JUN.01129 Hannoversche Allgemeine, 09.06.2008, S. 23; Trotz MS in Bewegung bleiben)
E3:	Weil die Sozialisten nur gut einen Punkt zugelegt hatten, schrumpfte ***der Abstand zwischen der Regierungs- und der größten Oppositionspartei*** von knapp fünf auf dreieinhalb Punkte. (HAZ08/MAR.02206 Hannoversche Allgemeine, 11.03.2008, S. 4; Sieg für die Sozialisten – doch kein Triumph)
E4:	Es sei angedacht, das Erscheinungsbild der Zeitung künftig leichter und luftiger zu gestalten: "Der Durchschuss, der ***Abstand zwischen den Zeilen*** also, könnte vergrößert werden, die Überschriften könnten künftig etwas kleiner und feiner aussehen", sagte Borgaes. (HAZ08/NOV.00145 Hannoversche Allgemeine, 01.11.2008, S. 19; Nette Typen)
E5:	Auf der weltgrößten Fotomesse in Köln sieht man ihn langsam zusammenschmelzen, den ***Abstand zwischen Profis und den sogenannten ambitionierten Amateuren,*** von denen es immer mehr gibt. (HAZ08/SEP.04944 Hannoversche Allgemeine, 25.09.2008, S. 8; Objektiv betrachtet)
Zu:	2. ***Harmonie zwischen***: Hannoversche Allgemeine 2008
E1:	Eine Heimat, eine Familie – das alles hat Carmen vermutlich nie gehabt. Deshalb ist sie eifersüchtig auf die scheinbare ***Harmonie zwischen diesen beiden Menschen*** und will das instinktiv zerstören. (HAZ08/MAR.05146 Hannoversche Allgemeine, 28.03.2008, S. 12; Begegnungen wie Hammerschläge)
E2:	Die Tradition der olympischen Flamme wurde 1928 bei den Spielen in Amsterdam wieder eingeführt. Der erste Fackellauf der Moderne fand acht Jahre später in Berlin statt. Er soll das olympische Ideal der ***Harmonie zwischen den Ländern*** symbolisieren. (HAZ08/APR.01223 Hannoversche Allgemeine, 08.04.2008, S. 3; Olympische Fackel und olympisches Feuer)
E3:	In verfahrenen Situationen sollte man sich Hilfe von außen holen. "Oft hilft ein Coaching schon deshalb, weil man plötzlich jemanden zum Reden hat", sagt Christa Geissler. Perfekte ***Harmonie zwischen Chef und Belegschaft*** ist und bleibt ein hehres, aber völlig unrealistisches Ziel. (HAZ08/JUN.03877 Hannoversche Allgemeine, 21.06.2008, S. 1; Psychoterror gegen den Chef)

E4:	Während der deutsche Vizekanzler im Zhongnanhai, dem streng bewachten chinesischen Regierungssitz, mit Ministerpräsident Wen Jiabao die neue ***Harmonie zwischen Peking und Berlin*** beschwor, verdunkelte sich der Pekinger Himmel zum stärksten Gewitter des Jahres. (HAZ08/JUN.02659 Hannoversche Allgemeine, 16.06.2008, S. 3; Auf der Suche nach der Harmonie)
E5:	28 Jahre später ist Bob Marley lange tot – und seine Hoffnung auf ***Harmonie zwischen den Rassen*** dahin. Mugabe hat nicht nur die Beziehungen zwischen Schwarz und Weiß vergiftet, sondern auch seine schwarzen Landsleute in den Ruin geführt. (HAZ08/APR.00526 Hannoversche Allgemeine, 03.04.2008, S. 3; Mugabe – vom Befreier zum Tyrannen)
Zu:	3. ***Verbindung zwischen***: Hannoversche Allgemeine 2008
E1:	Ursprünglich waren sie die ***Verbindung zwischen Himmel und Erde***: Die ästhetische Gestaltung von Treppen hat eine lange Geschichte – die ersten sind aus alten Tempelanlagen um 10 000 vor Christus überliefert. (HAZ08/NOV.00092 Hannoversche Allgemeine, 01.11.2008, S. 4; Der Weg ist das Ziel)
E2:	Aber seine ebenso lange wie langsame Reise ins Kaurismäki-Land zeigt dann, dass der Fluchtweg manchmal schon das Ziel und die kürzeste ***Verbindung zwischen zwei Punkten*** nicht immer die beste ist. (HAZ08/JUL.04875 Hannoversche Allgemeine, 25.07.2008, S. 7; Letzte Station Inari)
E3:	Nach wie vor liegt das Epizentrum des Bebens im amerikanischen Hypothekenmarkt. Von hier gehen viele der jüngsten Erschütterungen aus – auch wenn die ***Verbindung zwischen Ursache und Wirkung*** sich aufgrund der internationalen Verflechtung der Finanzmärkte mitunter fast zu verlieren schien. (HAZ08/JAN.04121 Hannoversche Allgemeine, 22.01.2008, S. 1; Unwohlsein)
E4:	In der artclinic ist für die Spezialisten eine enge ***Verbindung zwischen Kunst und Schönheit*** einerseits und der ästhetisch-plastischen Chirurgie andererseits spürbar. Der für die Tätigkeit in der ästhetisch-plastischen Chirurgie notwendige Sinn für Proportionen ist der Fähigkeit, künstlerische Zusammenhänge wahrzunehmen, nahe verwand. (HAZ08/APR.03080 Hannoversche Allgemeine, 17.04.2008, S. 7; "Die Kunst besteht im Weglassen")
E5:	Sophie Dorothea die Jüngere verfolgte aber neben diesem machtpolitischen Plan auch noch einen familienpolitischen. Sie mühte sich, eine Doppelhochzeit einzufädeln: eine ***Verbindung zwischen ihren Kindern und den Kindern ihres Bruders Georg August***: Ihr Sohn Friedrich (geboren 1712) – später "der Große" genannt – sollte mit seiner Cousine Amalie (geb. 1711) verheiratet werden, ihre Tochter Wilhelmine (geb. 1709) mit ihrem Cousin Friedrich Ludwig (geb. 1707), dem ältesten Sohn des Prinzen von Wales. (HAZ08/JAN.00218 Hannoversche Allgemeine, 03.01.2008, S. 6; Die verbannte Prinzessin)
Zu:	4. ***Vertrauen zwischen***: Hannoversche Allgemeine 2008
E1:	Das ***Vertrauen zwischen den Gruppenteilnehmern*** im Gemeindezentrum ist schnell gewachsen, man ist flugs beim Du angelangt. (HAZ08/FEB.03631 Hannoversche Allgemeine, 20.02.2008, S. 17; Auf die nüchterne Art)

E2:	Der konservative Koalitionspartner sollte wirklich einmal Konsequenzen aus der "Pattsituation" der letzten Bundestagswahl ziehen und eine der drei Spitzenpositionen unserer Republik (Bundespräsident, Bundestagspräsident, Bundeskanzler) mit einer Sozialdemokratin besetzen. Dieses gebietet auch die politische Fairness und fördert das ***Vertrauen zwischen den Regierungsparteien.*** (HAZ08/JUN.00020 Hannoversche Allgemeine, 02.06.2008, S. 24; Positive Ausstrahlung)
E3:	In Estland, Lettland, Litauen und der Ukraine wächst die Angst vor dem mächtigen Nachbarn, in Polen sind sogar Rufe nach einer Militärhilfe für Georgien zu hören. ***Das Vertrauen zwischen Ost und West***, das sich so mühsam seit dem Ende des Kalten Krieges entwickelte, scheint dahin. (HAZ08/AUG.03159 Hannoversche Allgemeine, 15.08.2008, S. 2; Dreist)
E4:	Die Notenbanken hatten bislang fortlaufend Milliarden in das Finanzsystem gepumpt – ***das Vertrauen zwischen den Banken,*** die sich untereinander keine Kredite mehr geben, konnten sie damit aber nicht wiederherstellen. (HAZ08/OKT.01635 Hannoversche Allgemeine, 09.10.2008, S. 13; Aktienkurse fallen trotz Zinssenkung)
E5:	Wie groß das ***Vertrauen zwischen Löw und Ballack*** tatsächlich noch ist, muss sich auf dem Weg zur Weltmeisterschaft 2010 in Südafrika erst zeigen. (HAZ08/NOV.00284 Hannoversche Allgemeine, 01.11.2008, S. 28; Erst der Anfang)

Tabelle 24: Beispiele für die Überprüfung der semantischen Eigenschaften von Argumenten (INSP) im Kontext mit *in*

Zu:	1. ***Divergenz in***: Mannheimer Morgen 2003 + Nürnberger Nachrichten 2005 + Wikipedia – URL: http://de.wikipedia.org: Wikipedia 2005
E1:	Für den Fall eines dreidimensionales Vektorfeld ist die ***Divergenz in kartesischen Koordinaten*** definiert als ... (WPD/DDD.05943 Stefan Kühn; Paddy; Wfstb; u.a.: Divergenz (Mathematik), In: Wikipedia – URL: http://de.wikipedia.org: Wikipedia, 2005)
E2:	Szenenwechsel zu Mozarts A-Dur-Violinkonzert KV 219, dessen Orchesterpart ausschließlich den Studenten oblag. Rainer Küchl, Konzertmeister der Wiener Philharmoniker und hochdekorierter Mozart-Interpret, hatte im Rahmen seines Meisterkurses an der Mannheimer Orchesterakademie die Studentenschar sicht- und hörbar auf seine Mozartinterpretation eingeschworen – von einer deutlichen ***Divergenz in Sachen*** Vibrato einmal abgesehen. (M03/JUL.48364 Mannheimer Morgen, 23.07.2003; Viel Einigkeit, eine Enttäuschung)

E3:	Was Friedrich von der Pfalz und Maximilian zu Gegnern gemacht hat, war, zumindest vordergründig, ***ihre Divergenz in religiösen Fragen***: Ein von seiner Berufung überzeugter Calvinist traf auf einen fanatischen Verteidiger der römischkatholischen Tradition. (NUN05/MAI.02101 Nürnberger Nachrichten, 21.05.2005; Aufstieg und Fall der Pfälzer Kurfürsten – Neue Dauerschau im Stadtmuseum Amberg dokumentiert Geschichte der Residenzstadt)
E4:	–
E5:	–
Zu:	2. ***Harmonie in***: Tiroler Tageszeitung 2000 + Salzburger Nachrichten 1992/1999/ 2000 + Niederösterreichische Nachrichten 2008
E1:	***„Harmonie in Form und Farbe“*** – unter diesem Motto lud Helene Winterer am Samstag zur Vernissage ins Eichgrabener Fuhrwerkerhaus. (NON08/MAR.02308 Niederösterreichische Nachrichten, 04.03.2008, S. 49; Bilder voller Harmonie)
E2:	***Harmonie in Form und Funktion*** (I00/JAN.02273 Tiroler Tageszeitung, 15.01.2000, Ressort: Motor; Harmonie in Form und Funktion)
E3:	Mit dem zunehmenden Mond in der Jungfrau stehen ***Harmonie in persönlichen Beziehungen*** oben auf der Hitliste. Ein guter Termin für Finanzielles. (N00/ JUN.26100 Salzburger Nachrichten, 08.06.2000, Ressort: WETTER / TAGESSPIEGEL; ASTROLOGIE: Donnerstag, 8. Juni 2000)
E4:	***Die Harmonie in den Aktionen***, das Kopfballspiel in der Abwehr, die Chancenauswertung, die Raumaufteilung, das taktische Verhalten und das Forechecking. „Wir haben einen Schritt nach vorne getan, gute Chancen herausgespielt, kämpferisch überzeugt.“ (N92/MAI.16315 Salzburger Nachrichten, 02.05.1992; Perfektion statt Anpassung)
E5:	Das Treffen endete wie es begann: Beide Seiten unterstrichen ***die Harmonie in vielen Fragen***. (N99/NOV.50289 Salzburger Nachrichten, 26.11.1999, Ressort: Kopf Story; Schwarzblaue Herzlichkeit)
Zu:	3. ***Einheit in***: Kleine Zeitung 1999 + Berliner Morgenpost 1999 + Die Südostschweiz 2006
E1:	Im Dom verlasen die vier Vertreter der christlichen Kirchen gemeinsam eine Erklärung, in der daran erinnert wird, dass Jesus Christus alle in seine Kirche gerufen habe und „er will, dass wir eins seien“. Gesucht werde ***eine Einheit in Wahrheit und Liebe.*** (K99/NOV.81787 Kleine Zeitung, 28.11.1999, Ressort: Lokal; "Gemeinsames muss das Trennende überwiegen")
E2:	Sie hätten nicht einmal einen gemeinsamen Aufruf zur Einheit formuliert. „Ich hätte erwartet, dass sie die Glocken läuten, Gott danken für das Geschenk der deutschen ***Einheit in Frieden und Freiheit***. Ich schäme mich noch heute für viele, die dieses erbärmliche Schweigen zu verantworten hatten.“ (L99/ NOV.78536 Berliner Morgenpost, 05.11.1999, S. 2, Ressort: POLITIK; Rau: Deutsche brauchen das Mahnmal zum Holocaust)

E3: Mit einer witzigen Performance in luftiger Höhe entzündete Feuerelfe Flux diverse Lichtkörper. Verena Naegele erläuterte die Dramaturgie von Flimslicht, die auf zwei Achsen funktioniert: «Einerseits schafft sie ***eine Einheit in Farbe und Stimmung***, indem jedes Objekt die Farbstimmung der Lichtsäulen übernimmt.» Andererseits schafft Flimslicht aber auch eine Vielfalt in der Zeit, denn die Farbskala passt sich dem sich verändernden Umfeld an: Warm und gelb im Advent, bunt und lebendig an Silvester, kühl und viola bis blau zur Skisaison. (nk) (SOZ06/DEZ.02517 Die Südostschweiz, 13.12.2006; Flimslicht ist entzündet)

E4: –

E5: –

zum Kapitel 4.2	
	Ermittlung der Präpositionen der 194 Substantive in der Volltextdatenbank des IDS mit COSMAS II[186]

In der Tabelle 10 im Anhang sind 194 Substantive aufgelistet, die in den untersuchten Quellen mit bestimmten Präpositionen reziproke Strukturen aufweisen. Reziproke Strukturen können mit den folgenden Präpositionen entstehen: *in, gegen, mit, von, unter, zu, zwischen.* Um die reziproken Strukturen bestimmen zu können, muss geprüft werden, ob diese Substantive mit diesen Präpositionen vorkommen. Eine Tabelle mit der folgenden Struktur ist zu erstellen:

Nr.	**Substantiv**	***in***	***gegen***	***mit***	***von***	***unter***	***zu***	***zwischen***
1.	Substantiv1		x	x	x	x		x
2.	Substantiv2	x	x		x		x	
....	....							
194.	Substantiv194		x		x			x

Gesucht werden diejenigen Textbeispiele, in denen nach dem Substantiv unmittelbar eine Präposition steht (Muster: <Substantiv> <Präposition>).

Die Suche nach den Substantiv-Präpositions-Kombinationen wurde in der Volltextdatenbank des IDS mit der Applikation COSMAS II (Version 3.6.1.3) durchgeführt.

Die Textmaterialien der Volltextdatenbank des IDS, die von zahlreichen Textgebern (Zeitungen, Zeitschriften, Verlagen, Rundfunksendern, Agenturen, usw.)

186 Diese Datenermittlung wurde von J. Szentner am 20.10.2007 durchgeführt.

zur Verfügung gestellt werden, sind im COSMAS II System in sog. **Korpora** organisiert. Jedes Korpus wird bei der Indizierung in ein **Archiv** aufgenommen. Die 86 Korpora sind in 9 Archiven organisiert:

- Archiv der geschriebenen Korpora (das Hauptarchiv)
- Archiv der neuakquirierten geschriebenen Korpora
- Archiv der historischen Korpora
- Archiv der frühen Nachkriegszeit
- Archiv der morphosyntaktisch annotierten Korpora
- Korpus-Kartei der Gesellschaft für deutsche Sprache
- Archiv der phasengegliederten Wendekorpora
- Archiv der aussortierten geschriebenen Korpora
- Archiv der Süddeutschen Zeitung

Für die Suche in COSMAS II muss ein Archiv ausgewählt werden. Bei der Auswahl des Archivs sind die folgenden Kriterien von Bedeutung:

- Wenn eine Substantiv-Präpositions-Kombination existiert, dann sollen für die Untersuchung der Reziprozität dafür ausreichend viele Beispiele gefunden werden.
- Damit eine Substantiv-Präpositions-Kombination als nicht existierend eingestuft werden kann, muss die Suche in einer ausreichend großen Textsammlung durchgeführt werden.
- Aus technischer Sicht muss die Suche durchführbar sein, d.h. die Antwortzeit und die Treffermenge dürfen bestimmte Grenzen nicht überschreiten.

Aus diesen Gründen wurden die folgenden Archive ausgewählt (die Anzahlen gelten für öffentliche Zugriffe, Stand 23.10.2009):

Archivsigle	Archivname	Texte	Wortformen
TAGGED	Archiv der morphosyntaktisch annotierten Korpora	74.783	19.738.005
W	Archiv der geschriebenen Sprache	9.989.807	2.291.515.012

Die Suche wird mit der folgenden Suchstrategie durchgeführt:

1. Suche im TAGGED-Archiv, da hier die Daten besser strukturiert sind und schnellere Antwortzeiten zu erwarten sind.
2. Falls im TAGGED-Archiv keine oder nicht ausreichend viele Textbeispiele gefunden werden, wird im W-Archiv gesucht.

A. Präpositionen der Substantive im TAGGED-Archiv

Schritt 1: Suche im TAGGED-Archiv mit COSMAS II

In allen Korpora des TAGGED-Archivs werden diejenigen Sätze ermittelt, in denen nach den 194 Substantiven unmittelbar eine Präposition steht. Gesucht werden also alle Präpositionen und nicht nur die betroffenen 7 Präpositionen. Das ist möglich, da der Datenbestand annotiert ist, d.h. die Präpositionen erkennbar sind. Die folgende Abbildung zeigt die Suchabfrage auf der COSMAS II graphischen Oberfläche:[187]

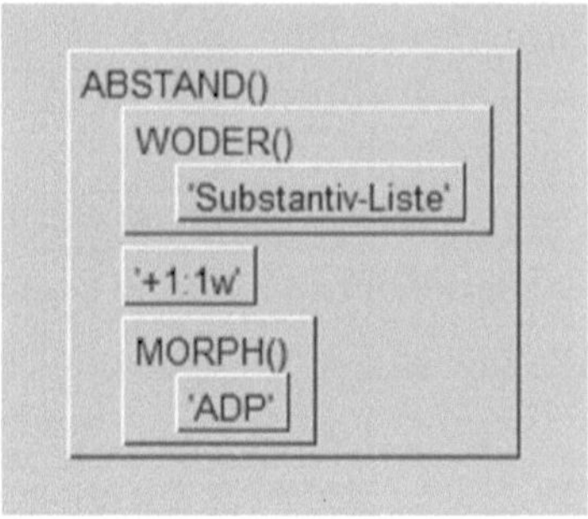

Aus technischen Gründen (zu lange Liste) war es nicht möglich, alle 194 Substantive gleichzeitig zu untersuchen. Die 194 Substantive wurden deswegen in 4 Gruppen aufgeteilt und die Suche wurde pro Gruppe durchgeführt. Der Platzhalter „Substantiv-Liste“ wurde mit den Wörtern der folgenden Gruppen ersetzt:

1. Abhängigkeitsverhältnis Abkommen Abmachung Abschied Abschluss Absprache Abstand Abstimmung Affinität Affäre Ähnlichkeit Allianz Analogie Annäherung Arbeitsverhältnis Arrangement Assoziation Assoziierung Auseinandersetzung Ausgleich Aussöhnung Aussprache Begegnung Beischlaf

187 Hinweis: COSMAS II bietet keine einfache Möglichkeit, eine Abfrage manuell zu bearbeiten oder sie von einem Rechner auf den anderen zu übertragen. Das ist über den folgenden Umweg trotzdem machbar: Die Suchabfragen sind in der Datei *C:\Programme\IDS Mannheim\Cosmas II Client\C2\bin\palettes\Geschr\Srchpalu-de.txt* gespeichert. In dieser Datei ist z.B. die obige graphische Abfrage, wie folgt enthalten:
"RH Subst mit Präp","ABSTAND({R}WODER({S}'Substantiv-Liste'),{P}'+1:1w',{R} MORPH({R}'ADP'))",0
Man kann die Datei *Srchpalu-de.txt* oder nur die Suchabfrage auf einen anderen Rechner übertragen.

Bekanntschaft Beratung Berührung Berührungspunkt Besuch Besprechung Beziehung Briefwechsel Bruch Bündnis Deal Debatte Dialog Differenz Diskrepanz Diskussion Disput Distanz Divergenz Duell Ehe Eheschließung Einheit Einigung Einvernehmen Einverständnis

2. Flirt Föderation Freundschaft Frieden Friedensschluss Fusion Gefecht Gegensatz Gemeinsamkeit Gemeinschaft Geschäft Gespräch Gleichberechtigung Gleichstellung Grenze Größenunterschied Handel Handgemenge Harmonie Heirat Hochzeit Identifizierung Identität Interaktion Interessengegensatz Interview Kameradschaft Kampf Koalition Kollaboration Kollision Kombinierung Kommunikation Kompromiss Konferenz Konflikt Konfrontation Konkurrenz Kontakt Kontrakt Kontroverse Kooperation Koordination Kopplung Koproduktion Korrespondenz Krach Kraftprobe Krieg
3. Leben Lesung Liaison Liebe Lösung Meinungsaustausch Meinungsverschiedenheit Missverhältnis Missverständnis Mühe Paarung Pakt Parallele Partnerschaft Plausch Querele Reiberei Relation Rendezvous Rücksprache Schießerei Schlacht Schlagabtausch Schlägerei Schriftverkehr Schriftwechsel Schulterschluss Schusswechsel Sex Sexualität Sitzung Solidarität Spiel Spielerei Streit Streiterei Streitigkeit Tagung Tanz Telefonat Termin Treffen Trennung Übereinkunft Übereinstimmung Unterhaltung Unstimmigkeit Unterredung Unterschied
4. Verabredung Verabschiedung Verbindung Verbundenheit Vereinbarung Vereinigung Verflechtung Vergleich Verhältnis Verhandlung Verhandlungsrunde Verknüpfung Verlobung Vermählung Vermittlung Vernetzung Versammlung Verschmelzung Versetzung Versöhnung Verständigung Versteckspiel Vertrag Vertrauen Verwandtschaft Verwechslung Verzahnung Wahl Wettbewerb Wette Wettlauf Wiedersehen Wortwechsel Zerwürfnis Zusammenarbeit Zusammenhang Zusammenkunft Zusammenleben Zusammenlegung Zusammenprall Zusammenschluss Zusammensein Zusammenspiel Zusammenstoß Zwischenfall Zwist

Die Suchergebnisse (mit KWICs (**K**ey **W**ord **I**n **C**ontext) und Belege) wurden in sog. RTF-Dateien (**R**ich **T**ext **F**ormat) exportiert, damit die Daten mit Microsoft Word bearbeitet werden können. Die folgende Abbildung zeigt die Exportoptionen:

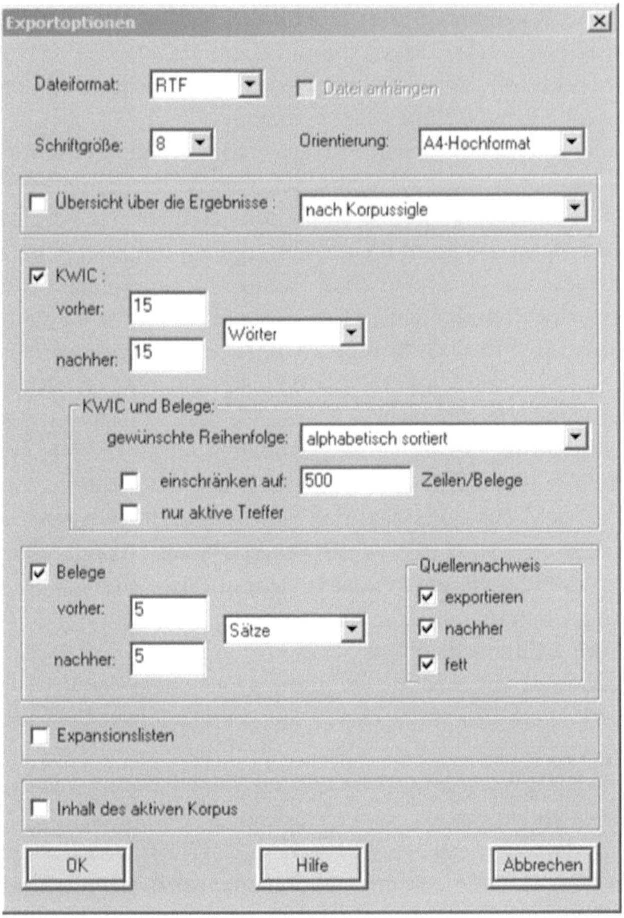

Anhand dieser Dateien ist es aber nicht möglich, die gewünschte Substantiv-Präpositions-Tabelle maschinell zu erstellen. Für die weitere Verarbeitung der gefundenen Textbeispiele sind nur die Substantive und Präpositionen von Bedeutung, d.h. nur die KWICs sind in Textformat zu exportieren nicht aber die Belege.

Die Substantiv-Präpositions-Tabelle kann z.B. dann maschinell erstellt werden, wenn die Daten (d.h. alle Substantiv-Präpositions-Paare) in einer relationalen Datenbank vorliegen (eine andere Möglichkeit wäre mit Microsoft Excel zu arbeiten). Das Microsoft Access Datenbanksystem wurde für die Durchführung dieser Aufgabe ausgewählt. Im Folgenden wird detailliert beschrieben, wie die Substantiv-Präpositions-Tabelle in der Access Datenbank erstellt wurde.

Schritt 2: Bereinigung der exportierten Daten

Aus den exportierten Textdateien wurde mit einem Texteditor (UltraEdit) eine sog. CSV-Datei (**C**haracter **S**eparated **V**alues) erstellt, die durch die Anwendung Access als Ladedatei akzeptiert wird. Die folgenden Textkonversionen wurden manuell durchgeführt:

- Nur die Zeilen mit der folgenden Struktur wurden übernommen:
  MMM ... <B>Abkommen</> <B>am</>
  LIM ... <B>Abkommen</> <B>mit</>
- Die Textsegmente
  MMM ... <B>
  LIM ... <B>
  </>
  wurden entfernt.
- Die Textsegmente <B> wurden mit ; (Strich-Punkt) ersetzt.
- Alle Sonderzeichen (.-,:1–9)(/#|) wurden gelöscht.
- Alle Buchstaben wurden in klein konvertiert und danach die aller ersten Zeichen eines Wortes in groß (Anfangsbuchstabe der Substantive).

Schritt 3: Auswertung der Daten mit Access

Die erstellte CSV-Datei kann mit Access geöffnet werden. Dabei wird der Textverknüpfungsassistent gestartet. Die Spalten in dem Assistent sind als N und P zu benennen. Die Tabelle soll ***SubstMitPraep*** heißen. Dann ist die Abfrage zu erstellen:

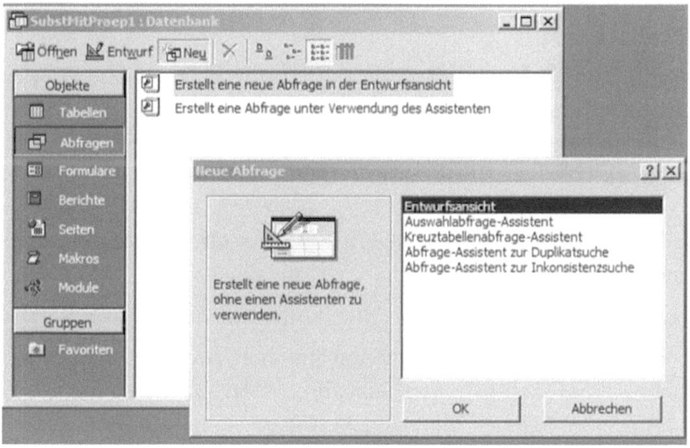

Nach „OK“ und „Schließen“ erscheint das Fenster „Auswahlabfrage“ → mit rechter Maustaste auf den oberen Fensterrand klicken: ***SQL-Ansicht*** (**S**tructured **Q**uery **L**anguage) auswählen.

Nach der Erfassung der SQL-Anweisung können die Daten ermittelt werden → mit rechter Maustaste auf den oberen Fensterrand klicken: Datenblattansicht auswählen.

In der Datenbank können viele Auswertungen schnell durchgeführt werden, z.B.

- alle Substantive, Präpositionen oder Substantiv-Präpositions-Kombinationen
- die Anzahl aller Substantive, Präpositionen oder Substantiv-Präpositions-Kombinationen
- Sortierung der Treffermenge nach Präposition oder Substantiv

Komplexere Auswertungen sind aber auch möglich. Mit der folgenden Abfrage kann die gewünschte Substantiv-Präpositions-Tabelle ermittelt werden:

```
select distinct a.n as Substantiv, b.p as aus, c.p as in_, d.p as gegen, e.p as mit, f.p as von,
        g.p as unter, h.p as zu, i.p as zwischen
from ((((((((select distinct n from SubstMitPraep)                as a left outer join
(select distinct n, p from SubstMitPraep where p like ‚aus‘       as b on a.n = b.n) left outer join
(select distinct n, p from SubstMitPraep where p like ‚in‘)       as c on a.n = c.n) left outer join
(select distinct n, p from SubstMitPraep where p like ‚gegen‘)    as d on a.n = d.n) left outer join
(select distinct n, p from SubstMitPraep where p like ‚mit‘)      as e on a.n = e.n) left outer join
(select distinct n, p from SubstMitPraep where p like ‚von‘)      as f on a.n = f.n) left outer join
(select distinct n, p from SubstMitPraep where p like ‚unter‘)    as g on a.n = g.n) left outer join
(select distinct n, p from SubstMitPraep where p like ‚zu‘)       as h on a.n = h.n) left outer join
(select distinct n, p from SubstMitPraep where p like ‚zwischen‘) as i on a.n = i.n
order by a.n
```

Die ermittelte Tabelle kann mit Access in eine RTF-Datei exportiert und dort weiter verarbeitet werden. Die Tabelle ist inhaltlich fertig, nur einige „Schönheitsoperationen“ sind noch nötig, wie z.B. die Anpassung der Zeichen-, Zellengröße oder das Einfügen der Zeilennummerierung.

Schritt 4: Überprüfung, ob im TAGGED-Archiv alle gesuchten Substantive vorkommen

Diese Aufgabe wurde ebenfalls in Access durchgeführt. In Access wurde mit Option Datei → Externe Daten → Importieren aus einer Textdatei alle 194 Substantive in die Tabelle *AlleSubst* eingetragen. Jetzt gibt es zwei Tabellen in Access: *SubstMitPraep* und *AlleSubst*. Mit der folgenden Anweisung kann ermittelt werden, welche von den 194 Substantiven im TAGGED-Archiv nicht vorkommen:

select n as Substantive from AlleSubst where n not in (select n from SubstMitPraep)

Die folgenden 18 Substantive kommen im TAGGED-Archiv nicht vor und müssen im W-Archiv untersucht werden:

Abhängigkeitsverhältnis Abschluss Beischlaf Berührungspunkt Divergenz Friedensschluss Größenunterschied Interessengegensatz Kameradschaft Kombinierung Kompromiss Missverhältnis Missverständnis Reiberei Schulterschluss Schusswechsel Streitigkeit Zusammenschluss

Hinweis: Das W-Archiv wurde in Einzelfällen auch für die im TAGGED-Archiv erhaltenen Substantive untersucht, um z. B. weitere Textbeispiele analysieren zu können.

B: Untersuchung der fehlenden Substantive im W-Archiv

In allen Korpora des W-Archivs werden diejenigen Sätze ermittelt, in denen nach den 18 Substantiven unmittelbar eine der 7 Präpositionen steht. Diese Untersuchung wurde analog zum TAGGED-Archiv durchgeführt. Die Abfrage wurde grafisch erstellt. Die gespeicherte Suchabfrage in der Datei

„*C:\Programme\IDS Mannheim\Cosmas II Client\C2\bin\palettes\Geschr\Srchpalu-de.txt*"

wurde mit den 18 Substantiven und 7 Präpositionen erweitert:

"RH 18 Substantive","ABSTAND({R}WODER({S}'Abhängigkeitsverhältnis Abschluss Beischlaf Berührungspunkt Divergenz Friedensschluss Größenunterschied Interessengegensatz Kameradschaft Kombinierung Kompromiss Missverhältnis Missverständnis Reiberei Schulterschluss Schusswechsel Streitigkeit Zusammenschluss'),{P}'+1:1w',{R}WODER({S}'aus in gegen mit von unter zu zwischen'))",1

Die Ermittlung der Substantiv-Präpositions-Tabelle wurde analog zur Auswertung des TAGGED-Archivs in den folgenden Schritten durchgeführt:

- Export der Belege in eine RTF-Datei und die KWICs in eine Textdatei mit COSMAS II,
- Importieren der KWICs in eine Access Datenbank nach der Bereinigung der Textdatei,
- Erstellung der Substantiv-Präpositions-Tabelle in Access mit der obigen SQL-Anweisung,
- Export der ermittelten Tabelle aus der Access Datenbank in eine RTF-Datei,
- Formale Anpassungen der exportierten Tabelle mit Word.

Szegediner Schriften zur germanistischen Linguistik

Herausgegeben von Ewa Drewnowska-Vargáné und Péter Bassola

Band 1 János Németh: Buchstabengebrauch in der Ödenburger Kanzleischriftlichkeit vom 16. bis zum 18. Jahrhundert (1510–1800). 2012.

Band 2 Gabriella Gárgyán: Der *am*-Progressiv im heutigen Deutsch. Neue Erkenntnisse mit besonderer Hinsicht auf die Sprachgeschichte, die Aspektualität und den kontrastiven Vergleich mit dem Ungarischen. 2014.

Band 3 Péter Bassola / Ewa Drewnowska-Vargáné / Tamás Kispál / János Németh / György Scheibl (Hrsg.): Zugänge zum Text. 2014.

Band 4 Attila Péteri: Satzmodusmarkierung im europäischen Sprachvergleich. Interrogativsätze im Deutschen und im Ungarischen mit einem typologischen Ausblick auf andere europäische Sprachen. 2015.

Band 5 Tamás Kispál / Judit Szabó (Hrsg.): Aktuelle Tendenzen in der Gegenwartsgermanistik. Symposium ungarischer Nachwuchsgermanisten. 2015.

Band 6 Rozália Hum: Reziproke Strukturen valenter Substantive in der deutschen Sprache. 2016.

www.peterlang.com

www.ingramcontent.com/pod-product-compliance
Ingram Content Group UK Ltd.
Pitfield, Milton Keynes, MK11 3LW, UK
UKHW041826290926
8980IPUK00002B/82

9 783631 672822